编委会

顾　问：涂圣勤

指　导：曾凡贵　向克寿　陈忠厚　张越华　胡钦波
何洪波　王　彬

主　编：张晋境　董　峰　祝　迪　瞿森森

编　辑：黄　霄　江　旭　熊佳进　傅　超　吴　云
李　薨　丁　朦

水力发电厂典型缺陷及故障分析处理

湖北清江水电开发有限责任公司　编

·北京·

内容提要

随着我国电能消耗的逐年增加，加强水力发电厂的建设是新时期背景下必须要重视的内容和工作，水力发电厂的设备种类繁多、技术复杂，如果不能进行有效的维护和管理，会产生严重故障，影响供电安全。

本书主要论述机械设备的典型缺陷与故障原因、故障排除方法、故障检测方法、设备故障诊断与监测思路、故障处理策略与技巧；电气设备的常见误差问题、开机失败问题、系统异常问题、负荷事故问题、线路跳闸问题及其分析处理方法。本书具有很强的实用价值和专业价值，对推动水力发电厂整体运行水平具有重要意义。

本书可作为水力发电厂工作人员的培训教材，也可供水利水电专业学生使用。

图书在版编目（CIP）数据

水力发电厂典型缺陷及故障分析处理 / 湖北清江水电开发有限责任公司编. -- 北京 : 中国水利水电出版社, 2021.11

ISBN 978-7-5226-0079-6

Ⅰ. ①水… Ⅱ. ①湖… Ⅲ. ①水力发电站－机电设备－故障诊断②水力发电站－机电设备－故障修复 Ⅳ. ①TV734

中国版本图书馆CIP数据核字（2021）第209546号

责任编辑：杨元泓　加工编辑：王开云　封面设计：李 佳

书　　名	水力发电厂典型缺陷及故障分析处理 SHUILI FADIANCHANG DIANXING QUEXIAN JI GUZHANG FENXI CHULI
作　　者	湖北清江水电开发有限责任公司 编
出版发行	中国水利水电出版社 （北京市海淀区玉渊潭南路1号D座 100038） 网址：www.waterpub.com.cn E-mail：mchannel@263.net（万水） sales@waterpub.com.cn 电话：（010）68367658（营销中心）、82562819（万水）
经　　售	全国各地新华书店和相关出版物销售网点
排　　版	北京万水电子信息有限公司
印　　刷	天津联城印刷有限公司
规　　格	170mm×240mm　16开本　20.75印张　347千字
版　　次	2021年11月第1版　2021年11月第1次印刷
定　　价	158.00元

前　言

水能资源是人类重要的清洁能源，近几十年来我国水电行业的快速发展，使水能资源得到了高效利用。从石龙坝水电站到新安江水电站，从刘家峡水电站到水电建设“五朵金花”，从葛洲坝水电站到白鹤滩水电站，中国走向了世界水电的前列。

很多安装较早的机组，受到的制约因素较多，特别是在机组的结构设计、加工制造、机电安装等方面，机组存在诸多问题。有的机组因为水质影响，机组转轮空蚀及泥沙损坏情况严重；有的机组连续利用时间长，导致机组不能得到良好的维护保养，整体老化严重；有的电站安装工期紧张，机组安装质量不能保证，机组遗留问题很多。为了解决这些缺陷和故障，电站维护检修人员尝试着各种解决方案，并在与厂家的不断交流中找到优化方案。同时，随着水轮发电机设计和制造的技术水平不断提升，特别是结构设计、材料研发、软件开发、技术性能指标等方面的提升，现实中遇到的各种缺陷和故障最终得以解决，从而保证了水电站的安全稳定运行。

湖北清江水电开发有限责任公司自 1987 年成立以来，有着三十多年的水电运行、维护、检修经验，且拥有多种不同结构型式的水电机组，为了增进与水电厂同行的技术交流，推动水电行业技术的不断进步，为其他水电站技术和管理人员提供参考和借鉴，公司技术人员在认真总结多年工作中所遇到的缺陷和故障处理方法的基础上，精心组织编写了本书。

由于不同型式的水电机组的运行、维护、检修工作有所不同，因此本书针对大、中型水电厂出现的一些典型缺陷和故障实例进行实际分析，力求原因分析到位，解决方案具有可借鉴性，同时把技术人员在解决问题的过程中走的一些弯路也进行分析，避免其他技术人员在解决缺陷和故障的时候出现同样的问题。为了让读者更好地理解书中的内容，编者将机组的主要结构型式进行了介绍，同时辅助以图纸和实物图片进行说明，力求通俗易懂。

由于水电设计、安装、运维检修技术的不断更新，不同时期所遇到的缺陷和故障也不尽相同，本书未尽之处敬请谅解！

编者

2021 年 8 月

目　录

第一章　机械设备常见故障分析处理

第一节 推力轴承甩油故障分析处理

1 机组甩油的危害

水轮发电机组甩油故障经常发生，故障通常分为两种情况：一种是油沿着挡油管内壁甩出，称为内甩油，这是因为在机组大轴转动过程中，靠近轴领的位置易产生负压，在吸力作用下油槽内的润滑油将沿着轴领向上爬升，润滑油产生雾化后，更容易翻越挡油管顶部，在挡油管的内壁和挡油管下方形成油滴；另一种是外甩油，润滑油在油槽内流动、撞击，同时在气压和温度作用下形成油雾，从旋转件与盖板间的缝隙甩到盖板外。

甩油的危害具体如下：

（1）外甩油多以油雾的形式出现，润滑油形成油雾外溢，油雾和机组内的灰尘混合，在发电机内部风路循环作用下进入发电机内部，在循环过程中吸附在发电机的各个部位，这会产生一定的危害。通风沟等部位容易产生堆积现象，进而影响发电机通风，导致定子温度升高。对于定子线棒和转子磁极等绝缘要求较高的设备，在润滑油的常年浸泡下绝缘会降低，可能会产生一点接地，机组保护动作导致停机。

（2）内甩油多以油滴或油雾的形式出现，将导致大量油污在机坑内积聚，在发电机机架、盖板、风洞地面等地方形成大量油污，容易导致运行维护人员在日常巡检、消缺时滑倒，机组检修人员在检修准备期间，需要先进行油污清理工作，这也导致占用了检修工期，并且耗费了大量的人力物力。

2　×× 电厂推力轴承介绍

×× 电厂推力轴承采用外循环冷却方式，依靠镜板的旋转产生离心力，镜板外沿的 16 个直径为 50mm 的甩油孔在离心力作用下将润滑油从内油槽泵送至集油盒中，经管路进入外置的 8 个列管式推力冷却器中，流经冷却器的冷却水将热量带走从而使油温下降，冷却后的润滑油再进管路循环至推力油槽中。推力瓦和托瓦各 20 块，推力轴承为多点支撑弹簧束结构，面瓦与托瓦之间开设有多个弧形槽，用来提高推力瓦的散热能力，托瓦下部设有 92 个弹簧束，用来自动调节推力瓦的受力，弹簧束的四周有挡块进行定位，为防止推力瓦发生径向位移，在推力瓦的内侧也设有挡块，推力轴承通过推力支撑环安装在下机架中心体油槽内。推力油槽上设有接触式密封盖板，来防止油雾外溢。推力轴承挡油筒为薄壁直筒式结构，整体高度为 1455mm，内径为 2590mm。推力轴承结构如图 1 所示。

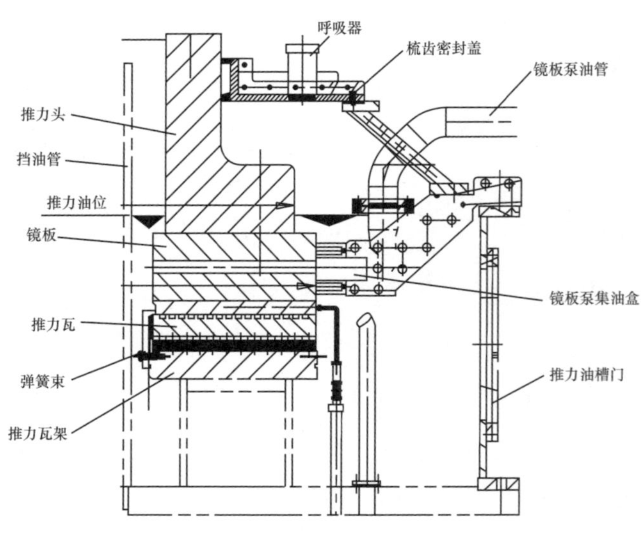

图 1　推力轴承结构

3 推力甩油故障现象

×× 电厂 4 台机组自投运以来均存在一定的甩油现象，从甩油的现象进行初步判断发现，×× 电厂发电机同时存在内甩油和外甩油两种情况。下导轴承油位变化并不明显， 反而推力油位经常降低，因此需要定期补油，由此可以判断出甩油的主要部位是推力轴承。

在检修期间，发现下导油槽盖板、下导油槽外沿、风洞地面有成片的油污，油污经下机架盖板渗至水车室，水车室内可以看到悬挂在顶部的油滴。在检修中发现转子中心体内也有大量透平油，并且集中在位置较低的补气管固定螺栓处，这应该是内甩油造成的。不仅如此，同时发现存在外甩油的问题，因为转子支架、磁极、定子、空冷器等部位都有油污，也就是整个发电机循环风路经过的地方都有油污。在检修人员对机组各部位进行清理时发现，推力盖板和下机架各部位均存在成片油污，这说明油污很可能是润滑油雾化后，从推力盖板的缝隙中出来的。

4 推力甩油故障分析处理

通过研究发现，推力内甩油的过程大致如此：推力挡油管为薄壁直筒式，挡油管与镜板之间存在约 200mm 的间隙，由于推力头与镜板不同心，镜板旋转起到了偏心泵的作用，在推力头的旋转和搅拌作用下，推力头内侧和油面之间形成局部负压，润滑油将沿着推力头的内壁向上爬升，内油槽的油量变大同时油位升高，在油温升高后润滑油呈现雾化状态，在转子旋转形成的风压下，继续向上直至越过挡油管，溢出的油滴与油雾一部分沿着推力挡油管内壁流下下导，一部分沿着推力头与转子中心体的连接间隙，并沿着螺栓孔及销钉孔爬升到转子中心体内并堆积。

分析发现推力外甩油的过程如下：在镜板与推力头的离心力作用

下，高温油从镜板的甩油孔甩出，此时推力油槽油温为40℃～50℃，推力瓦瓦温为55℃～65℃，部分高温压力油从镜板与集油盒的上部间隙和下部间隙外溢，并以油雾的形式从推力油槽盖板溢出。同时冷却后的低温油经管路也进入外油槽，同时在镜板甩动作用下与外油槽壁发生碰撞，雾化效果更加明显。×× 电厂机组为密闭式径向双路循环风冷机组，在转子转动过程中，空气从转子支臂洞进入支臂再穿过磁轭进入空气冷却器，在转子下平面与推力油槽盖板之间形成一定真空，在空气吸力作用下，一旦推力油槽盖板的接触式密封出现空隙，就会将油雾吸出油槽，在推力盖板以成片油滴的形式出现。

对转子中心体、推力头、挡油管、接触式密封等部位进行详细检查后，分析出甩油的主要原因如下：

（1）挡油管无防甩油装置。

运行时轴领的高速运行及油的黏滞性，使挡油圈和轴领之间的油腔中的油流呈紊乱状态，而推力头和挡油管的油腔是敞开式的，无任何平抑紊乱油流从而防其上涌的措施，油流向上运动时没有任何阻力。因此，在设计挡油管时，应考虑到预防内甩油的措施。例如，下游的某电站推力挡油管就设有多层梳齿密封，防甩油效果良好。

（2）挡油管设计高度偏小。

正常静止油位距离挡油管上端部仅475mm，在机组运行中油位上升后，右面将上涨100～200mm，这导致油面距离挡油管上端部更近，上窜的油滴很容易翻越挡油管，而甩溅到发电机内部。

（3）挡油管刚度不足。

挡油管设计高度为1455mm，外径为2620mm，材料为30mm厚的Q235钢板，加工后最薄处仅为15mm，属大直径薄壁件，在加工运输及安装期间易变形，从而造成挡油管外圆与推力头内圆之间径向间隙不均，间隙不均将导致两者旋转中心产生一定的偏心值，而推力头与镜板起到偏心泵的作用，这使得油槽内部油面处于不稳定状态。

（4）镜板同轴度偏差大。

推力头镜板同轴度偏差达5mm，机组运行过程中，偏心泵效应明显，油槽内油面波动剧烈，油雾及飞溅的润滑油容易溢出。

（5）接触式密封不严。

接触式密封一般安装时贴合良好，但经一段时间运行后密封产生磨损，容易在密封处产生一定间隙。往往新的油挡密封块装上后前期运行油雾较少，随着机组运行时间变长，油雾会越来越重。

在机组检修期间，通过肉眼可以看到，在自然状态下，部分接触式密封与大轴之间有间隙，且间隙较大，现场使用塞尺测量接触式密封与大轴之间的间隙，发现间隙有大有小且不均匀，最大的有 1mm，最小的也有 0.1mm。在大轴转动过程中，大轴与接触式密封的间隙应该更大，因为在推力头的位置时大轴最大的摆度约为 1mm，这种间隙将直接导致密封不严而产生油雾外溢现象。检查大轴轴领时发现，在大轴与盖板密封相接触的位置，大轴表面产生了 0.1 ～ 0.5mm 的凹槽，这种凹槽是接触式密封长期磨损大轴所产生的，凹槽的出现对接触式密封的密封性能产生了较大的不良影响。

（6）油槽内压力增大。

×× 电厂发电机推力轴承为镜板泵外循环，理论上来说镜板泵的高压油直接进入冷却器冷却，但是镜板泵集油槽密封块为铝青铜材料，运行几年后密封块已磨损得相当严重，镜板泵孔产生的有压力的油从集油槽密封块与镜板之间的间隙处溢出到油槽上腔，致使油槽上腔的空气压力增加，加剧了油雾从油挡处溢出。

（7）推力油槽油位偏高。

设计油位距离油槽底部980mm，超出了镜板高度，对甩油也有影响。但是 ×× 机组推力瓦温较高，最高时接近 70℃，所以不能降低油位。

（8）推力头与转子联接有间隙。

虽然推力上端部设计有深度为 10mm 的密封槽，但是机组由于轴线盘车不符合安装标准，在推力头与转子法兰面加有铜垫片来调整轴线，因为厚度为 0.10 ～ 0.25mm。检修人员对转子各部分进行检查时，并未发现油泄漏并在转子中心体内堆积现象，其唯一的途径就是油雾沿着推力头的内壁向上运动，并通过推力头与转子法兰面之间的间隙进入转子中心体。

结合机组实际情况，在多年的运行过程中，进行了一系列的改造，但都效果不明显。针对内甩油的改造措施如下：

（1）加高挡油管，并增加横向挡板。

增高挡油管至 225mm，横向加装 110mm 的挡板。增高挡油管与挡油管母体之间采用金属填充剂封闭。增高挡油管上端部与增加的水平挡油环板采用电焊连接和密封。改造采用的材料是厚度为 6mm 的 Q235A 钢板。改造后，效果并不明显。

（2）加装推力集油盒。

从堵住漏点变为疏通油路，在推力挡油管上安装一圈集油盒，将甩出的油进行回收。集油盒宽 80mm、高 100mm，安装在靠近大轴法兰下方 20mm 处。从推力挡油管甩出来的油经集油盒收集后，从集油盒管路流向安装在机架处的小油箱，油箱内部装有自动控制装置，挡油箱内油位达到限定值时，则启动小油泵，将油箱内的油泵回至油槽，如图 2 所示。此种方法对改善风洞地面、下机架、下导盖板的油污有一定作用，但是对于油雾没有效果。

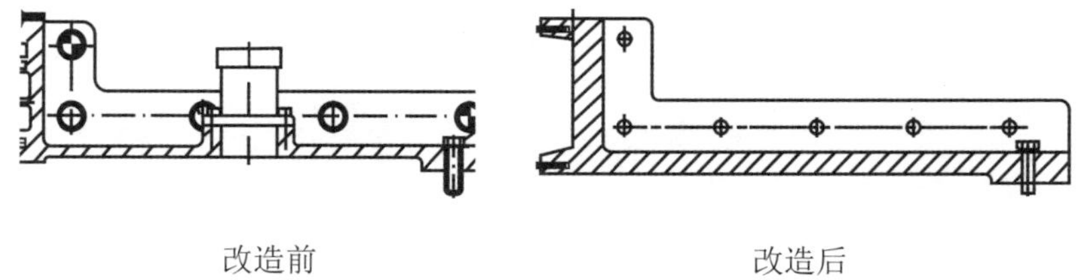

图 2　改造前后密封盖板结构

针对内甩油的改造措施如下：

（1）改造加装除油雾装置，包括 4 组风机（每组包含一个送风风机和一个吸风风机），投运后风机吸出油比较多；然后更换了 4 台吸油雾装置，根据运行观察发现基本没有油雾从吸油雾装置中排出，改造效果不明显。

（2）换上 4 台旧的吸油雾风机，同时在风机漏油口加塞海绵，防止油槽内油直接从漏油口吸出，试运行发现基本没有油雾从吸油雾装置中排出。

（3）对推力油槽盖板进行换型改造，增加一道接触式密封以及气密封挡板，如图 2 所示，试运行后发现效果一般。

5 改进措施

针对目前机组甩油现象有所好转但未彻底消除的问题，×× 电厂拟在机组扩大性检修中采取系统改造方案，如图 3 所示。

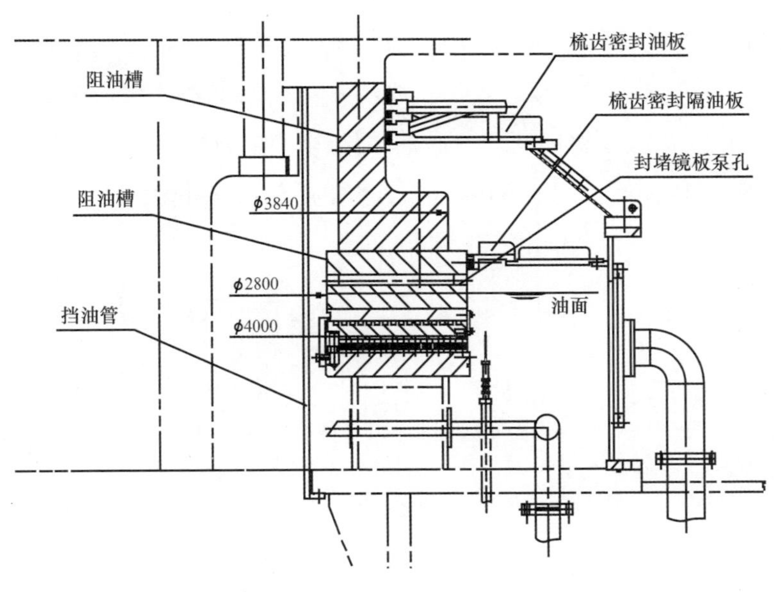

图 3　推力甩油改造方案

（1）重新加工制造挡油管，加强挡油管的结构刚度，有效地保证挡油管的圆度，挡油管与转动部分的同心度，同时增加挡油管上端面高度，缩短上端面与转子支架底面距离，将距离减小至 10mm。

（2）增设阻油槽。在推力头内圆和镜板内圆侧均增设阻油槽，以有效防止内侧爬油。

（3）降低推力油位。将油面降至镜板约 1/3 处，可有效避免甩油和油雾问题产生。

（4）调整推力头和镜板的同轴度，避免偏心泵效用引起的润滑油面剧烈波动。

（5）增加稳油板。在镜板外沿增设梳齿密封稳油板，起到稳定油面的作用，防止油飞溅窜出。

（6）改变循环动力。因机组拟将镜板泵外循环冷却方式改造为管道泵强迫循环冷却方式，故镜板泵孔可以封堵，从而减少镜板泵带来的油槽内外侧压力不均衡；原镜板泵的密封环及支撑板可以拆除，减少推力头旋转产生的周向高速油流冲击密封环及支撑板产生的飞溅，降低推力油槽上部压力。

（7）改进密封盖板。优化原油槽上部的 2 道密封单腔油挡结构，改为 9 道梳齿随动极限密封双腔油挡结构，增设强迫补气风机和集油雾装置，形成较好的密封和集油雾结构，避免油雾外溢。

第二节　推力瓦位移故障分析处理

1　×× 电厂推力瓦介绍

×× 电厂水轮发电机为半伞式结构，推力轴承在下导轴承上方，推力轴承承受全部转动部件重量及其他轴向力，下机架为承重机架，推力轴承设有高压油减载装置，在机组停机和启动的时候，不断向推力瓦中心油室打入高压油，使推力瓦和镜板之间形成 0.04 ～ 0.10mm 的油膜，从而改善开停机润滑条件，减少摩擦损失，也防止推力瓦出现干摩擦或半干摩擦问题，如图 1 所示。

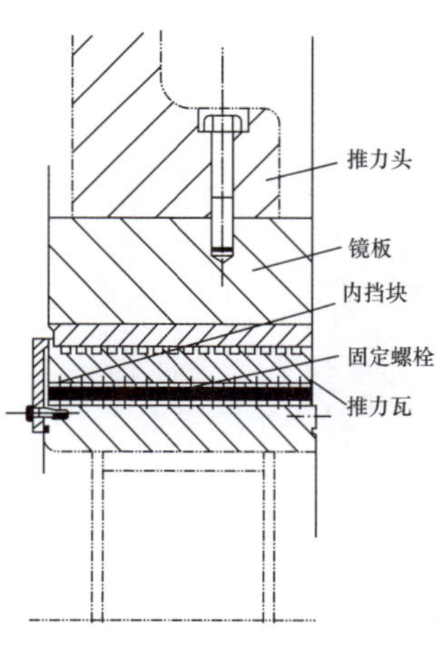

图 1　推力轴承结构

推力瓦由面瓦和托瓦组成，各20块，如图2所示。面瓦与托瓦之间有挡块进行固定从而合为一体，防止机组运行时面瓦与托瓦产生相对位移；托瓦与机架之间也有挡块进行固定，防止推力瓦应吸附作用随镜板一起抬升，如图3所示。在推力瓦架内侧有挡块，防止推力瓦向大轴方向移动。推力轴承为多点支撑弹簧束结构，推力瓦内侧和外侧分别安装有挡块，防止推力瓦沿镜板转动方向产生移动，推力轴承通过推力支撑环安装在下机架中心体油槽内。

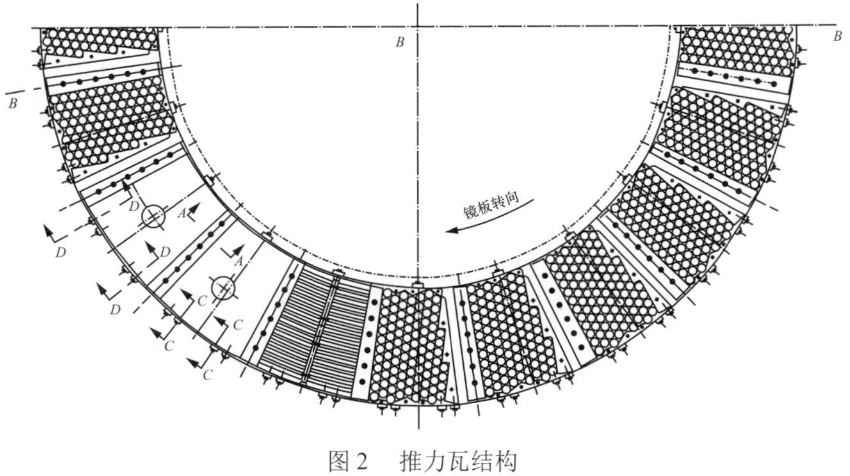

图2　推力瓦结构

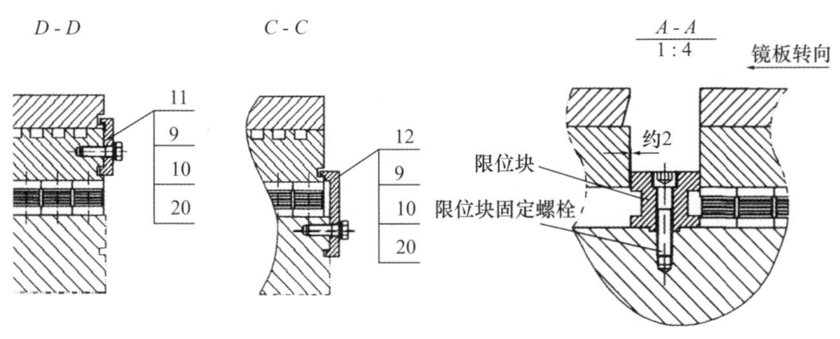

图3　推力瓦外挡块及限位块

2 推力瓦位移故障现象

×× 电厂 2 号机 B 修期间，在拆解推力轴承时发现，采用弹簧束支撑结构的推力轴承，20 块推力瓦中有 15 块无法抽出，经检查发现托瓦与左右两侧限位块卡死，按照图纸要求，推力瓦托瓦与左右两侧限位块之间应该有 2mm 的间距。通过测量推力瓦面瓦与镜板外侧的距离发现每块瓦都不相同，且相差较大，面瓦距镜板外侧最大值为 6.8mm，见表 1。推断推力瓦的面瓦和托瓦一起向大轴方向出现径向位移，检查发现推力瓦内侧挡块松动、变形，推力瓦面有轻微径向划痕。

表 1 镜板与面瓦、面瓦与底瓦间距测量表 （单位：mm）

瓦号	镜板与面瓦		面瓦与底瓦	
	右	左	右	左
1	3.24	2.40	0.38	0.70
2	6.80	5.96	0	0
3	3.50	4.30	0.86	-0.40
4	6.30	6.90	-0.80	-1.94
5	2.30	1.74	0	0.64
6	3.50	3.00	0	0
7	1.00	0.80	1.10	0
8	2.60	2.90	1.98	1.06
9	5.00	5.40	0	0
10	3.20	3.50	0	0
11	3.80	2.60	0	0
12	0.30	0	-1.72	-1.50
13	2.70	3.50	0	-0.80
14	1.88	3.20	0	0
15	0	-0.3	0	1.50
16	4.10	3.20	0	0
17	3.00	3.30	0	0
18	4.80	4.94	0	0
19	1.38	0.50	0.96	1.20
20	5.60	4.92	-1.98	-1.70

注：镜板相对面瓦凸出为正值，反之为负值；面瓦相对底瓦凸出为正值，反之为负值。

在机组运转中，推力瓦不仅负担全部转动部件的重量，还承受着巨大的轴向水推力，其必须具有较高的载荷能力和良好的润滑性能，以维持整个转动系统的稳定。推力瓦产生径向移动，其运行半径减小可能会改变瓦面的载荷分布，导致推力瓦瓦面受损。而推力瓦与两侧的限位块卡死，不仅影响抽瓦，还会在运行过程中限制推力瓦的轴向运动，从而使推力瓦底部的小弹簧束失去受力自调节作用。在国内，也有一些机组发生了径向位移的现象，主要集中于部分抽水蓄能电站，比如安徽琅琊山抽水蓄能电站、福建仙游抽水蓄能电站、江苏溧阳抽水蓄能电站等。

3 推力瓦位移故障分析处理

推力瓦所受向大轴方向的径向力导致推力瓦移动，通过对单块推力瓦的受力来分析，这个径向力应该出现在机组运行和停机后。

在机组运行时，虽然推力瓦与镜板之间的油膜能够大大减小摩擦力，但仍然存在一定的摩擦力，该摩擦力可以分解为沿大轴切线方向和径向方向两个分力，其中径向方向的分力不大，不足以使推力瓦径向限位板产生塑性变形。原推力瓦内挡板的作用主要是顶转子时防止推力瓦被镜板轴向带起，同时防止机组抬机时推力瓦一起被抬起。

在机组停机后，技术供水并未立即停止运行，冷却水依然投入，推力油槽油温快速降低，推力头与镜板温度也随之降低，在热胀冷缩效应下，推力头与镜板向内收缩，对推力瓦产生一个向大轴方向的径向力。同时，高压油减载装置停止工作，不再向推力瓦注油，在较大重量的转动部件作用下推力瓦瓦面油膜消失，推力瓦瓦面产生一定的真空效应，推力瓦与镜板之间变成无油润滑，摩擦系数成倍增大。在摩擦力的作用下，镜板带动推力瓦向轴心方向移动。

哈尔滨大电机研究所在敦化抽水蓄能电站试验台进行了相关的研究试验，东方电机厂在溪洛渡电站机组做了真机测试，证明了推力瓦移位是停机后镜板冷缩引起的。试验结果表明：推力轴承在起动、运行过程中，推力瓦所受径向力较小，推力瓦无位移；径向力变大的时机出现在停机一段时间后，此时径向力成倍数增加，推力瓦位移明显；待温度下降一致后，位移不明显。

镜板的冷缩是无法消除的，因此导致推力瓦出现移动的原因主要有以下几种：

（1）推力瓦内侧挡板固定在支撑座上，其挂钩处距离固定点力臂较长，刚度较差，弯曲变形是推力瓦存在径向位移的直接原因。

（2）×× 电厂为调峰调频机组，机组起、停机非常频繁，在用电低谷期处于备用状态，且机组冷却水处于循环态，推力油槽油温下降较快，内挡块在频繁径向力作用下，最终疲劳弯曲。

（3）在机组长期振动作用下，内挡块的固定螺栓（M20×60）可能出现松动，导致内挡块无法起到有效的限位作用。

（4）在冷缩径向摩擦力作用下，推力瓦会一点一点慢慢向大轴方向移动，经过长期的累积，轴瓦出现明显移位。

针对上述问题，在检修中对机组进行了如下处理：利用推力瓦的现有结构，对推力瓦外侧的挡块结构进行改造，制作新的挡块和固定螺栓，限制和调整推力瓦的径向位移，如图 4 所示。新的外侧挡块结构能够保证在拆除及安装过程中，不影响推力瓦的轴向运动及正常运行；外侧挡块限位螺栓不能限制推力瓦的轴向自由度；限位螺栓调整到位后，需要用背帽对限位。

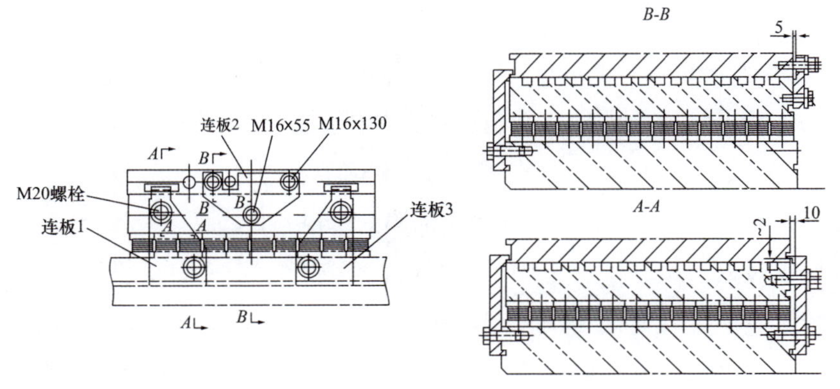

图 4　推力瓦外侧挡块改造方案

通过临时处理后，在后续检修中发现，推力瓦卡死的现象明显好转，但仍存在推力瓦位移的现象。

4 经验总结与改进措施

要想彻底解决推力瓦位移的问题，需要对内侧挡块进行优化改造，可在机组扩大性检修时进行处理，其处理思路如下。

（1）更换内挡板材质，目前使用的是普通 Q235，可以考虑选用镍－铬合金，同时增加挡板厚度，用以抵抗推力瓦位移产生的径向力。

（2）推力油槽内侧增加限位螺钉，限位螺钉可以设置在推力油槽内部，并在托瓦端部加工限位槽，限制推力瓦径向位移，如图 5 所示。

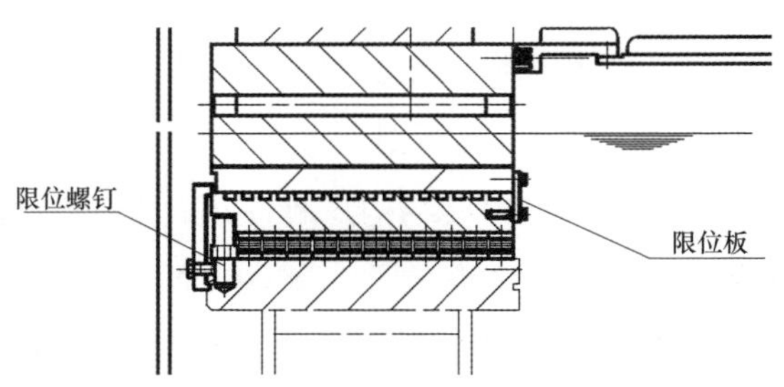

图 5　推力瓦内侧挡块改造方案

（3）外侧利用原推力瓦及托瓦上螺纹孔，利用固定板固定推力瓦与托瓦。

（4）在机组起停机流程中延迟高顶退出。

带动推力瓦向内径移动是由镜板与推力瓦面的摩擦力引起的，因此减小镜板面与推力瓦面的摩擦力，就会减少推力瓦的移位。当镜板面与推力瓦面间存在油膜时，由于油膜的摩擦系数极低，摩擦力较小，因此镜板的冷缩就不会带动推力瓦内移。因此，在机组停机后镜板的冷缩过程中，开启高压油顶起，在镜板与推力瓦面间建立油膜，就会缓解推力瓦的内移。建议机组停机后延迟高顶时间为 30 min，这样可减少停机后镜板冷却收缩最快期间推力瓦所受的内移摩擦力。

第三节　推力瓦温度高故障分析处理

1　推力轴承工作原理

推力轴承作为整个发电机转动部件的直接承重部件，不仅承受转动部分的自重，还要承受机组运行中产生的轴向水推力。转动部件的重量通过推力头、镜板、推力瓦和支撑系统传到承重机架，再传到混凝土基础上。推力瓦为合金瓦的大型机组，一般设有高压油减载装置，机组在开、停机时启动该装置，将高压油泵入推力瓦瓦面的环形油室，迫使推力瓦与镜板之间建立油膜，避免推力瓦因干摩擦而烧损。

推力轴承油槽中的透平油，起到润滑和热交换的双重作用。推力瓦与镜板摩擦所产生的热量被润滑油吸收，从推力瓦中循环出来的油温较高，热油循环至冷却器后温度降低，热量被冷却水带走，冷却水温度升高并排出，从而使油槽内的油温保持相对稳定。因循环路径不同，油的冷却方式分为内循环和外循环两种。内循环冷却方式一般用于油冷却器和推力轴承安装在同一油槽内的情况，油的循环动力来自镜板、推力头等旋转部件的黏滞作用。外循环冷却方式一般用于冷却器安装在推力油槽外部的情况，油的循环动力来自外部油泵，强迫形成循环油路。

2 推力瓦温度偏高常见原因

在机组运行中的推力瓦瓦温涉及的因素较多，如热交换量是否足够、油循环是否良好、冷却水量是否充足、推力瓦面是否符合要求、瓦面油膜建立是否良好等，因此要想准确找出推力瓦温高原因，需要从多种因素中一一查找。常见的影响推力瓦温度偏高的原因有如下几种。

（1）冷却器换热能力不足。实际机组运行中，推力轴承所产生的热量是否能够全部被冷却器通过热交换带走需要进行校核，如果冷却器设计流量不足，产生的热量大于被带走的热量，就会导致推力瓦温高。

（2）冷却效果不佳。对于内循环冷却方式，冷却路径十分重要，常常因为密封不严、设计路径有漏洞等原因，导致热油不能够按照设计路径进行冷却交换，从而使得热量集中并且无法被带走。对于外循环冷却方式，需要检查循环流量是否满足设计要求，特别是镜板泵外循环机组，可能存在泵力不足、管路不畅等问题，导致进入冷却器的流量不足，热交换不充分。

（3）润滑油质量不好。在机组运行中因为摩擦会产生部分杂质，杂质的产生会降低润滑油的质量，同时这些杂质还会随着油循环而进入推力瓦与镜板之间，损坏推力瓦与镜板，影响油膜的形成。

（4）推力瓦与镜板加工质量不好。推力瓦与镜板的刚度和表面粗糙度等性能参数的加工要求很高，如果推力瓦刚度不足，瓦面容易发生变形，不利于油膜的形成。特别是在杂质的影响下，很有可能导致推力瓦瓦面与镜板表面粗糙度降低。

（5）推力瓦受力不均。对于需要调整推力瓦受力的机组，在推力瓦受力不均的情况下将会导致部分推力瓦受力过大，瓦温过高。

（6）高压油减载系统异常。目前大中型机组都设有高压油减载系统，为开、停机过程中建立油膜提供支撑，如果系统出现故障，推力瓦与镜板将形成干摩擦或半干摩擦，这会直接导致推力瓦温升高甚至烧瓦。

3 ×× 电厂推力轴承结构介绍

×× 电厂水轮发电机为立轴半伞式结构，推力轴承位于下机架上部，下机架为承重机架。推力轴承内布置20块推力瓦，推力瓦为巴氏合金瓦，推力瓦的受力为自调节，瓦面中心设计有圆环油室，在机组停机和起动的时候，高压油减载装置向推力瓦中心油室打入高压油，使推力瓦和镜板之间形成楔形油膜，在镜板与推力瓦之间起到润滑作用。推力轴承采用自身镜板泵外循环冷却方式，镜板外侧有集油盒，集油盒与镜板之间有铜密封，热油进入集油盒后经管路流入冷却器，冷却后再注入油槽底部，以带走轴承产生的热量。

4 推力瓦温高故障现象

×× 电厂自投运以来，推力瓦瓦温逐渐升高，经过几年的运行后，推力瓦瓦温逐渐趋于稳定，推力轴承瓦运行温度为 70℃左右，相对于国内同类型轴承温度偏高。根据机组负荷不同，瓦温呈现随负荷增大升高的趋势，最高瓦温达到 74.5℃，每当出现此类状况时，就需要机组维护人员在不停机状态下向推力轴承加油，以使瓦温维持在 75℃以内。

从每次检修轴瓦情况来看，推力瓦瓦面有沿机组转动方向的磨损痕迹，使用手触摸感觉磨损处表面粗糙，可以判断 4 台机组推力瓦均存在不同程度的磨损现象，如图 1 所示。同时，由每次检修时对推力瓦瓦面厚度数据及推力瓦油室深度数据进行测量，以及近年测量的推力瓦数据也可以证明推力瓦存在磨损情况。3 号机推力瓦油室平均深度为 0.57mm，设计油室深度为 0.8mm；推力瓦面瓦平均厚度为

50.11mm，设计厚度为 50±0.2mm，见表 1、表 2，推力瓦测点分布如图 2 所示。

1 号机推力瓦

2 号机推力瓦

3 号机推力瓦

4 号机推力瓦

图 1　4 台机组推力瓦瓦面情况

表 1　3 号机推力瓦面瓦厚度测量值

测位 厚度 瓦号	1	2	3	4	5	6	平均
1	50.11	50.12	50.12	50.11	50.10	50.11	50.11167
2	50.10	50.10	50.10	50.09	50.09	50.09	50.095
3	50.13	50.13	50.13	50.12	50.15	50.13	50.13167
4	50.09	50.10	50.10	50.09	50.10	50.10	50.09667
5	50.12	50.12	50.12	50.12	50.12	50.13	50.12167
6	50.13	50.12	50.12	50.10	50.10	50.10	50.11167

续表

测位 厚度 瓦号	1	2	3	4	5	6	平均
7	50.11	50.11	50.11	50.11	50.10	50.10	50.10667
8	50.12	50.13	50.13	50.12	50.12	50.12	50.12333
9	50.12	50.11	50.12	50.11	50.10	50.10	50.11
10	50.11	50.12	50.13	50.10	50.10	50.10	50.11
11	50.12	50.11	50.13	50.10	50.10	50.10	50.11
12	50.11	50.14	50.14	50.12	50.11	50.12	50.12333
13	50.14	50.13	50.14	50.11	50.11	50.11	50.12333
14	50.12	50.13	50.13	50.11	50.11	50.11	50.11833
15	50.13	50.12	50.12	50.09	50.10	50.10	50.11
16	50.11	50.12	50.12	50.10	50.11	50.11	50.11167
17	50.13	50.12	50.13	50.11	50.12	50.12	50.12167
18	50.11	50.11	50.12	50.09	50.10	50.10	50.105
19	50.11	50.12	50.13	50.10	50.11	50.10	50.11167
20	50.13	50.12	50.12	50.10	50.10	50.11	50.11333
	总体平均值				50.11333		

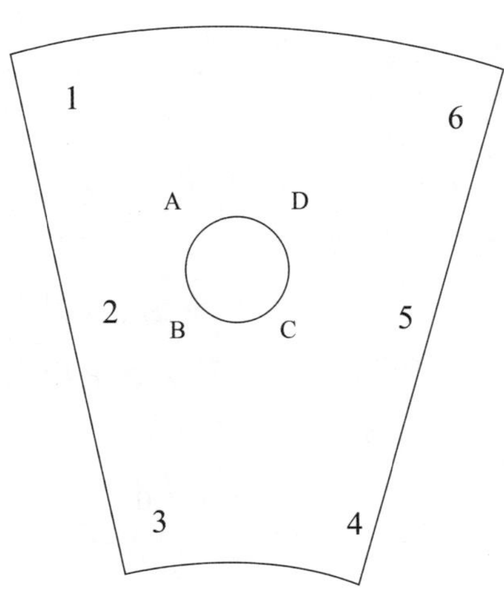

图 2　推力瓦测点分布图

表 2　3 号机推力瓦油室深度测量值　单位：mm

瓦号 测点	1	2	3	4	5	6	7	8	9	10
A	0.56	0.60	0.52	0.58	0.54	0.58	0.56	0.50	0.54	0.56
B	0.56	0.58	0.50	0.56	0.52	0.60	0.54	0.54	0.54	0.56
C	0.58	0.60	0.46	0.54	0.54	0.60	0.54	0.60	0.62	0.56
D	0.56	0.60	0.50	0.58	0.56	0.60	0.56	0.60	0.60	0.58
瓦号 测点	11	12	13	14	15	16	17	18	19	20
A	0.56	0.82	0.54	0.60	0.56	0.52	0.58	0.54	0.54	0.60
B	0.56	0.82	0.56	0.54	0.54	0.52	0.58	0.54	0.54	0.56
C	0.40	0.80	0.56	0.56	0.58	0.56	0.58	0.54	0.54	0.58
D	0.58	0.78	0.58	0.58	0.56	0.56	0.60	0.56	0.56	0.60
	总体平均					0.57125				

5　推力瓦温高故障分析处理

导致瓦温高的原因可能有以下几种。

（1）油冷却器换热能力不足。

油冷却器的换热能力指的是冷却水处于额定流量时，冷却器所能够带走的热量。在设计冷却器时，推力瓦损耗产生的热量是一定的，那么流经冷却器的冷却水流量就能够通过计算得出。如果冷却器热交换能力满足要求，则冷却器能够带走推力瓦磨损产生的热量，保持推力油温和瓦温稳定。冷却水流量设计公式如下：

$$Q_S=\frac{0.234\times P\times 60}{\gamma_S\times C_{PS}\times \Delta T_S\times 10^{-3}}$$

式中：P——轴承损耗，kW；

γ_S——冷却水比重，kg/m^3，在20℃时为1000；

C_{PS}——冷却水热容量，kcal/（kg·℃），取值为1；

ΔT_S——进、出水温差。

×× 电厂推力轴损耗为1071kW，根据上式计算冷却水流量为748.8L/min，即为44.928 m^3/h，因此冷却器设计流量为50 m^3/h时是合理的，冷却器设计能够满足换热要求，见表3。

表3　×× 电厂推力冷却器参数

参数	进油温度	出油温度	最大压降	油流量	设计压力	润滑油	进水温度	最大压力降	水流量
参数值	40℃	32℃	20kPa	40m^3/h	200kPa	L-TSA46	24℃	20kPa	50m^3/h

（2）推力油槽油循环差。

在推力油槽中，润滑油的循环需要进行设计，按照最佳线路进行热交换，如果循环路线被破坏，则热交换效果大大降低。一般情况下，冷油与热油应具有不同的空间，热油应全部经过冷却器进行冷却，整个循环线路应较为顺畅而没有阻力，冷油应直接进入推力瓦，与推力瓦之间进行热交换。

×× 电厂推力油槽润滑油的循环动力主要来自镜板上的16个直径为50 mm的甩油孔，在镜板旋转过程中，甩油孔中的油被甩出，甩油孔中成为真空，将镜板内侧的油吸进甩油孔，如此循环称为镜板泵。甩油孔中甩出的油被集油盒收集，经管路流至油槽外的冷却器，热油温度降低后回到推力瓦外侧油槽底部，然后经两块推力瓦之间的空间流入推力瓦内侧油槽，如此完成整个油循环，如图3所示。

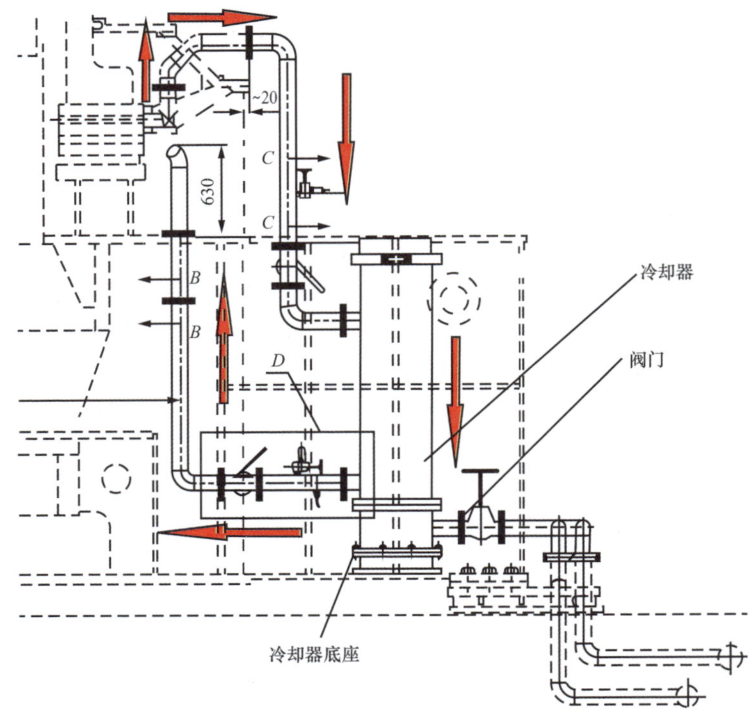

图 3　推力油循环示意图

通过如此分析可以发现，在油循环过程中，存在以下几个问题：

1）镜板泵集油盒的热油流经镜板泵管路阻力较大。由图 4 可以看出，热油需要沿油管向上运动一段距离后，才能到达平管段，对集油盒内的油造成一定压力，使得推力油循环阻力加大，如果集油盒密封不严，则循环效果大大减弱。

2）冷却器冷却后的油未直接进入推力瓦内侧油槽参与循环。经过冷却器的油温度已经降低，在进入推力瓦外侧油槽后，将会与其他热油混合，然后进入推力瓦内侧油槽参与循环，使得油循环出现阻力。

3）集油盒密封间隙过大，热油循环量减小。在油循环线路中，镜板泵集油盒的密封性能成为关键，如图 4 所示，在集油盒的上下两侧都有密封条，密封条依靠后部的调节螺栓调节其与镜板的距离，上下侧有固定螺栓进行固定。在停机检修中发现，镜板泵集油盒的密封条与镜板之间的距离逐年增大，见表 4。带有一定压力的热油将会从间隙泄漏出来，直接进入油槽，没有参与循环。在经过多次调整调节螺栓后发现，铜密封继续磨损，螺栓已经到顶无法继续调节，这也表明铜密封条彻底失去密封效果。同时，4 台机组的推力外循环油流量也可以反映一定问题，由现场查看可知，4 台机组推力油流量大多在 $20m^3/h$ 左右，大大小于冷却器油案流量 $50m^3/h$。

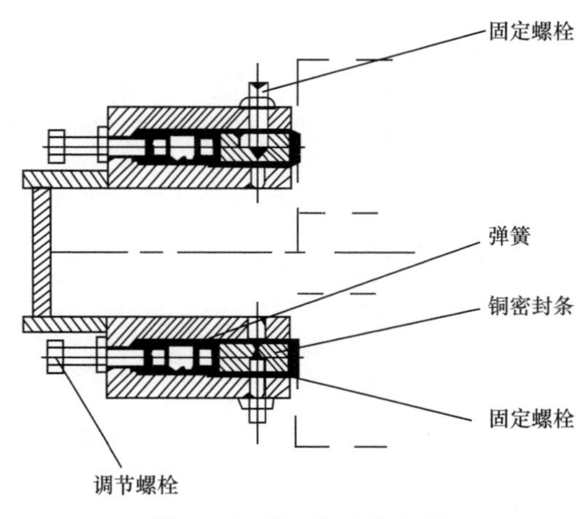

图 4　镜板泵集油盒密封

表 4　3 号机镜板泵集油盒密封间隙

测量时间	测量位置（油槽门编号）	上密封间隙 /mm	下密封间隙 /mm
2009.4.1	1	0	0
	7	0.1	0.2
	11	0.5	1.2
	15	0	0
2010.4.21	1	0.2	0.35
	7	0.2	0.3
	11	0.45	0.45
	15	0.3	0.4

续表

测量时间	测量位置（油槽门编号）	上密封间隙 /mm	下密封间隙 /mm
2016.12.20	1	0.6	0.5
	7	0.25	0.35
	11	0.5	0.5
	15	1	0.9

（3）推力瓦的热变形和瓦面光洁度降低。

根据分块式巴氏合金瓦的加工制造过程可知，巴氏合金瓦是由两种不同的材料组合而成的，一般是在钢质瓦坯上浇筑巴氏合金，两种不同材料的金属具有不同的膨胀系数，当推力瓦温度升高后，将会产生一定的变形量，推力瓦面瓦较薄，厚度为 50 mm，瓦块刚性较差，热变形更加明显，使得推力瓦与镜板之间磨损严重。

在机组刚刚投运的几年里，推力油槽容易产生较多的黑色油泥，且黑色油泥中掺杂着黄色粉末，沉积在推力油槽底部、弹簧束及瓦架等部位，黄色粉末是镜板泵集油盒密封磨损后的结果，黑色油泥应该是推力瓦磨损的结果。两种磨损杂质在推力油槽中循环，导致油中一直含有杂质，杂质进入推力瓦与镜板之间，导致推力瓦磨损，推力瓦瓦面光洁度降低，从而加剧了镜板与推力瓦之间的磨损，而巴氏合金瓦硬度很低，磨损更快。

针对以上问题，可以考虑从以下几方面进行改进：

（1）改进推力集油盒管路位置。将集油盒连接管路从向上改为向下，从推力油槽门穿出并与外部冷却器相连，从而减小镜板泵出油阻力，使油路循环通畅。

（2）改进冷却油出油管位置。将原推力瓦外侧出油口位置改到推力瓦内侧油槽，管路从瓦架底部的圆形孔穿出，直接将冷却油送入推力瓦内侧油槽，从而参与循环。

（3）改进集油盒密封。将铜密封材料更换为耐磨性较高的聚四氟乙烯材料，从而提高推力集油盒的密封性。

6　经验总结与改进措施

鉴于镜板泵密封的不可靠性，可以将镜板泵循环改造为外加泵循环，外加泵循环可以保证油循环的动力稳定，保障油循环的可靠性。根据 ×× 电厂机组下机架及推力油槽的实际情况，将油冷却管进口设置在推力油槽门上，出油口设置在推力瓦内侧油槽，在管道中间增加油泵，保障整个油循环通畅，如图 5 所示。

根据机组下机架及推力油槽的实际情况，原镜板泵管路需全部拆除，更换新集油槽，增加梳齿密封隔油板，在每台油冷却器支路设置一套功率约为 11kW 油泵组，同时配置压力开关、流量开关、阀门、管路及其附件。考虑到发电机转子支架补强增加重量约 5000kg，如果推力负荷按 2345t 来进行推力轴承润滑计算，则额定工况下，推力最小油膜厚度约为 46μm，可以保证机组安全稳定运行，推力外循环油冷却器的油流量约为 5250L/min，冷却水流量约为 6450L/min。通过这种改造，可显著改善推力运行参数，降低瓦温度，并且可有效缓解油槽油雾外溢问题。

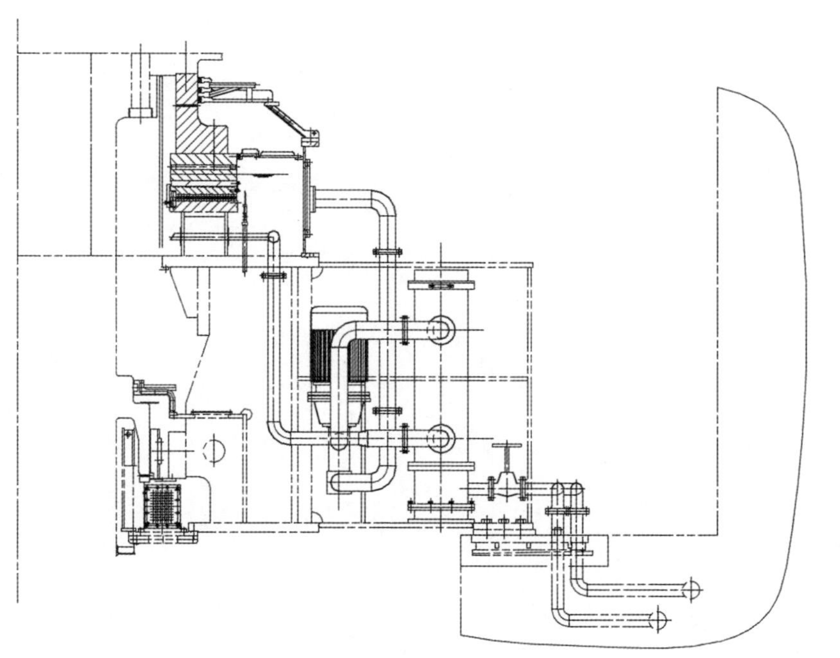

图 5　外加泵外循环示意图

如果有条件可以直接全部更换弹性金属塑料推力瓦，国内多所电站将巴氏合金推力瓦更换成弹性金属塑料推力瓦，取得了很好的效果。弹性金属塑料瓦现已广泛应用于水轮发电机的推力轴承，其允许油膜温度在100℃～110℃，可承受单位压力6.5～7.0MPa，具有耐磨性好、磨擦系数小、使用寿命长等特点。

第四节　磁极撑块故障分析处理

1　×× 电厂磁极撑块介绍

×× 电厂发电机转子主要由转子中心体、转子支架、磁轭、磁极等组成，转子中心体在安装场进行现场焊接组装，转子支架由 4 瓣扇形支臂在工地组焊成整体，支臂下部设有 50 块制动环板。磁轭由硅钢片现场叠装而成，采用热套的方式挂装在转子支架上，依靠切向键、弹性键等固定，防止产生轴向位移。磁轭的外侧挂装有 40 个磁极，磁极通过磁极键固定，磁极为双“T”尾结构。×× 电厂机组磁极在进行整体结构设计时，并没有考虑在磁极之间安装撑块，后因开机试验时出现磁极甩出，造成转子磁极与定子相撞现象，才增加了磁极间支撑结构，以确保磁极线圈固定牢靠，如图 1 所示。

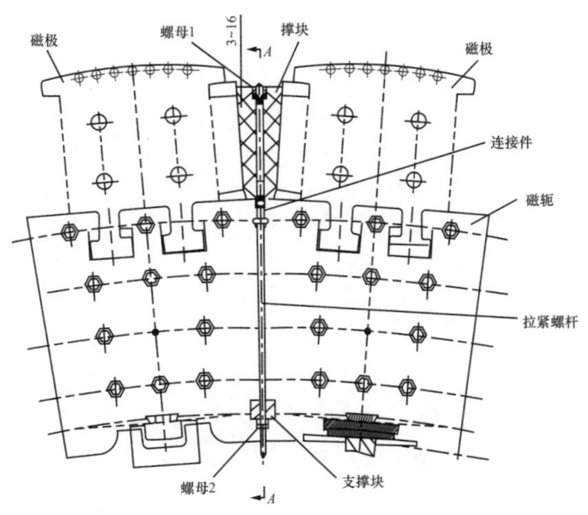

图 1　×× 电厂 4 号机磁极撑块结构

磁极间撑块主要由撑块、拉紧螺杆、固定块等组成。在 ×× 电厂 4 台机组中，1、2 号机采用图 2 所示撑块结构，3、4 号机采用图 1 所示撑块结构，图 1 中，拉紧螺杆由两段组成，中间由连接件连接，螺母 1 安装在撑块端部圆形孔内，作用是固定撑块，阻止其径向位移，螺母 2 固定拉紧螺杆，在安装完毕后与磁轭通风沟点焊牢固。图 2 中，拉紧螺杆为整根螺杆，没有分段，螺母 1 焊接在 U 形夹上，U 形夹通过两颗 M12 的螺栓固定在撑块上，螺母 2 固定拉紧螺杆，在安装完毕后与磁轭通风沟点焊牢固。磁极撑块处于磁极中间，距离转子上平面和下平面均有 1.7m 的距离。

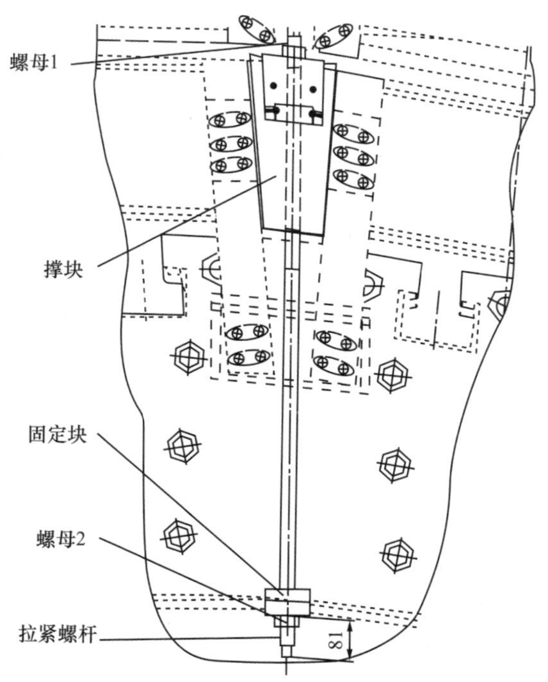

图 2　×× 电厂 2 号机撑块结构

2 磁极撑块故障现象

在 ×× 电厂机组投运初期发现，每次都会有 3 ～ 7 个固定块与磁轭之间的焊点开裂，磨开拉紧螺杆端部螺母焊点检查，发现螺母并未松动。每次发现裂纹后都会对开裂处进行补焊处理，但是下次检修时依然会发现裂纹，这说明补焊未能阻止点焊处开裂。

在 ×× 电厂机组 B 级及以上检修中，需要拔出 2 个磁极进行磁极和定子检查，拔出磁极之前需要拆除 3 个磁极之间的撑块。一般在 B 级机组检修中，转子不会吊出，因此需要在空间狭小的两个磁极之间拆除撑块。

在机组安装时，×× 电厂 3、4 号机组的磁极撑块都是在安装场完成装配后，随发电机转子整体吊入机坑，因此并没有考虑到后续拆装存在的问题。在安装场，磁极极间撑块的安装不受空间限制，各紧固螺栓和极间撑块固定方式能够按照力矩要求进行安装，但在转子不吊出的情况下，由于撑块本身结构设计不够合理，同时两个磁极之间拆装空间有限，因此会受到阻尼环的阻挡，拆装起来步骤复杂，花费时间长，且回装时无法达到力矩要求。

3 磁极撑块故障分析处理

首先我们对磁极线圈在转子旋转过程中的受力进行分析，磁极线圈运行中会产生径向离心力 T，该力在切向上的分量为 T_1，径向分量为 T_2，如图 3 所示。径向分量 T_2 由磁极铁芯承受，切向分量 T_1 由线圈本身承受。如果磁极线圈强度小于该离心力的侧向分量 T_1，并且不采取措施，磁极线圈就会产生破坏，磁极线圈将脱离磁极铁芯，向两个磁极间的间隙靠拢，甚至脱离磁极铁芯，这也是导致开机过程中出现转子扫镗的原因。测向分量较大时，需要依靠外力才能保持线圈不松脱，这个力由撑块来提供。

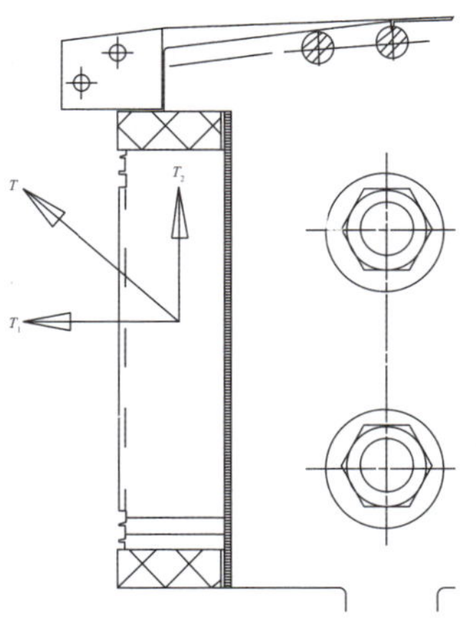

图 3　磁极线圈受力示意图

由于3、4号机与1、2号机撑块结构不同，因此在拆装过程中发现，3、4号机撑块因其设计问题而导致难以拆装，而1、2号机则相对较为简单，希望通过改变撑块结构达到方便拆装的效果。考虑到 1、2 号机与 3、4 号机撑块重量不同（分别为 4.5kg 和 9.9kg），因此不能直接将 1、2 号机的撑块装配到 3、4 号机上，而需要在 3、4 号机撑块本体上进行改进。

依据机组实际情况，对磁极间撑块结构进行创新设计，主要有三方面：

（1）圆孔变方孔。由于撑块尾部为深度 50mm 的圆孔，拆装过程中圆孔内六角螺母会随着螺杆一起转动，这给拆装带来极大不便，因此可以对撑块尾部圆孔进行改造，将圆孔改造成为 42mm×42mm×40mm 的方形孔，如图 4 所示。根据质量公式计算出加工切削量仅为撑块的 0.15%，对撑块质量影响很小，因此不会影响机组动平衡要求。

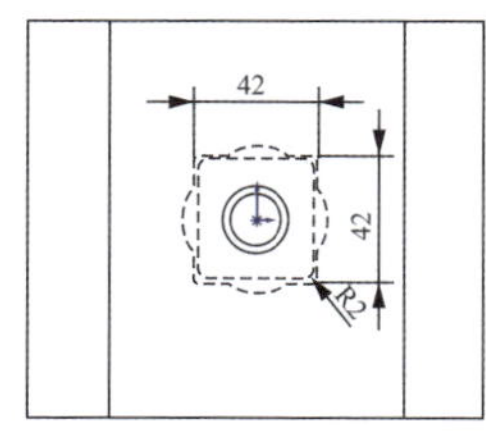

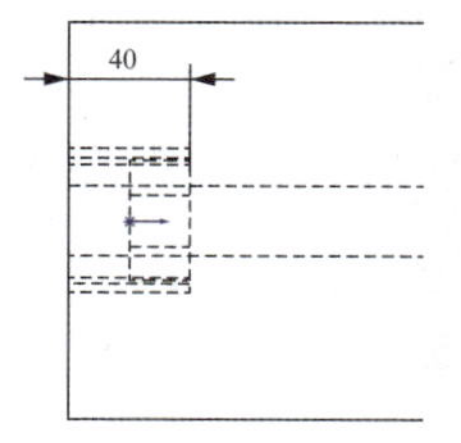

图 4　撑块改造图与实物图

（2）六角螺母变方形螺母。将原来的六角螺母改造为方形螺母，并使方形螺母与方形孔进行配合固定。根据方形孔的尺寸，确定方形螺母的尺寸为40mm×40mm×20mm，使螺母与方形孔之间有1mm间隙，便于拆装，如图5所示。

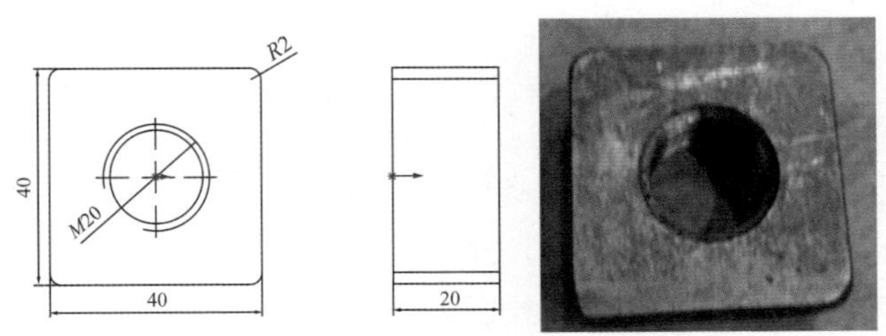

图5　方形螺母设计图与实物图

（3）设计制作拆装撑块专用工具。根据磁极间空间大小及撑块安装位置，设计出一款结构简单、便于使用的撑块拆装专用工具，如图6所示。

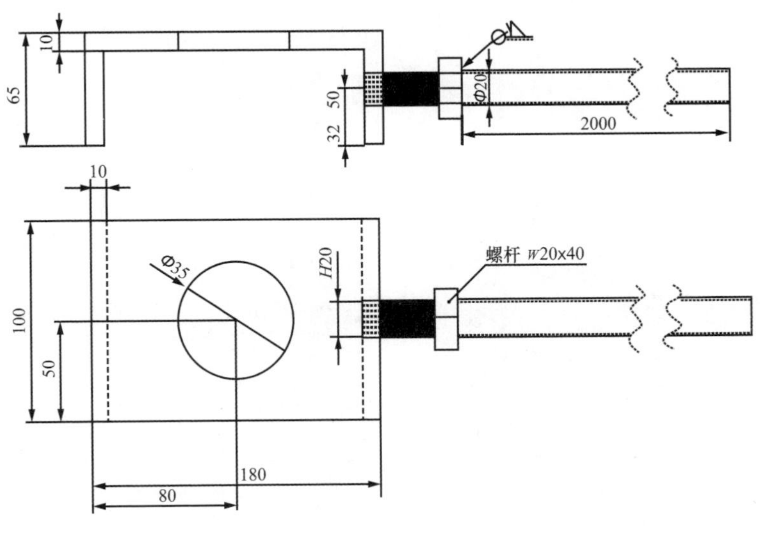

图6　拆装专用工具设计

经过上述改造后，安装前将方形螺母与螺杆点焊，安装过程中就只需要紧固中间连接件便可紧固螺栓，同时配合专用工具，能够大大提高工作效率。

4　改造计算校核

在机组运行中，拉紧螺杆为唯一的受力部件，整个撑块的径向力全部依靠拉紧螺杆来承受，因此拉紧螺杆的设计是否满足要求，质量是否合格成为关键。为了校核拉紧螺杆的受力，进行了相关计算。

根据机组参数可知：额定转速 n_N=150r/min；飞逸转速 n_f=295r/min；拉杆材料 42CrMo，长度 L=1185mm，屈服极限 σ_s=735MPa；撑块总重 m_1=12.75kg；撑块离心半径 R_1=5200mm；拉杆重 m_2=4.17kg；拉杆离心半径 R_2=4862mm。因此：

（1）额定工况绝缘撑块的离心力：

$$F_t=m_1R_1\omega^2_N=15.621\text{kN}$$

拉杆离心力：

$$F_b=m_2R_2\omega^2_N=5.003\text{kN}$$

拉杆光杆部分最小直径（退刀槽处）为

$$d_m=20\text{mm}$$

拉杆光杆部分最小截面积（退刀槽处）为

$$A_m=\frac{\pi}{4}d^2_m=314.159\text{mm}^2$$

拉杆螺纹公称直径为 d=24mm，螺距为 p=1.5mm

螺纹部分的应力截面积为

$$A_s=0.7854(d-0.9382p)^2=400.892\text{mm}^2$$

所以光杆部分最危险的地方位于退刀槽处，其拉应力为：

$$\sigma_t=\frac{F_t+nF_b}{nA_m}=6.65\text{MPa}$$

其中 n=1 为每个撑块的拉杆个数。

（2）飞逸工况绝缘撑块的离心力：

$$F_{tf}=m_1R_1\omega^2{}_f=60.42kN$$

螺栓离心力：

$$F_{bf}=m_2R_2\omega^2{}_f=19.349kN$$

拉杆最危险处位于退刀槽处，飞逸工况的拉应力为

$$\sigma_{tf}=\frac{F_{tf}+nF_{bf}}{nA_m}=253.91MPa$$

（3）磁极铜线温升膨胀引起的应力。

1）线圈膨胀引起的附加径向力。

计算如下，撑块斜边与半径的夹角 θ=4.5°。

铜线膨胀引起的变形量，计算温度 70℃（估值）：

铜线热胀的伸长量：

$$\Delta l_{Cu}=b_2a_{Cu}T=1.037mm$$

径向变形分量：

$$\Delta l_{Cu\_R}=\Delta l_{Cu}\sin4.5°=0.081mm$$

铜线膨胀引起的螺杆伸长数值与螺杆个数无关，只与膨胀长度有关：

每个 M24 螺杆受力增大值：

$$\Delta F_R=\frac{EA\Delta l_{Cu\_R}}{L}=4.984kN$$

M24 螺杆应力增大值：

$$\sigma_R=\frac{\Delta F_R}{A_m}=15.87MPa$$

2）磁极上、下两侧直线段热膨胀引起的附加推力。

铜线膨胀引起的变形量，计算温度 70℃（估值）：

两端铜线热胀的伸长量：

$$\Delta l_{Cu}=b_2a_{Cu}\Delta T=682\times1.9\times10^{-5}\times70=0.9071mm$$

考虑铜线向两侧膨胀，单侧伸长的长度：

$$f=\frac{\Delta l_{Cu}}{2}=\frac{1.037}{2}=0.4535mm$$

单侧铜线伸长 0.4535mm 需要的侧向力：

$$P=\frac{3E_{Cu}J_{Cu}f}{l^3}=62.23\text{N}$$

上下端铜线对撑块两侧均施加作用力，这些力一共由两个螺杆承受。每个螺杆受到的侧向力：

$$F_1=2P=125.08\text{N}$$

将侧向力转化为螺杆径向力：

$$F_r=F_1\sin4.5°=10.18\text{N}$$

螺杆应力：

$$\sigma_c=\frac{F_r}{A_m}=0.032\text{MPa}$$

（4）磁极铜线离心力产生的侧向力。

磁极在旋转过程中，磁极铜线的离心力大部分由磁极极靴承担，但仍会产生一部分侧向力，撑块将承担这些侧向力。

每个磁极铜线重量：

$$m_{Cu}=\rho_{Cu}\cdot a\cdot b\cdot l=780.466\text{kg}$$

磁极铜线离心半径：R_{Cu}=5141mm

磁极重心半径与半径夹角：

$$\theta=\arcsin\left(\frac{297.5}{5141}\right)=3.317\text{deg}$$

额定转速下，线圈侧向分布力：

$$q_N=\frac{m_{Cu}R_{Cu}\omega^2_N\sin\theta}{l}=17.77\text{N/mm}$$

线圈侧向分力：

$$F_h=\frac{60}{87}q_Nl=39.51\text{kN}$$

两侧铜线均会对磁极撑块产生挤压和向外推动的作用，但此合力将由螺杆承担。

螺杆承受的拉力为

$$F_{hN}=2F_h\sin4.5°=6.2\text{kN}$$

额定工况下，铜线离心力使螺杆应力增加的数值：

$$\sigma=\frac{F_{hN}}{A_s}=19.74\text{MPa}$$

飞逸工况，铜线离心力使一个 M12 螺杆应力增加的数值：

$$\sigma_{fy}=\sigma_{hN}\cdot(\frac{n_f}{n_N})^2=73.77\text{MPa}$$

（5）结论。

1）各种可能引起螺杆受力变化的情况及计算结果见表 1。

表 1 螺杆应力结果汇总

序号	可能的作用力	工况	符号	应力 /MPa
1	离心力引起螺杆径向应力	额定工况	σ_t	65.65
		飞逸工况	σ_{tf}	253.91
2	磁极铜线膨胀对撑块的作用力	额定 / 飞逸	$\Delta\sigma_R$	15.87
	磁极铜线两侧膨胀对撑块的附加作用力	额定 / 飞逸	σ_c	0.032
3	磁极铜线离心力对撑块的附加载荷	额定工况	σ_{hN}	19.74
		飞逸工况	σ_{fy}	73.77

2）最危险工况组合。

额定工况：

$$\sigma_N=\sigma_t+\Delta\sigma_R+\sigma_c+\sigma_{hN}=101.3\text{MPa}$$

额定工况下安全系数为 7.25。

飞逸工况：

$$\sigma_F=\sigma_{tf}+\Delta\sigma_R+\sigma_c+\sigma_{fy}=343.6\text{MPa}$$

飞逸工况安全系数为 2.13。

从计算可以看出，磁极间撑块拉紧螺杆强度满足要求（飞逸工况转子安全系数不小于 1.5）。

由于拉紧螺杆的重要性，所以在安装拉紧螺杆前一定要对螺杆进行检查，一般可采用 PT 探伤或者超声波探伤，安装过程中也要严格按照厂家设计力矩进行紧固，否则一旦出现事故就将造成定子严重损伤。

第五节　转子弹性键故障分析处理

1　××电厂转子结构介绍

××电厂发电机组转子主要由圆盘支架、磁轭和磁极组成，如图1所示。转子中心体上部通过螺栓与上端轴相连，转子中心体下部通过螺栓与发电机轴及推力头相连。磁轭由2.5mm的高强度冲片在现场叠装而成，热套于转子支架外侧，以满足在1.4倍额定转速的分离转速下不分离的要求，并用弹性键、切向键和加强键进行固定，如图2所示。转子支架和磁轭之间采用径切向键组合的结构，其中径向键为弹性键，分布在转子支臂上，切向键传递磁轭及转子的扭矩，传递切向扭转应力的部位为上、下环板，在机组起动、停机时受力较大，加强键主要是维持磁轭的整体性。磁轭弹性键一般为组合结构，与垫板、磁轭键配合使用，用以提供磁轭径向涨紧的预紧力，对磁轭铁芯与转子支架主立筋进行固定紧固。

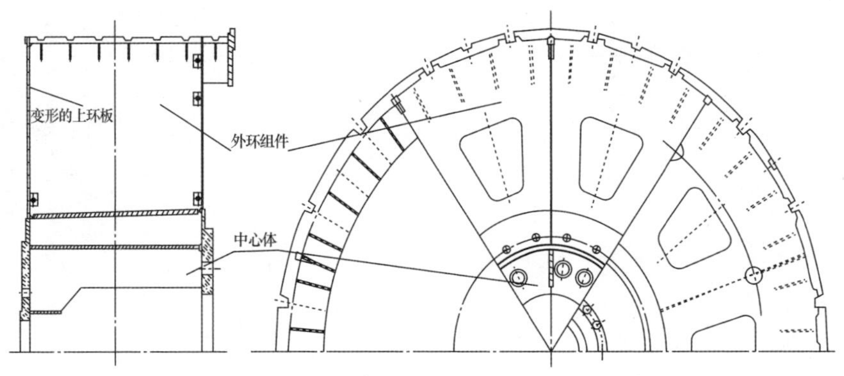

图1　××电厂转子支架结构图

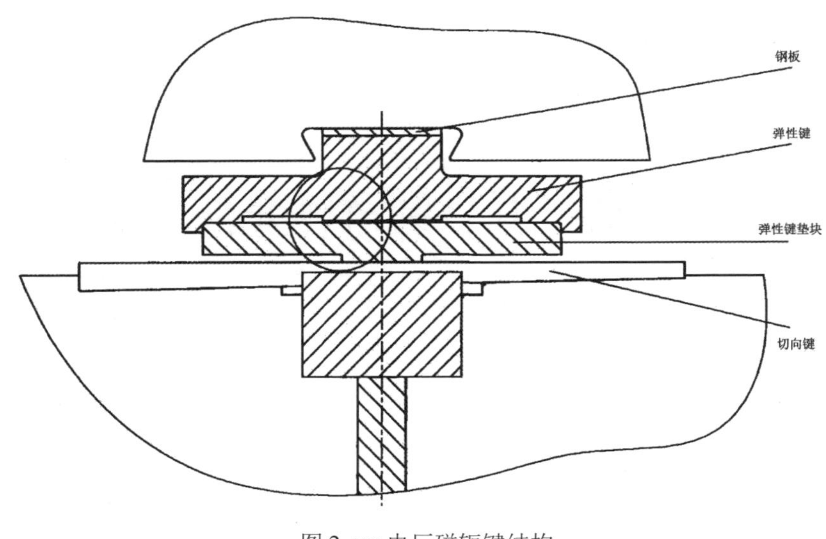

图 2 ×× 电厂磁轭键结构

2 故障现象

×× 电厂人员在巡检中发现，所有机组均存在弹性键垫块不同程度的上窜现象，并对所有机组的弹性键垫块上窜情况进行了记录，见表 1、表 2、表 3、表 4。

表 1 ×× 电厂 1 号机检查情况 （单位：mm）

对应上挡风板编号	2 月检查情况	3 月检查情况	6 月检查情况
04#	5	7	7
08#	5	7	7
12#	3	4	4.7
16#	8	9	9.4
24#	7	7	7
28#	13	13	13
36#	9	10	10.6

表 2　×× 电厂 2 号机检查情况　（单位：mm）

对应上挡风板编号	2 月检查情况	3 月检查情况	6 月检查情况
05#	22	22	22.3
09#	6	6	5.8
13#	2	2	3.4
17#	2	3	3. 5
21#	3	3	3.5
25#	6	5	5.2
29#	3	3	3.7

表 3　×× 电厂 3 号机检查情况　（单位：mm）

对应上挡风板编号	2 月检查情况	3 月检查情况	6 月检查情况
04#	5	6	6
08#	5	6	6
12#	8	9	9.5
16#	2	2	2
32#	4	4	5
36#	1	2	2

表 4　×× 电厂 4 号机检查情况　（单位：mm）

对应上挡风板编号	2 月检查情况	3 月检查情况	6 月检查情况
12#	3	3.6	4.6
16#	5	6	6.6
20#	1	2.2	3

×× 电厂人员对上窜情况进行了初步处理，其采用电焊的方法对磁轭弹性键垫板上端部与支臂上环板进行焊接固定处理，焊接厚度为 5mm。

经过一段时间的运行，检查发现 2 号机组 5 号、21 号和 25 号位置的弹性键垫板与支臂焊接点产生贯穿性裂纹，其他焊接点也存在局部裂纹。对其他 4 台机组情况进行检查，也发现了同样的情况，且上窜量有所增大，事实证明焊接处理效果并不理想。

3 故障分析

（1）转子圆度较差。

×× 电厂机组投产之初，对机组空气间隙值、转子偏心值、定子铁芯振动值、转子上波浪度等数据进行了监测，通过在线监测数据分析，发现空气间隙变化值超出国标范围，其他监测数据也存在不合格的情况，机组运行 18h 前变化加大，平均气隙减小 0.5 ～ 0.6mm，19 ～ 35 号磁极间隙相对偏小。在转子离心力作用下，磁极平均径向变形数值达 2.38 mm。

（2）转子磁轭松动。

由于转子磁轭键由上下两个短键组成，且两个键之间断开，因此造成磁轭上下两端紧固效果较好，而中部没有获得很好的固定，中部磁轭叠片容易产生片间移动问题。这种情况在磁轭温度上升后更容易发生，一旦磁拉力不够平衡，这种移动将会更加严重，这也能够解释在转子转动过程中空气间隙不断变化的现象。查阅安装资料发现，磁轭叠片厚度不均匀，为了保持叠片高度一致，采用增加补偿片的方法进行调整，这样就使得磁轭的整体性更差，在同样的拉紧力作用下出现磁轭松动的概率更大。

（3）机组开、停机频繁。

作为重要的调峰调频电站，机组需要长时间处于旋转备用状态或者小负荷运行状态，以备电网需要增大负荷时进行电量供应，且随着用电量需求的变化进行机组负荷调整，负荷调整区间较大，机组穿越振动区次数较多，机组开、停机较为频繁。据统计：仅 2019 年，×× 电厂 12 万 kW 以下小负荷运行时间累计 6342h，小负荷时间率 51%，共穿越振动区 2162 次，单机日最大 18 次，单机月均穿越振动区 45 次。小负荷运行和穿越振动区会使机组振动增大，转子各部件将承受更大的离心力和轴向力，这将增加弹性键上窜的机会。

（4）转子刚度不足。

从测量的机组上环板变形值可以发现，转子支架上环板存在一定量的变形，该变形会影响机组的安全稳定运行。

转子支架在高速运转过程中将会承受转动离心力、切向扭转应力、热打键应力以及自身重力，因此转子支架需要有足够的刚度来抵抗各种外力，如果刚度不足，将会出现失稳、变形、下沉等问题。磁轭在安装时需加热套在支架上，以满足 1.4 倍额定转速的分离转速下不分离的要求。由于上环板和支臂较薄，刚度较弱，环板受磁轭热套力和切向力较大，所以初步判断受力较大导致了上环板变形。

转子三维模型，×× 电厂转子支架几何尺寸，参见相关计算用图(1F5494 转子支架，1F5680 扇形支臂 -REV.D， 1F5681 中心体 -REV.A，1F5683 扇形支臂 -REV.D，1F5744 磁轭装配，1F5745 磁轭键装配)。然后使用有限元分析方法进行计算。

机组相关参数见表 5，转子支架材料为 Q235B，其弹性模量为 2.1×10^5N/mm^2，质量密度为 7.85×10^{-6}kg/mm^3，泊松比为 0.3，屈服强度 345MPa，强度极限 470MPa。

表 5　机组相关参数

参数	参数值	参数	参数值
分离转速	210 r/min	飞逸转速	295r/min
磁极重量	324.5t	磁轭重量	528t

建立实体模型和有限元模型，根据刚塑性材料流动的基本方程，计算结果如下：

（1）静止工况（过速前）：

$$\sigma_{v,\max}=399.57\text{MPa} > [\sigma]=\frac{2}{3}\sigma_s=216.67\text{MPa}$$

（2）静止工况（过速后）：

$$\sigma_{v,\max}=344.76\text{MPa} > [\sigma]=\frac{2}{3}\sigma_s=216.67\text{MPa}$$

（3） 额定工况：

$$\sigma_{v,\max}=167.91\text{MPa} < [\sigma]=\frac{2}{3}\sigma_s=216.67\text{MPa}$$

（4）飞逸工况：

$$\sigma_{v,\max}=252.21\text{MPa} < [\sigma]=\sigma_{s1}=325\text{MPa}$$

（5）热打键单边紧量为 2.76mm（这个打键紧量是根据弹性键折算出来最终加载的紧量，初始热打键紧量包含了磁轭残余变形的 0.40mm，过速实验之后，热打键紧量包含的磁轭残余变形会消失，磁轭的热打键紧量会变为 2.36mm）。

（6）轴向最大变形为 -2.19mm。

根据结果，转子支架上、下环板的应力较高，通过计算可以看出原结构上环板翘曲安全系数为 2.56，该系数较低，转子整体刚度不足。

4　故障处理

为防止垫板进一步上窜，决定在垫板上焊接挡块，利用切向键防止其上窜。在每个垫块下端焊接 3 个 Q235 钢块，钢块紧靠调节键下方，钢块大小为 60mm×60mm×12mm，每台机组需焊接 60 个钢块，焊接位置如图 3 所示，使用 J507 焊条，一条焊缝焊接。

图 3　挡块焊接图

后续检修中，分批次对所有机组的磁轭弹性键垫块均进行了处理，在磁轭调节键下方焊接挡块防止弹性键垫块上窜。

在2号机D修中采用图3中左侧的焊接方案，后考虑到一条焊缝焊接情况下，挡块可能在机组运行中脱落，同时挡块尺寸可以减小，因此在4号机中采用图3中右侧焊接方案。改进后，钢块大小只有原来的一半，尺寸为60mm×30mm×12mm，钢块由原来的立放改为平放，焊接位置向外移动，由一条焊缝变为两条焊缝，焊接使用不锈钢焊条。经处理后，弹性键垫板再未出现上窜现象。

5 经验总结与改进建议

虽然弹性键垫板上窜问题得以解决，但仍然需要进行如下跟踪检查：

（1）对发电机转子磁极的圆度、空气间隙等数据进行长期监测，如果数据出现变化应立即停机检查。

（2）机组检修时，对转子磁轭拉紧螺杆焊缝开裂以及挡块焊缝进行全面检查处理，必要时进行补焊。

（3）出现机组异常甩负荷后，需加强对定子和转子间隙的检查，查看周向间隙是否均匀，转子磁轭拉紧螺杆焊缝是否开裂。

（4）机组检修期间应对垫块上焊接的挡块焊缝进行外观检查，若发现出现微小裂纹则应引起重视，需立即对所有挡块进行探伤检查，因为一旦挡块脱落就有可能引发转子和定子的重大损伤。

（5）根据性能试验报告结果，尽量在稳定运行区运行，以减少穿越振动区的次数。

第六节　定子电晕故障分析处理

1　电晕产生的原理

电晕是指带电导体周围空气被电离的现象，而发电机电晕是发电机定子绕组附近的空气被电离而产生的辉光放电现象，由定子线棒绝缘表面电场分布不均匀，局部场强过高所致。根据电晕产生的部位不同，电晕主要有三种类型，即定子线棒 R 弯部电晕、定子线棒槽内电晕、定子线棒层间电晕。

以定子线棒层间电晕为例进行理论分析，将两根线棒层间位置抽象为两个电极，对电极施加电压，两个电极间形成电场，带电粒子在场强的作用下发生定向移动，场强越大则带电粒子的移动速度越快。由于空气和绝缘的介电常数不同，空气的介电能力弱，因此在电通量相当的情况下，空气内的电场强度比绝缘层的电厂强度高，带电粒子将从空气向绝缘表面移动，当大量的粒子高速运动时，就会发生放电现象。

机组运行中，转子的运动带动空气在机组内循环流动，线棒表面将附着一些污物，带电粒子的撞击将碳化线棒表面的污物，并导致线棒绝缘材料产生损伤。如果线棒表面的附着物增多，则会间接缩小线棒的层间间距，那么电场强度将大幅度增加，这也会加剧线棒绝缘的破坏。当线棒层间场强达到空气电离强度时，会发生电晕放电现象，加速绝缘材料过热老化。

在线棒层间电晕部位存在的强电场会电离空气中的氧气产生臭氧，电离空气中的氮气产生氮化物与氧气和水蒸气反应形成硝酸，以白色粉末状物质在线棒表面形成。臭氧和硝酸具有强烈的腐蚀性，会损害线棒表面绝缘材料，甚至破坏线棒的主绝缘，对线棒造成严重损坏。

2　×× 电厂定子绕组介绍

定子绕组是发电机的重要部件，能够产生电动势并输送电流，一般有多匝圈式或条式叠绕组和单匝条式波绕组两种，条式线圈即通常所说的线棒，由多股铜导线和主绝缘组成。

×× 电厂机组线棒为三相双层五支路“Y”形连接条式叠绕组结构，共 960 根线棒，定子槽数为 480 个，额定电压 20000V，绕组节距 1-11-2，楔形尺寸 26.4mm×193.4mm。定子线棒嵌入前在两侧及底面包一层刷半导体胶的槽衬以降低槽电位。槽内采用槽底槽楔、层间垫条和楔下垫条，并利用槽楔进行固定。线棒端部采用支撑环、层间端箍并利用绑扎带进行端部固定。线棒采用银铜焊连接成各支路，并通过铜环引线与母线等其余电站设备进行连接。发电机主引出线从 -Y 方向引出，每相主引出线装有 3 台具有 2 个二次线圈的穿心结构的电流互感器，并采取了磁屏蔽的引线结构，如图 1 所示。

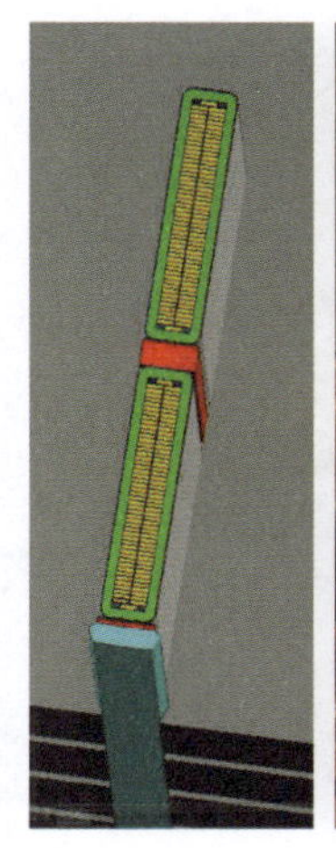

图 1　定子线棒结构图

3　故障现象

×× 电厂在检修中，发现上层线棒与下层线棒间出现黄色油泥状附着物或者白色粉末状附着物，在靠近挡风板环氧树脂防护板附近也出现了同样的现象，出现这种现象的位置距离线棒弯部约 180mm，如图 2 所示。经分析判断，这种黄色油泥状和白色粉末状物质为电晕的产物，油泥状物质为油雾附着物，白色粉末为硝酸盐。后续检修中发现，其他发电机定子线棒端部与挡风圈环氧防护板间有多处放电痕迹，见表 1。根据厂家建议，对定子线棒进行了处理，并在检修前后都进行了直流泄漏试验、绝缘电阻试验和起晕试验，试验合格。

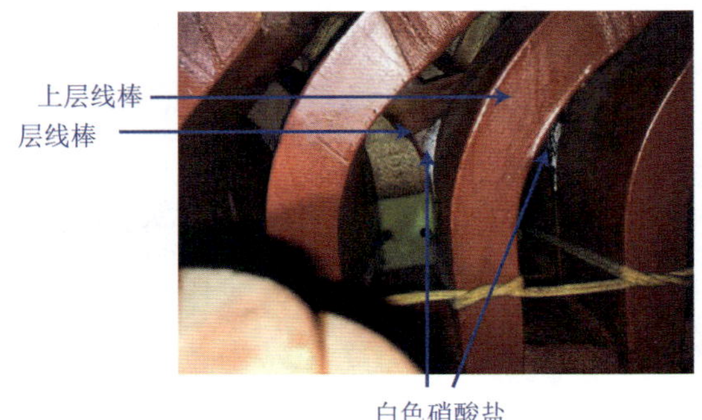

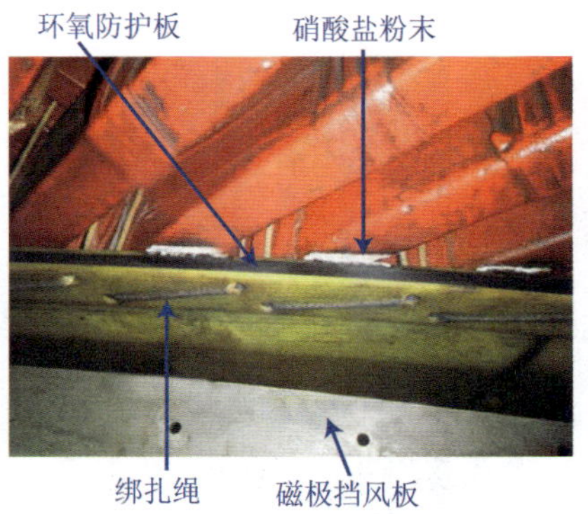

图 2　上端挡风圈防护板电晕及上端上下层线棒间电晕

表 1　×× 电厂定子线棒电晕放电缺陷统计

机组号	缺陷部位	现象	数量 / 处	结论
1F	定子线棒上端部与挡风圈环氧防护板接触部位	有白色固体粉末堆积	1	4 号机电晕部位最多，其次是 2 号机
2F			11	
3F			1	
4F			40	
1F	定子线棒上端部与挡风圈环氧防护板接触部位	黄色油泥状固体堆积	3	
2F			18	
3F			4	
4F			10	
1F	定子线棒下端部与挡风圈环氧防护板接触部位	有白色固体粉末堆积	0	
2F			1	
3F			0	
4F			3	
1F	定子线棒下端部与挡风圈环氧防护板接触部位	黄色油泥状固体堆积	11	
2F			10	
3F			8	
4F			6	
1F	定子线棒上下层间	有白色固体粉末堆积	0	
2F			0	
3F			1	
4F			2	

4　故障分析处理

定子线棒产生电晕现象的原因可从线棒自身和外部环境两方面进行分析，线棒自身的防晕结构、防晕材料以及接线方式将对线棒的防晕能力产生较大的影响，而外部环境则包括海拔、湿度、温度以及安装质量等。根据 ×× 电厂实际情况，从以下几方面分析：

（1）定子绕组接线对电晕的影响。

不良的定子绕组接线，会造成定子绕组异相电位差增大，从而导致防晕设计外部环境变差，增加产生电晕的风险。通过计算发生电晕现象的线棒运行电位，发现最高运行电位达 11547.2V，且所有电晕线棒的运行电位较高，见表 2。

表 2　×× 电厂 4 号机部分槽号运行电位

部位	槽号	所属支路	运行电位 / V	现象
上端槽口、上层线棒与上挡风板平齐位置	18	W1-5	10103.8	白色硝酸盐
	37	U1-5	10825.5	白色硝酸盐
	308	W1-3	10825.5	白色硝酸盐
	323	V1-3	10464.65	白色硝酸盐
	325	U1-3	10825.5	白色硝酸盐
下端槽口、上层线棒与下挡风板平齐位置	6	W1-5	11186.35	黄色油泥
	22	V1-5	11186.35	白色硝酸盐
	39	U1-5	11547.2	黄色油泥
	228	V1-2	10464.65	黄色油泥

通过对比国内部分机组的异相之间最大电位差（表 3），×× 电厂和小湾电厂的相间电位差占比均高于 90%，而其他电站均小于 85%，差距在 15% ～ 24%。小湾发电机定子绕组端部在机组运行 1 年后陆续出现有规律的每隔七根线棒的发白现象，发白现象的位置恰恰是绕组异相之间，这说明绕组相间电位差与电晕有直接关系。×× 电厂发电机组虽然没有出现线棒规律性发白的现象，但机组长期运行，异相间电位差过高，是引发电晕的主要原因。

表 3　典型机组的绕组异相间最大电位差

序号	电站名称	机组型号	额定电压 / kV	相间电位差占线电压百分比	电晕现象
1	小湾	SF700-40/12770	18	97.50%	规律性发白
2	×× 电厂	SF400-40/11900	20	93.80%	部分发白
3	溪洛渡	SF770-48/15300	20	78.85%	无
4	三峡右岸	SF700-80/19760	20	82.15%	无
5	三峡地下	SF700-80/19760	20	82.15%	无
6	向家坝	SF800-80/20400	20	82.15%	无

（2）定子线棒的主绝缘和防晕结构对电晕的影响。

×× 电厂定子线棒主绝缘材料为 F 级桐马环氧粉云母，并使用了较为成熟的加热模压固化一次成型工艺。F 级桐马环氧粉云母主绝缘从 20 世纪 80 年代初研制并投入使用，具有三十余年的运行经验，已广泛应用于葛洲坝、隔河岩、水口、五强溪、二滩、三峡、小湾、溪洛渡等不同电压等级的大型水轮发电机定子线棒绝缘，具有良好的可靠性。

×× 电厂发电机定子线棒额定电压 20kV，定子线棒单面对地绝缘厚度 4.6mm，绝缘设计平均工作场强 2.51kV/mm，绝缘结构如图 3 所示。定子线棒主绝缘材料和结构设计采用工程化设计思路，与其他大型水电机组定子线棒主绝缘结构一致，是成熟可靠的。

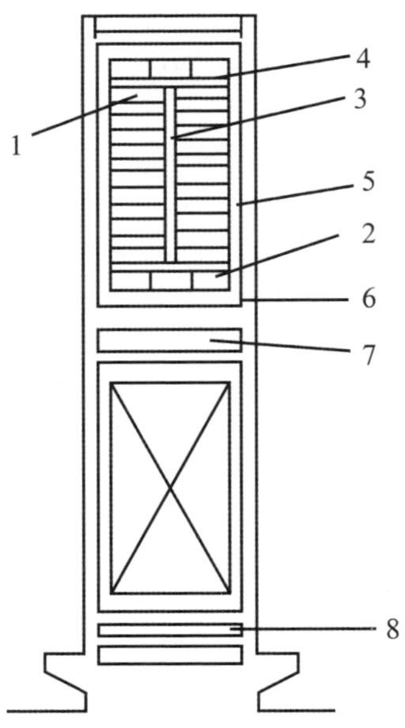

图 3　×× 电厂定子槽部绝缘结构示意图

1—电磁线；2—换位绝缘；3—排间绝缘；4—覆平物；5—对地绝缘；6—低阻层；7—层间垫条；8—楔下垫条

定子线棒内部为铜线，外部包裹经特殊换位编织而成的多股双玻璃丝，从而减小定子绕组的端部磁场泄漏。定子线棒进行防晕处理，在热压成型后连续包扎 F 级环氧粉云母玻璃丝带，形成绝缘层，在其表面包裹特殊的玻璃丝带形成防电晕层，绕组端部为三段防晕梯度设计并外加防晕层。根据标准 JB/T 8439 的规定，“在海拔超过 1000m 至 5000m 时”需要进行防晕等级的修正，×× 电厂机组发电机层海拔没有超过 1000m，防晕等级不需要进行修正，同类型 20kV 电压等级水电机组已经投运 30 多台，运行情况良好。通过与其他机组的防晕结构进行比较可以发现，×× 电厂线棒防晕结构设计是合理的，见表 4。

表 4　典型发电机防晕设计结构对比

项目名称	电压等级 / kV	海拔 /m	绕组端部防晕结构	绕组端部防晕材料	运行是否存在电晕现象
龙滩	18	400	ABC 三级	HEC 系列	正常
小湾	18	998.5	ABC 三级	HEC 系列	轻微电晕
拉西瓦	18	2240	ABC 三级	HEC 系列	正常
三峡	20	70	ABC 三级	HEC 系列	正常
×× 电厂	20	204	ABC 三级	HEC 系列	正常
官地	20	1213	ABC 三级	HEC 系列	正常
锦屏一级	20	1647	ABC 三级	HEC 系列	正常
向家坝	20	277	ABC 三级	HEC 系列	正常
阿海	20	1600	ABC 三级	HEC 系列	正常

（3）机组运行环境影响。

×× 电厂机组因推力轴承设计问题，机组自投运以来甩油情况严重，在整个风洞、定子、转子都有油污，油雾化后随风循环至整个机组，对定子线棒运行环境产生较大影响。湿度增加，表面电阻率降低，起晕电压下降，电晕风险增大。油雾与机组内粉尘混合，很容易吸附在线棒表面，在电场作用下吸附现象更为明显，污物的吸附使得线棒间距变小，电场强度变大，加上放电产生的高温，会形成油泥状固体和白色粉末堆积。

（4）安装过程因素对电晕的影响。

由于工期限制，在机组安装时，可能存在定子绕组端部打磨不够的情况，导致绕组存在毛刺或者绑扎绳存在局部毛刺等问题，很容易成为电晕点，特别是相间电位差较高的线棒之间出现电晕点的可能性更大。从现场电晕痕迹看，线棒、涤纶毡及挡风板之间的间隙放电和线棒与线棒之间尖角毛刺放电是造成电晕现象的重要原因。

在一般机组检修中，只能对发现电晕的地方进行清理，对损伤的线棒进行处理或者更换，并不能够有效防止电晕产生。对于损伤的定子线棒可以进行修复处理：

1）定子线棒外防晕层受损修复。

将线棒损伤点周围用酒精清理干净，用 100 目砂纸将损伤点周围打磨光滑平整，用棉布蘸酒精擦拭粉尘。在处理部位涂刷两遍高阻漆 HEC56615，每次间隔不少于 4h，刷完后，可用碘钨灯照射加热固化处理，在 50℃～60℃下固化 6h 以上或室温下固化 24h。

2）定子线棒附加绝缘层修复。

将线棒损伤点周围用酒精清理干净，用 100 目砂纸将损伤点周围绝缘打磨光滑平整，用棉布蘸酒精擦拭粉尘。包绕无碱玻璃丝带，无碱玻璃丝带需浸渍 HEC56102 室温固化涂刷胶，半叠绕 3 层，固化条件是在 50℃～60℃下固化 6h 以上或室温下固化 24h。将修复部位无碱玻璃丝带表面打磨光滑平整，用棉布蘸酒精擦拭干净。在处理部位涂刷两遍高阻漆 HEC56615，每次间隔不少于 4h，刷完后，可用碘钨灯照射加热固化处理，在 50℃～60℃下固化 6h 以上或室温下固化 24h。

3）表面保护层修复。

修复的定子线棒整个端部喷涂两遍 9130 环氧酯晾干红磁漆，每次间隔不少于 4h，喷涂完后，可用碘钨灯照射加热固化处理，在 50℃～60℃下固化 6h 以上或室温下固化 24h。

5　改进措施

根据 ×× 电厂实际情况，可以从以下几个方面进行改进：

（1）定子线棒绝缘材料更新。

根据前面的分析，×× 电厂机组定子线棒的主绝缘结构和防晕结构较为成熟，在多个项目中进行了运行检验，但是新的主绝缘材料能够进一步增强防晕效果。在机组新加工的定子线棒主绝缘和防晕结构不变的情况下，使用新型的 HEC5440-1S 桐马多胶粉云母带防晕材料作为主绝缘材料。

相比于传统 HEC5440-1H 桐马多胶粉云母带，新型的 HEC5440-1S

桐马多胶粉云母带具有含胶量少、厚度薄、介电强度高、易压制等特点，相关试验数据表明其性能优良，见表5。该云母带在水电白鹤滩百万仿真试验线棒和燃机450H真机线棒中获得了运用，综合性能优异。

表5　两种绝缘材料对比

相关试验	绝缘材料	
	HEC5440-1H 桐马多胶粉云母带	HEC5440-1S 桐马多胶粉云母带
标准铝排线棒35kV电老化试验	≥ 400h	≥ 800h
产品线棒击穿试验	≥ 25kV/mm	≥ 28kV/mm

（2）优化接线方案。

以3号机组为例，原定子绕组接线，W相主引线侧位置（第45槽、第141槽、第213槽、第309槽、第405槽）上层线棒引出线异相电压差达到93.8%（其他引出线位置异相电压差为61.66%）。可以将W相主引出线侧引出位置分别调整至第93槽、第189槽、第261槽、第357槽和第453槽。引出线异相电压差可由93.8%降至81.9%，相对原接线方案，电晕隐患得到有效缓解。

优化定子绕组接线方案，仅对定子绕组W相引出线位置（引出线棒槽号）进行了调整，对机组整体的接线方式、绕组分布及主、中引出线位置并未改变，此更改对电压波形畸变也无影响。

（3）改善机组运行环境影响。

通过对推力轴承油循环线路进行重新设计，来加强对推力挡油管和接触式密封的改造，以彻底消除甩油的安全隐患，改善发电机运行环境。

为了防止定子线棒发生电晕现象，应提前做好防范措施：

1）确保线棒间距均匀。在线棒结构布置设计时，在满足其他要求的情况下，间距应尽量大一些。在线棒安装时，应查验线棒间距是否合格，务必保证线棒间距均匀。

2）保持线棒表面清洁。在机组检修期间，应对线棒表面进行现场检查，发现有污物附着时应进行较为细致的清理。同时对可能造成线棒表面污染的因素进行分析，以彻底消除线棒污染的可能性。

3）采用合理的布置方式。在线棒结构设计阶段，应充分考虑可能出现的电位不均情况，采用调整布局的方式消除高电位点，尽量缩小电位差。

第七节　定子铁芯故障分析处理

1　相关理论知识

电机运行状态不同，电机内部产生的磁场也不同，在空载情况下只有转子磁极建立的励磁磁场，在带有一定负荷的情况下，定子与转子电流分别产生磁势，从而在整个发电机中建立磁场。而磁场处于交变状态下，此时便产生径向力作用于定子铁芯，产生电磁振动。根据电机绕组理论，气隙磁场磁密分布是关于空间和时间的函数，可表示为

$$b(\theta,t)=\sum_{v}B_v\cos(2\pi f_v t-v\theta)$$

式中，B_v 为谐波幅值；v 为谐波的极对数；f_v 为该次谐波经过定子的频率；θ 为空间机械角度。

根据麦克斯韦方程，气隙磁场的谐波分量相互作用产生径向电磁力，可表示为

$$P_{\mathrm{n}}=\frac{b^2(\theta,t)}{2\mu_0}$$

电磁力波作用于铁芯引起振动，其振动幅值可表示为

$$A_{\mathrm{m}}\propto\frac{P_{\mathrm{n}}}{E_1(M^2-1)^2}\times\frac{1}{1-\left(\frac{f}{f_0}\right)^2}$$

式中，M 为力波节点对数；f_0 为该力波振型的固有频率；f 为电磁激振

频率；E_1 为定子铁芯弹性模量。

水轮发电机电磁振动分析主要关注节点对数小以及激振频率与固有频率接近的力波分量。

2 ×× 电厂定子介绍

定子铁芯是发电机磁路的重要组成部分，同时支撑定子绕组，使其稳固地承载负载电流。

运行中水轮发电机定子铁芯出现故障的情况比较常见，在国内很多电站都出现过，定子铁芯一旦出现松动、窜出，就可能会破坏定子线棒绝缘层，从而造成发电机短路、着火等重大设备损坏事故。

×× 电厂定子由机座、铁芯、线圈、铜环引线、基础板等组成，定子铁芯内径 Φ10900mm，外径 Φ12000mm，高 2920mm。铁芯由 61 小段组成，中间有 60 层通风槽片。其中两端各有 1 段 18mm 高的短齿片，首末段高度为 41mm，中间是 59 段高度为 42mm 的小段。单张硅钢片厚 0.5mm，单张通风槽片厚 6mm。短齿片按槽深分成 3 种，在制造厂内每 6 张短齿片黏接成 1 张黏接片，每层铁芯由 40 张 12 槽定子扇形片组成整圆。

定子铁芯上端采用小齿压板结构，下端采用复合齿压板结构，穿心绝缘螺杆。当拉紧螺杆拉紧时，由于螺杆与定子机座大齿压板没有关联，因此铁芯上下端扇形片在拉力作用下首先被压紧，最后是铁芯中部被拉紧。此时，定子铁芯（包括上、下端齿压板）相对于定子机座是一个独立的整体。在小齿压板和机座大齿压板之间涂二硫化钼润滑剂，当铁芯在冷热交变状态时相对定子机座有位移时，位移会发生在小齿压板与机座的接触面，而不会发生在小齿压板与定子扇形片的接触面。×× 电厂机组定子铁芯如图 1 所示。

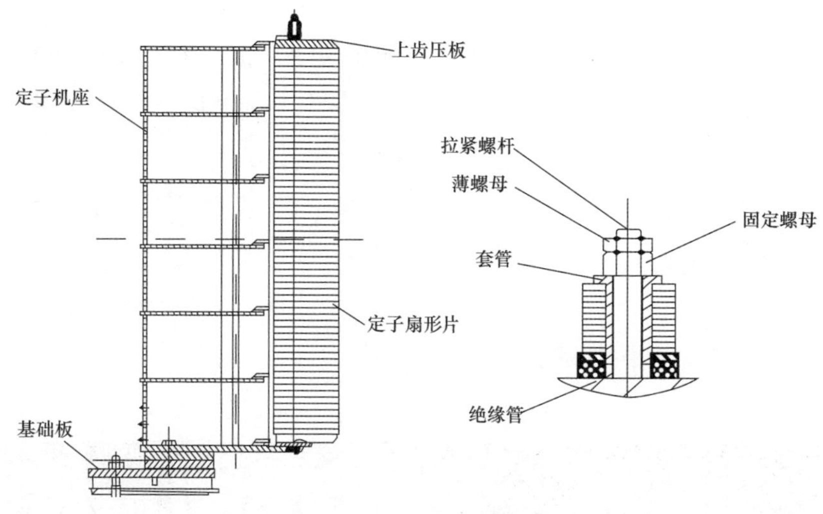

图 1　×× 电厂机组定子铁芯

3　故障现象

检修期间，×× 电厂相继发现 4 台发电机定子铁芯出现问题，经检查主要有以下几种：

（1）齿部阶梯片松动、断齿。

4 台机组的齿部阶梯片松动情况严重，因铁芯阶梯片松动已导致 12 根线棒主绝缘损坏。后续每次利用检修期间对铁芯进行检查处理，4 台发电机铁芯齿部阶梯片松动及线棒绝缘受损情况，见表 1，可以看出经过处理后，4 台发电机定子铁芯阶梯片松动数量逐年减少。

表 1　×× 电厂定子铁芯阶梯片松动及绝缘受损线棒情况

机组号	线棒绝缘受损 / 根	检查铁芯齿部阶梯片松动 / 处		
		2016 年	2017 年	2018 年
1F	0	253	46	4
2F	2	163	55	6
3F	8	63	28	4
4F	2	151	9	6

（2）定子铁芯压指中心偏移、压指不平。

×× 电厂机组定子图纸设计齿部宽 44.94mm，压指宽 25mm，铁芯齿部开槽宽 3mm，而现场测量则发现 3 号发电机定子铁芯齿部宽 45mm，压指宽 25mm。《×× 电厂水轮发电机安装说明书》中要求压指中心与铁芯齿部中心线偏差不大于 2mm，现场测量发现，部分压指中心线偏移已超过 3mm，部分甚至在 8mm 以上，如图 2 所示。同时，定子铁芯压指不平，压力不均匀，导致定子铁芯齿部阶梯片出现上翘变松的现象，如图 3 所示。

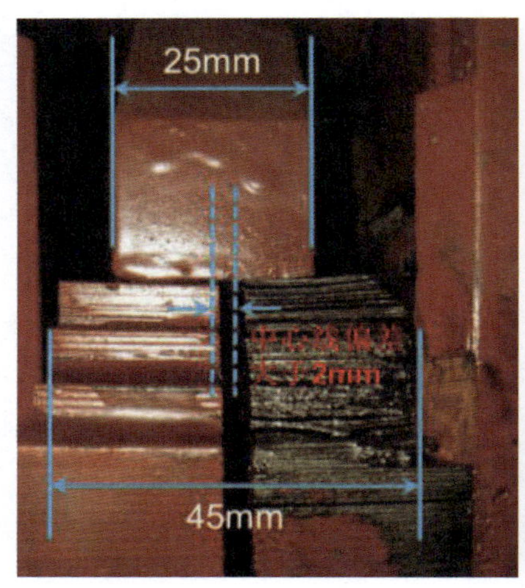

图 2　压指中心偏移

图 3　定子铁芯压指不平

4 故障分析处理

发电机定子铁芯产生松动的原因很多，从铁芯的最初设计到产品加工再到现场安装，各个环节都可能出现问题，不过现在设计、加工技术与以往相比已有较大改进。根据 ×× 电厂的实际情况，现从以下几方面进行分析：

（1）定子铁芯振动。

依据麦克斯韦电磁理论，对定子铁芯电磁振动进行复核计算：

原方案电机定子总槽数 Z=480，极对数为 p=20，每极每相槽 q=4。单元电机数 t=20（槽数与极对数的最大公约数），单元电机槽数 z_0=24，单元电机极对数 p_0=1。

在一个单元电机内定子电枢反应谐波磁场的次数（通常定义为极对数）：1，5，7，11，13，17，19，23，25，…

基于相量分析，定子电枢反应谐波转动方向正负交替出现。基波正转定义为“+”，反转谐波定义为“−”。

故一个单元电机实际谐波波谱为：1（基波），−5，7，−11，13，−17，19，−23，25。

在全电机模型定子电枢反应谐波磁场次数为：20（基波），−100，140，−220，260，−340，380，−460，500。

通过波谱系列可知，最主要的激振是由定子电枢反应谐波（其次数与基波极对数 20 接近）与基波作用产生的低节点对数力波引起，主要力波振幅计算见表 2。

表 2　磁势谐波引起 100Hz 振动幅值计算

磁势谐波极对数	基波极对数	力波节点对数	激振力幅值 /（kgf/cm^2）	激振频率 / Hz	铁芯径向幅值 /μm
−100	20	80	～0	100	～0
140	20	160	0.054	100	～0
−220	20	200	～0	100	～0
主要力波振动幅值之和					～0

通过分析计算，磁势谐波与主波作用产生的力波节点对数最小为80，一方面该模态下定子铁芯固有频率远大于激振频率100Hz，并且其激振力波的幅值也较小，100Hz 电磁振动的幅值近似为零。因此，可以排除 ×× 电厂定子铁芯阶梯片松动是由电磁振动引起的。根据现场监视屏显示，通常情况下定子的振动通频幅值在 10μm 左右，也可以排除定子机械振动的原因。

（2）定子安装问题。

工地叠片时未完全把合临时固定齿压板的螺栓，导致定子下齿压板在叠片过程中出现了偏移。工地在安装定子下齿压板时是通过预叠片及时调节下齿压板位置，在确定下齿压板位置后，将临时固定齿压板的螺栓锁紧，确保叠片过程中下齿压板位置固定。现场齿压板上用于临时螺栓固定的螺孔和机座上的通孔错位十分严重，导致临时螺栓无法安装；全圆共 160 个螺栓孔，大约有一半螺栓孔存在错位问题而导致无法把合临时固定螺栓，这就导致了大部分下齿压板在叠片过程中没有固定，使下齿压板在叠片过程中发生了错动，从而出现了定子下齿压板压指偏移的现象。

定子铁芯端片均是在工地现场黏结，由于工地工人刷胶量不够，以及铁芯装压时下端压紧效果不好等原因，端片整体性较差，这也是定子铁芯抗窜片能力较差及端部松动的原因之一。

（3）机组启动频繁。

×× 电厂机组作为调峰、调频机组，起停次数多，造成定子铁芯和机座热胀冷缩频繁，由于定子铁芯下齿压板与定子机座大环板间的温度不一致，使得两者的膨胀量和收缩量都不同，从而导致定子铁芯下齿压板与定子机座间出现相对位移，该相对移动会使定子铁芯下齿压板与定子机座之间产生一定的摩擦力，该摩擦力会阻碍定子齿压板与定子铁芯一起膨胀，长期运行后会使定子齿压板与定子铁芯之间出现滑动面，而在运行时分块的定子下齿压板无定位，因此长期运行后定子下齿压板会出现偏移或扭转等现象。在膨胀和收缩的过程中，阶梯片会产生位移，由于定子铁芯端部阶梯片与齿压片间的摩擦力大于相邻扇形片间的摩擦力，因此最下端阶梯片更容易产生位移，如图4所示。

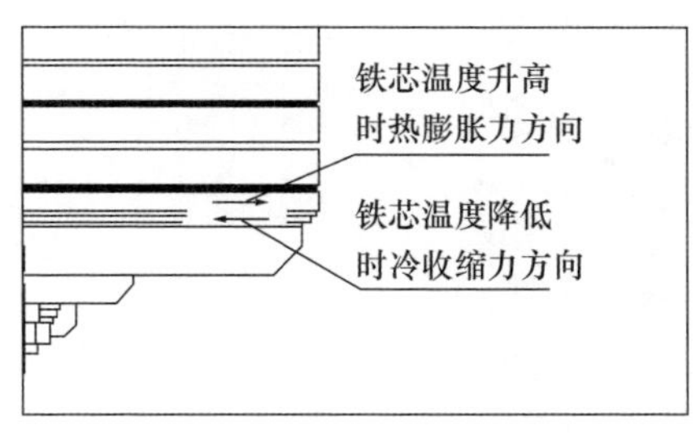

图4 定子铁芯热膨胀受力状态示意图

（4）齿压板压指制造问题。

定子齿压板上的压指是用来压紧定子铁芯的，特别是齿压板不能到达的定子铁芯齿部。正常情况下，齿压板压指中心与定子铁芯齿部中心偏差不大于2mm。压指与铁芯接触面应平直，从而形成良好的面接触。但××电厂发电机定子齿压板上的压指既存在中心偏移情况，又有压指表面不平使得铁芯与压指局部未接触现象，从而使定子铁芯受力不均匀，局部压紧力不够，使定子铁芯阶梯片在长期运行后出现松动现象。

（5）压紧力不足。

××电厂原机组定子铁芯压紧采用的是“碟形弹簧+六角螺母”，使用风扳机进行穿心螺杆的拉紧后，再用力矩扳手进行检验。该把紧方式受碟簧与压板接触面摩擦系数等因素影响，并且实际打紧过程打紧力矩不易控制，螺杆拉伸不够均匀。

由于定子铁芯较长，个别部位定子扇形片可能存在卡片现象，在定子铁芯压紧时，螺杆上端的预紧力难以完全传递到铁芯下端，这造成在机组运行一段时间后，铁芯个别部位出现松动现象。

（6）机组油雾严重。

××电厂机组甩油情况严重，在油雾的侵蚀下，铁芯扇形片之间有油雾沉积，改变了片间摩擦力，同时也加剧了扇形片的移动和腐蚀。

因此，定子铁芯阶梯片松动的最主要原因是定子齿压板压指中心偏移、压指表面不平，导致铁芯受力不均，局部压紧力不够，使定子铁芯阶梯片在长期运行后出现松动现象，同时由于油雾较大扇形片间的摩擦力发生了改变，从而加剧了扇形片的滑动和腐蚀。

根据以上分析，结合现场工作条件，对于发现问题的铁芯进行了一定的现场处理，主要处理方法如下：

（1）对于两端松动较严重部分，用无磁钢楔条插入压指和铁芯之间，打牢并通过电焊焊接牢固。

（2）将定子铁芯拉紧螺杆的固定螺母进行重新检查并紧固至1185N·m，以防止定子铁芯松动。

（3）对于齿部松动的地方，先将其油污和锈迹清理干净，然后撬开扇形片，塞入云母片，刷涂环氧树脂黏接牢固。

5　经验总结与改进措施

由于 ×× 电厂定子松动较多，因此可以在机组扩大性检修中实施改造，以彻底解决问题，消除隐患，具体建议从以下几方面进行改造：

（1）定子铁芯压指改造。

将 ×× 电厂定子单根压指改为双压指，单压指易造成 3mm 槽两侧受力不均，双压指结构压紧效果良好，对定子铁芯齿部压紧范围更大，稳定性更好，所以使齿部开槽两侧受力更加均匀，避免发生“V”字变形，较单压指结构更适用于齿部开槽的水轮发电机。此结构在三峡水电站、溪洛渡电站等使用较多。

（2）定子铁芯阶梯片改造。

阶梯片采用整体黏接，将每种尺寸阶梯片的若干片厂内黏成一摞，工地叠片时按基本片的错片方式进行摞间黏接。阶梯片厂内黏接易于控制涂胶量且冲片受压力均匀，端部槽型也更受控。同时，可以将定子铁芯首末段冲片鸽尾槽开口槽改为闭口槽，如图 5 所示，端片两侧卡在定位筋中，抗滑动的能力较开口槽增加了 2 倍。

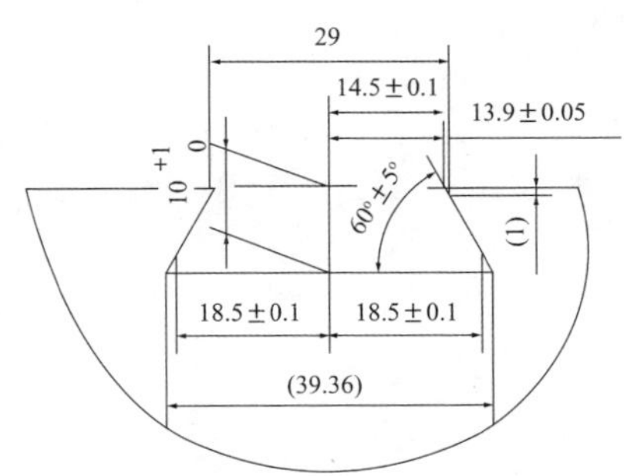

图 5 端部扇形片闭口鸽尾槽

（3）改进压紧方式。

原铁芯采用风动扳手把紧螺母，用力矩扳手校验，预紧力无法控制，可能造成碟簧过压，从而导致塑性变形，同时螺杆受到剪力。改用液压拉伸器拉伸螺杆，预紧力范围可控，扇形片片间压力均匀可控，压紧效果更好。碟形弹簧不会过压，避免出现塑性变形，螺杆不受剪力。

为保证压紧效果，可采用液压拉伸器配合 1 分 6 配器分段压紧并最终压紧定子铁芯。由于此种方式油压均匀可控，因此可采用分区多次逐步压紧，最终的螺栓拉伸值方便测量，能够完全满足设计拉伸值要求，与“风扳机 + 力矩扳手”的压紧方式相比具有更好的压紧效果。

第八节　定子一点接地故障分析处理

1　×× 电厂发电机主引出线结构

×× 电厂发电机主引出线从 -Y 方向引出，V 相中心线与 -Y 轴夹角为 0°，每相主引出线装有 3 台具有 2 个二次线圈的穿心结构的电流互感器，并采取了磁屏蔽的引线结构。即三相主引出线均设有三个尺寸为 1350mm×1200mm×1200mm 的方形铝筒外壳，每相铝筒外壳内安装电流互感器（在机坑内区域），并在紧靠机坑壁外用开有三个 1200×1200 的孔的铝板焊接连为一体，同时在机坑外约 400mm 处与离相封闭母线相连。三相方形铝筒外壳在机坑内约 800mm，并每两相间短接，使之成为三相全连式的电气结构。

发电机出口主引出线每相共 5 分支，采用 9 块竖直排列的绝缘垫块进行支撑，垫块底部安装不锈钢支架，并采用 M20 的不锈钢螺杆将绝缘垫块固定在支架上平面。同时，不锈钢螺杆穿过 5mm 壁厚的环氧套管以加强绝缘。

中性点引出线在第四象限，与 +Y 轴成 45°，中性点引出线每相共 5 个分支，在机坑内两分支和三分支各连成一个中性点，每相两分支和三分支上各装三个电流互感器，两个中性点的连线间装一台电流互感器，所有互感器均装在机坑内，并用电缆将机坑内的中性点引至机坑外的中性点接地装置。中性点的屏蔽采用在中性点联接处两侧各 600mm 处的机坑壁上设置一层钢板和一层铝板，高约 1000mm，沿机墩周向长约 8300mm，以防止机坑壁的钢筋发热，铝板厚度约 5mm，钢板厚度约 2mm。

2 故障现象

×× 电厂 3 号机并网，定子一点接地保护动作机组停机，从并网到紧急停机只过了 10s。停机后检查发现 3 号机组出口 03 开关分闸、灭磁开关分闸正常，但是 4PT 的 B 相损坏，发电机出口与封闭母线连接处绝缘支撑垫块绝缘击穿。

3 故障分析处理

停机事件发生后，对 ×× 电厂 3 号机组发电机定子历次检修的非标项目、技术方案、试验报告、验收资料进行了分析。发现 ×× 电厂 3 号机发电机出口与封闭母线连接处绝缘支撑垫块绝缘击穿事件并非首次发生，之前发生了同样的情况。故障出现后，对发电机出口绝缘支撑进行了改造，改造的主要内容为在支撑处的裸露母线铜排上增加 10kV 绝缘热缩管，希望通过这种方式增加母线铜排的绝缘性能。从此次发生的故障来看，增加 10kV 绝缘热缩管的方式并未起到效果。

现场检查发现，套装在线路上的热缩管已经击穿，靠近热缩管的绝缘支撑块也有放电痕迹，但是环氧套管未被击穿。结合现场情况，绝缘击穿的原因有以下几种：

（1）铜排对地安全距离不足。

发电机出口主引出线结构如图 1 所示，B 相铜排包含 5 个支路，一共分为三层，第一层有 1 个支路，第二层有 2 个支路，第三层有 2 个支路。实地测量铜排所在位置与外壳间的距离发现，顶部间距为 40cm，底部间距为 30cm，左侧间距为 35cm，右侧间距为 30cm。查阅 GB/T 1094.3-2017 相关要求可知，电压等级 20kV 的铜排的安全间距为

22.5cm，因此所有铜排的安全距离均符合要求，此项因素可以排除。

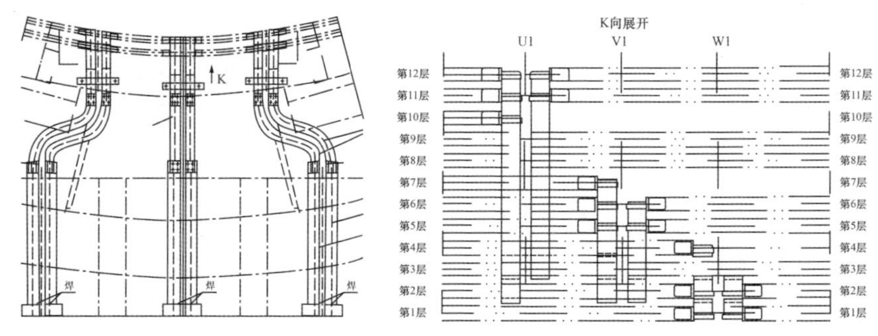

图 1　发电机主引出线结构

（2）环氧套管绝缘不足。

现场检查发现环氧套管未被击穿，事实证明环氧套管的绝缘性能能满足要求。从理论分析来看，壁厚为 4mm 的环氧套管的击穿电压应大于 35kV/mm，高于母线电压等级，环氧套管不能被直接击穿。因此，此项因素也可以排除。

（3）铜排外绝缘受损。

机组在长期运行中伴随有机组振动，发电机出口母线铜排绝缘支撑块与铜排存在摩擦现象，特别是支撑块边缘加工精度不高且较为锋利，容易导致铜排外绝缘受损。

（4）10kV 热缩套管绝缘不足。

现场检查发现 10kV 热缩套管已经被击穿，且靠近热缩套管的绝缘支撑块有放电痕迹，说明 10kV 热缩套管是接地发生的位置，10kV 热缩套管绝缘性能不能满足使用要求。进一步分析可知，接地的路径有两种可能：一是从第三层左侧铜排经槽口通过绝缘垫块与固定铁支架接地；二是从第三层左侧铜排经槽口通过绝缘垫块经螺栓与固定铁支架接地。

由于此次故障的出现较为突然，如果对出口母线铜排的支撑进行改造则需要的工期较长，因此决定先进行临时处理，后续再进行改造。

考虑到 10kV 热缩套管绝缘性能不足，从而采取了 35kV 绝缘热缩套管包扎处理（两者性能比较见表 1），紧急加工更换支撑环氧板，对发电机出口 A、C 相母排夹件及其固定穿心螺杆套管进行全面更换等机组恢复备用的临时处理措施。然后据电力设备预防性试验规程，对 3 号发电机做定子接地电气预防性试验，发电机绝缘电阻、吸收比、极化指数、直流耐压泄漏电流等试验数据合格，开 3 号机零起升压正常后将机组并网运行。

表 1　电力设备母线用热缩管电气性能

序号	项目	单位	指标	
			10 kV 等级	35kV 等级
1	梯级电阻率	Ω·cm	≥ 10^{14}	
2	介电强度	kV/mm	≥ 25	
3	工频电压试验	kV	42	95
4	雷电冲击电压试验	kV	75	185

由此次支撑绝缘垫块再次被击穿事件可以看出，前面的处理并未起到实质性的效果，因此再次查找问题的原因。经查阅生产厂家技术施工图纸和竣工图纸发现，对发电机主引出线绝缘支撑处的母线绝缘处理要求采用“0.11×25 无碱环氧树脂玻璃粉云母带包扎”。由此说明，建设期机组安装单位在进行 ×× 电厂机组安装时，未按照设计技术图纸要求进行施工，这造成在机组长时间运行后，封闭母线连接处绝缘支撑垫块绝缘降低，发电机组出口与封闭母线连接处绝缘支撑垫块绝缘击穿，这也是最根本的原因。

针对以上问题，对 ×× 电厂 4 台机组发电机出口绝缘支撑进行改造，主要内容如下：取消引出线铜排支撑目前使用的不锈钢螺杆及环氧套管，改用螺杆外层绝缘采用 F 级环氧酚醛玻璃布热压一体成型螺杆，要求螺杆材质为非铁磁材料；清理母线筒内主引出线靠近连接侧绝缘，并重新包扎云母带从而加强该处绝缘强度。

方案的具体实施流程如下：

（1）将一体成型螺杆放入烘箱内，如图 2 所示，在 90℃环境下加热 3 ～ 4h，以便去除表面水分。

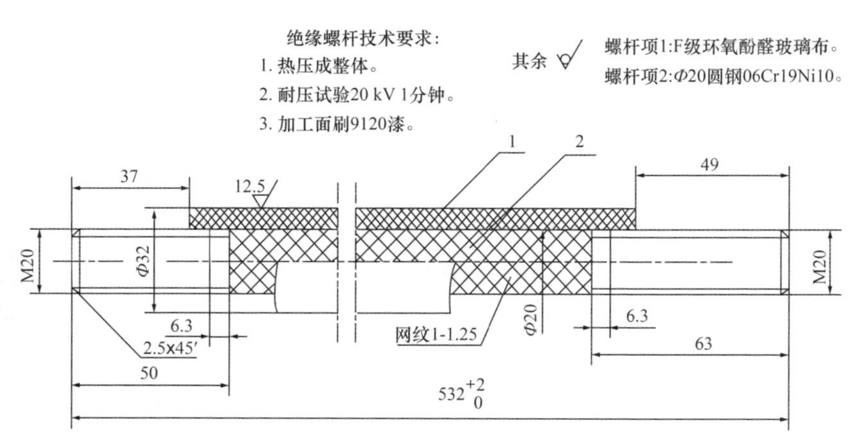

图 2　一体成型绝缘螺栓

（2）拆除出口主引出线原有绝缘支撑，拔出不锈钢螺杆及环氧套管，检查环氧垫块有无变色、过热现象。若环氧垫块检查无异常，则可继续使用。

（3）剥除主引出线铜排末端绝缘包扎虚部分。采用半迭绕方式包扎云母带，云母带外层包扎玻璃丝带，要求包扎紧密。包扎过程中，每包一层，则刷一遍环氧树脂。

（4）检查出口主引出线其他处绝缘有无严重破损，如有破损需用玻璃丝带包扎后刷环氧树脂。

（5）重新安装环氧垫块、一体成型螺杆。检查无误后，拧紧螺帽，打紧锁片，安装工作结束。

（6）验收合格后，即可进行发电机预防性试验，试验合格，则改造工作结束。

第九节　导轴承摆度大故障分析处理

1　摆度的产生

立式水轮发电机导轴承对大轴起径向约束作用，使大轴在机组运行中保持在一定的中心位置旋转，这种径向力主要是转子静不平衡、动不平衡、磁拉力不平衡、水推力不平衡和空蚀震动所产生的径向力。

发电机主轴在某水平截面的轨迹圆通常就叫摆度，主轴在该处的轨迹圆直径就是轴在该处的摆度值。主轴在运转中摆度变大，则机组振动也会加剧，使轴承运行条件恶化，将会严重威胁机组的安全及稳定运行。

2　×× 电站导轴承介绍

×× 电站发电机结构型式有上导、下导及推力轴承的半伞式立轴发电机组。其中，导轴承为分块式结构，采用调整楔块支承，上导瓦 10 块，下导瓦 12 块；推力轴承为弹性金属塑料瓦，采用弹性圆盘支承，共 12 块。×× 电站导轴承支撑方式均为楔子板式，主要由导轴瓦、顶头、支撑环、斜楔等构成，如图 1 所示。斜楔与导板的接触面具有相同斜度，从而形成一对楔子，可以通过调整斜楔的高度来调整导瓦的间隙。支撑块与导板接触的面为球面，这样能有效实现径向约束力的传递，也不会影响导瓦的自由活动。

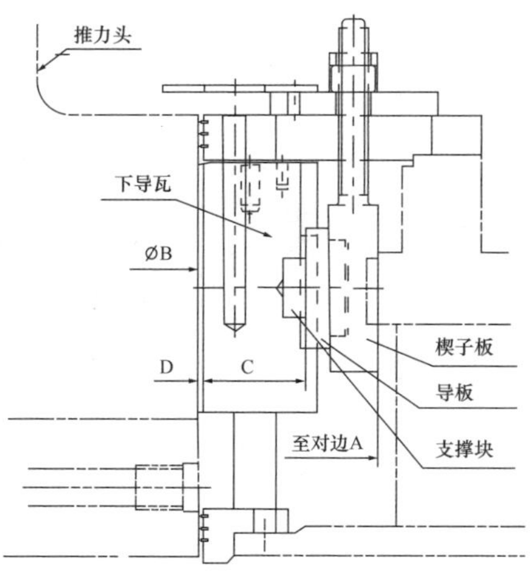

图 1　导轴承支撑结构

3　故障现象

×× 电站 2 号机组投产以来，发现导轴承运行摆度逐渐变化，见表 1，表中数据显示上导和下导摆度均较大，并在逐年运行中不断增大，而水导间隙变化不大。根据《水轮机基本技术条件》（GB/T 15468-2020）中的规定，在正常运行工况下，主轴摆度不超过轴承间隙的 75%。

表 1　×× 电站 2 号机运行摆度记录

时间	负荷 /MW	上导 /μm	下导 /μm	水导 /μm
2014.9.2	84	105	169	124
2014.11.21	85	132	208	115
2014.12.31	79	147	190	128
2015.10.26	82	162	201	95
2016.2.1	83	181	225	91
2016.6.1	75	206	282	99
2016.10.27	83	250	323	94

4 故障分析处理

机组摆度变大，说明导轴承处大轴向导瓦方向偏移量增大，如果导轴瓦位置没有发生改变，则导轴承将承受更大的径向力，导轴瓦将产生大量磨损，那么这种更大的径向力从何而来，应该深入分析论证。如果导轴瓦位置发生了改变，导轴瓦间隙也相应发生了变化，那么导轴瓦间隙变大的原因，也应该进一步分析论证。因此我们找出了如下可能的原因：

（1）磁拉力不平衡。

在机组实际运行数据中发现，在机组空载和转子增加励磁的情况下，机组摆度并未出现明显变化。在机组检修中发现，在下导轴承处推转子，将水轮机转轮室间隙调整均匀后，实测发电机空气间隙较均匀，见表 2，因此判断摆度增大与磁拉力无关。

表 2　空气间隙测量记录表

磁极编号	1	3	5	7	9	11	13	15
间隙值 / mm	40.6	41.2	41.7	41.6	41.8	41.6	40.8	40.5

（2）水力不平衡。

在机组实际运行数据中发现，在机组空载和不同负荷运行情况下，机组摆度并未随负荷变化而出现明显变化，同时水轮机顶盖、发电机上机架、下机架振动值均很小。因此判定摆度增大与水力不平衡无关。

（3）机组轴线变化。

检修中将上导瓦全部拆除，而保留 4 块下导瓦，进行机组盘车，经盘车后发现机组在盘车过程中上导、水导的摆度均未超标，虽然从轴线偏折情况分析，机组轴线情况存在一定弯折，但并未超标，如图 2 所示。

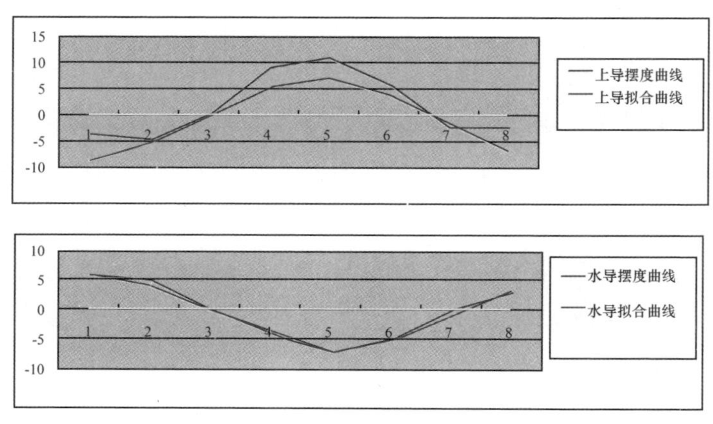

图 2　上导和水导处摆度曲线

（4）导轴瓦磨损。

机组检修中测得修前上导瓦间隙和下导瓦间隙均超出设计间隙值，见表 3、表 4。上导瓦设计间隙为 0.19 ～ 0.215mm，下导瓦设计间隙为 0.215 ～ 0.24mm，考虑到机组停机时并不一定处于机组中心位置，故采用双边间隙进行分析，上导瓦最大双边间隙为 0.73mm，下导瓦最大双边间隙为 0.99mm，均超出设计间隙的两倍，尤其是下导瓦间隙更大。由此可以判断，上导和下导轴承摆度大的主要原因是导瓦间隙增大。经查证，第一次 C 级检修，发现上导瓦和下导瓦存在严重拉痕，最大深度达到 0.3mm，且是整周拉痕，拉痕两侧有大量巴氏合金堆积形成的高点，将所有上导瓦和下导瓦取出后进行修刮然后按照原斜楔肩高回装，对轴承进行打磨。再此之前没有对轴瓦间隙进行重新调整，始终保持着安装后的导瓦间隙，由此说明 2 号机在安装时就存在导轴承间隙设置不合适的问题。第二次 C 级检修，发现上导瓦有轻微新增拉痕，下导瓦有较深新增拉痕，于是将所有下导瓦取出进行修刮，同样按照原斜楔肩高恢复，再对轴领进行打磨。可以进一步判断，导瓦的磨损、对导瓦的修刮以及对轴领的打磨是造成间隙增大的主要原因。同时，每次按照原斜楔肩高恢复导瓦间隙存在一定误差，也在一定程度上改变了导瓦间隙。

表 3　上导瓦修前间隙测量记录表

瓦号	1	2	3	4	5
修前间隙	0.35	0.35	0.21	0.28	0.37
瓦号	6	7	8	9	10
修前间隙	0.21	0.37	0.35	0.26	0.36

表 4　下导瓦修前间隙测量记录表

瓦号	1	2	3	4	5	6
修前间隙	0.55	0.43	0.36	0.32	0.31	0.57
瓦号	7	8	9	10	11	12
修前间隙	0.41	0.54	0.63	0.30	0.26	0.40

分析的原因说明，导轴瓦磨损严重，应该进行更换，但由于当时 ×× 电站没有备品瓦，所以暂时无法更换。考虑到实际情况，采取对导轴瓦做修刮处理，然后重新调整瓦间隙的方法进行暂时处理。于是，对机组进行盘车，实测各轴承位置的摆度数据，绘制出各轴承的摆度曲线，对摆度曲线进行分析，并根据盘车数据分配导瓦间隙，下导瓦间隙均分 0.22mm，上导瓦间隙根据盘车摆度进行分配，见表 5。

表 5　上导瓦调整间隙值

瓦号	1	2	3	4	5
修前间隙	0.19	0.15	0.12	0.13	0.16
瓦号	6	7	8	9	10
修前间隙	0.21	0.25	0.28	0.27	0.24

机组检修完成后，开机试验空载下机组摆度满足要求，满负荷情况下机组摆度也满足要求，见表 6。从表中数据可以看出，上导摆度和下导摆度较检修前已经大幅度减小，均在 0.1mm 以内，摆度情况良好，问题得到解决。

表 6　×× 电站 2 号机运行摆度记录

时间	负荷 /MW	上导 /μm	下导 /μm	水导 /μm
2017.4.5	空载	70	72	110
2017.5.10	75	75	74	119
2017.10.25	81	79	72	110

5　经验总结及预防措施

对于斜楔支撑方式的导轴承，在机组检修时应注意以下几点：

（1）检查各部位异常变化。楔子板式支撑本身具有调整方便、性能稳定的特点，但是由于设计或安装原因，未考虑到现场实际运行情况，容易出现斜楔变形、支撑部位磨损、固定部件裂纹、螺栓松动等问题，特别是在机组振动较大的情况下，应格外注意，任何部件出现问题都可能导致斜楔失去径向约束作用，从而使得间隙变大。

（2）查看调整范围是否足够。斜楔长度有限，在一定坡比的情况下，高度调节带来的瓦间隙调节范围也有限，在实际调节瓦间隙时，一定要注意查看斜楔的调节范围是否足够，如果不够，则应通过瓦背部支撑增加或减少垫片的方法，改变导瓦与斜楔的距离，保证斜楔的高度满足间隙调节范围。

第十节　楔子板式上导轴承故障分析处理

1　×× 电厂上导轴承介绍

×× 电厂发电机为半伞式结构，有上导轴承和水导轴承，无下导轴承。上导瓦为分块式巴氏合金瓦，采用楔子板式支撑结构，通过斜楔的高度来调节上导瓦的间隙。推力瓦为分块式金属氟塑料瓦，采用弹性油箱支撑方式。×× 电厂上导轴承主要由斜楔、压板、垫块、顶头、支持座、上导瓦等组成，如图 1 所示。上导瓦受到来自大轴的径向力，经瓦面背部的支持座、顶头传递到斜楔上，再经垫块传递至上导瓦架，因上导瓦架与上机架为整体式结构，因此径向力最终传递至基坑。斜楔与垫块按照 1 ： 20 的斜度配合使用，通过斜楔的上下移动来调整间隙值，间隙值的计算可通过斜楔移动的距离按照比例换算成间隙值。垫块焊接在上导瓦架上，垫块四周焊缝高度为 4mm。上导瓦结构如图 2 所示，瓦背部固定有支持座，支持座与瓦背之间固定有槽型绝缘，支持座中间有放置顶头的圆形孔，顶头端部为圆弧形。

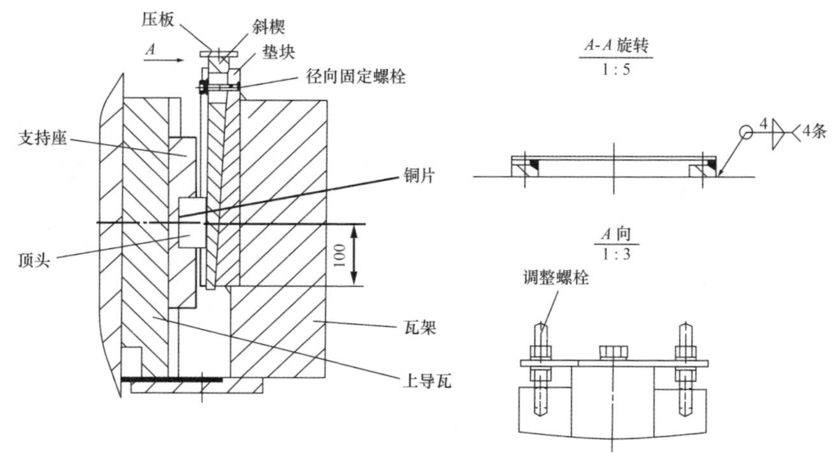

图 1　上导轴承结构

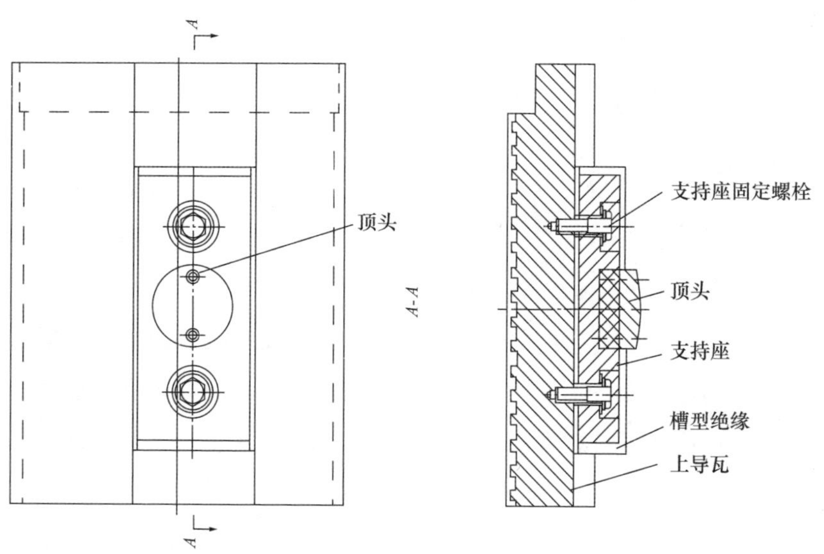

图 2　上导瓦结构

2 故障现象

×× 电厂机组自投产以来，上导轴承的摆度均有增大，特别是上端轴摆度增大导致受油器浮动瓦磨损明显，同时出现上导斜楔裂纹、上导瓦调整压板弯曲变形、上导瓦垫块焊缝开裂等故障。现以 ×× 电厂 2 号机为研究对象，将发生的故障现象列举如下：

（1） 2001 年，2 号机组上导摆度增大，发现 8 块上导瓦均存在径向螺栓松动，5 块上导瓦斜楔上端的压板变形，斜楔径向固定螺栓松动，1 块上导瓦垫块与瓦架焊缝开裂等问题。

（2）2006 年，2 号机组上机架振动大，上导瓦瓦温最高和最低瓦温偏差达 10℃，随后运行中发现受油器疏齿盆处有打火现象。停机发现，2 块上导瓦径向固定螺栓断裂，2 块上导瓦径向固定螺栓松动，同时大轴轴位向 +X 方向偏移近 2mm。

（3）2006 年，2 号机 C 修中发现 8 块上导瓦的径向固定螺栓和调节螺栓均有松动，4 块上导瓦支持座产生裂纹，槽型绝缘也产生破损，顶头与支持座处装有大量的紫铜垫片，对应的上导瓦存在严重轴向偏磨现象，测量表明其最大磨损偏差达 1.8mm。

（4）2007 年，2 号机在线监测显示上导摆度大报警，推力摆度和上机架振动也随之增大。停机发现，4 块上导瓦 Y 方向斜楔径向固定螺栓断裂，1 块瓦斜楔断裂。

（5）2010 年，发现 1 块上导垫块有裂纹，于 2011 年 9 月 C 修进行更换。

（6）2013 年，发现 1 块上导瓦径向固定螺栓断裂，1 块上导瓦垫块焊缝开裂。

（7）2018 年，发现 ×× 电厂 2 号机组上导摆度最大值达到 600μm，较之前明显增大，因而调取了 2016 年 11 月至 2018 年 10 月期间上导摆度、上导瓦温，如图 3、图 4 所示。从摆度曲线发现 2 号机组检修前后上导摆度自 180μm 增至 600μm，且呈现逐渐增大的趋势；从温度曲线发现温度并未有明显变化。停机检查上导瓦径向固定螺栓、调节螺栓并无松动。

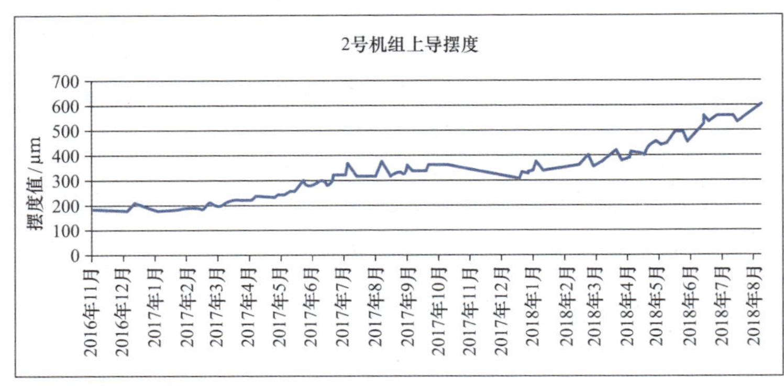

图 3　2 号机上导摆度曲线

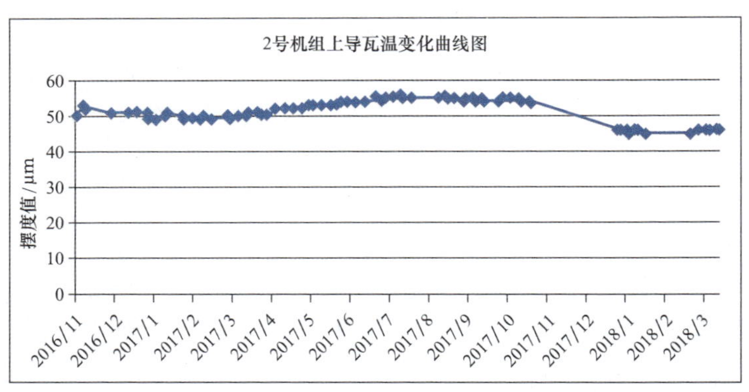

图 4　2 号机上导瓦温曲线

3　故障分析处理

首先我们来分析一下整个上导轴承的力量传递过程，上导瓦在机组运行中承受了较大的径向力作用，此径向力通过大轴分别传递给上导瓦、支持座、顶头、斜楔、垫块，在斜楔与垫块之间有一个 1 ∶ 20

的坡度比例，因此在斜楔上的径向力将分解为向上的力 F_1 和垂直于坡面的力 F_2，如图 5 所示。由于径向力 F 并不是一个恒定大小的力，在机组实际运行中往往是力的大小与作用时间交替变化的，对每一个受力部位都容易造成疲劳损害，这也是自机组投产以来接连产生支持座裂纹、斜楔裂纹、径向固定螺栓断裂、垫块裂纹的主要原因。当上导瓦的径向约束作用失效后，上导摆度增大，操作油管摆度随之增大，受油器浮动瓦限位销被剪断，内外操作油管与端盖、浮动瓦产生摩擦，从而产生大量的金属和铜粉末，致使油管磨损严重。

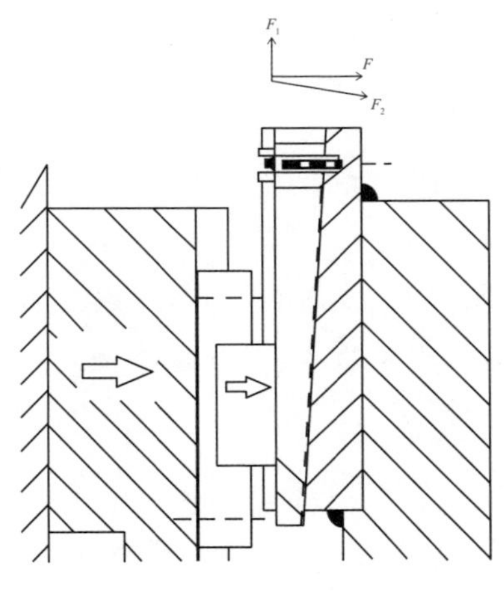

图 5　上导轴承受力分析

从机组投产以来，采取了一系列的措施，到 2013 年以后，基本上解决了这些部件损坏的问题，主要措施如下：

（1）调整压板厚度和调整螺栓大小。斜楔压板设计厚度为 8 mm，调整螺栓为 M10，作用在斜楔上的力 F_1 将作用在压板上，因压板刚度不够而造成压板变形，因调整螺栓强度不够而发生断裂。将压板厚度调整为 12mm，后来又调整为 20 mm；调整螺栓为 M20。

（2）增加垫块角焊缝高度。垂直作用在垫块上的力 F_2 导致垫块产生裂纹，原设计角焊缝高度为 4 mm，因焊缝不足以抵抗交变作用力而产生裂纹， 导致上导瓦径向约束失效，上导摆度出现异常。因此，将角焊缝高度增加至 6 mm。

（3）支持座加强。重新设计支持座，将支持座与顶头接触的圆形槽底部厚度增加 2mm，同时将圆形槽的直角倒圆，减小应力集中。

（4）取消铜垫片。斜楔间隙调整量小，在机组安装时，为了补偿调整量，在顶头的底部和斜楔背面均加了紫铜垫，在交变撞击作用下，紫铜垫破损上导瓦的间隙增大。为了使斜楔与垫块能够很好地贴合，将斜楔背部增加的铜垫片全部拿掉，更换为硬度较高的钢垫片，同时增加槽型绝缘板的厚度，以补偿因取消铜垫而增加的调整量。

（5）增大上导瓦间隙。原设计上导瓦间隙为单边 0.15mm，双侧间隙 0.30mm，但在机组水平不好的情况下，机组上导摆度较大，为了在一定程度上减小上导轴瓦的径向力，将上导轴瓦的分配间隙调整为单边 0.30mm。

从 2016 年到 2018 年，发现上导摆度逐渐增大，且多次检查上导瓦各部件并未出现损坏或松动现象，因此在 2019 年 B 修进行盘车分析原因。同时，调取了 2013 年、2016 年的盘车数据，见表 1、表 2、表 3 、表 4，通过对比发现，盘车反映的上导最大摆度值前面两次无太大变化，分别为 0.135mm 和 0.11mm，但 2019 年为 0.18mm，最大摆度方位有一定变化，但变化值不大。根据情况，采取了以下调整措施：

（1）重新调整镜板水平。在推力弹性油箱底部测杆处装设百分表，在 +X、+Y 两个方向架设水平仪。风闸顶起转子后表调零，落下转子记录各百分表读数，计算出各弹性油箱的中心压缩量的平均值。通过调整各弹性油箱受力，对机组镜板的水平进行调整。

（2）重新调整大轴轴位。调取安装资料发现，机组自安装以来就一直存在水平严重超差的问题，为了尽量调整镜板水平，在充分考虑镜板水平与转轮室间隙、空气间隙相平衡的情况下，调整大轴轴位。

（3）重新调整上导轴瓦间隙。最后根据机组盘车的数据，将机组大轴推至合适位置后，均匀调整上导轴瓦间隙为 0.03mm。

表 1　2013 年 ×× 电厂 2 号机 B 修盘车数据分析

×× 电厂 2 号机 B 盘车数据分析表（Y 表）　单位：0.01mm									
测点	1	2	3	4	5	6	7	8	回零
操作油内管	−28	−30	0	−38	−42	−53	−50	−50	−30
操作油外管	−25	−25	0	−35	−49	−57	−60	−60	−45
上导	7	1.5	0	5	9	12	13.5	10	0
推力头	−9	−11	0	15	18	11	8	−2	0
镜板摆度	−2	−6	0	9	7	6	8	6	0
水导	2	1	0	0	0	0	0	1	0
计算式	δ=1−5		δ=2−6		δ=3−7		δ=4−8		
操作油内管	14		23		20		12		
操作油外管	10		32		15		25		
上导	−2		−10.5		−13.5		−5		
推力头	−27		−22		−8		17		
镜板摆度	−9		−12		−8		3		
水导	2		1		0		−1		

表 2　2016 年 ×× 电厂 2 号机 B 修盘车数据分析

×× 电厂 2 号机 B 盘车数据分析表（Y 表）　单位：0.01mm									
测点	1	2	3	4	5	6	7	8	回零
操作油内管	−4	3	0	−15	−25	−26	−21	−13	0
操作油外管	−14	3	0	−8	−30	−51	−48	−36	0
上导	3	−1	0	2	8	10	10	7	1
推力头	−6	−11	0	16	22	16	3	5	0
镜板摆度	−19.5	−11.5	0	5	2	−7	−17	−22	0
镜板跳动	−1	−5	0	8	7	7	8	6	0
水导	−1	−1	0	1	1	1	0	0	0
计算式	δ=1−5		δ=2−6		δ=3−7		δ=4−8		
操作油内管	11		29		21		−2		
操作油外管	16		54		48		28		
上导	−5		−11		−10		−5		
推力头	−28		−27		−3		11		
镜板摆度	−21.5		−4.5		17		27		
水导	−2		−2		0		0		

表 3　2019 年 ×× 电厂 2 号机 B 修盘车数据分析

×× 电厂 2 号 B 盘车数据分析表（Y 表）　　单位：0.01mm									
测点	1	2	3	4	5	6	7	8	回零
操作油内管	−2	−5	0	12	20	24	13	5	0
操作油外管	−1	4	0	15	13	2	−5	−9	0
上导	9	2	0	5	13	18	18	13	0
推力头	−5	−10	0	16	24	20	13	7	−2
镜板摆度	−25	−18	0	−4	−6	−13	−23	−31	−10
镜板跳动	3	−2	0	11	10	11	13	11	3
水导	−1	−1	0	1	1	1	0	0	0
转子下法兰	−11	−10	0	7	9	9	2	−5	−2
计算式	δ=1−5		δ=2−6		δ=3−7		δ=4−8		
操作油内管	−22		−29		−13		7		
操作油外管	−14		2		5		24		
上导	−4		−16		−18		−8		
推力头	−29		−30		−13		9		
镜板摆度	−19		−5		13		27		
水导	−2		−2		0		0		

表 4　摆度方位对比　　单位：度

部位	摆度方位			
	2007 年	2013 年	2016 年	2019 年
上导	243.73	256.46	246.56	254.56
推力头	160.64	191.93	194.62	206.21
镜板		216.23	143.06	137.19

4　经验总结与改进措施

通过对上导轴承的一系列调整，基本解决了机组产生的诸多问题，但是斜楔与垫块之间始终存在一定的间隙，也导致整个支撑结构不够稳定，主要有以下几点：

（1）垫块焊接后的热变形。垫块与上机架是直接焊接在一起的，为了避免较大的变形量，设计角焊缝高度为 4mm，现在增加到 6mm，焊接热变形将更大，使得斜楔与垫块实际接触时并非完全贴合，这导致斜楔与垫块斜面因焊接变形产生的间隙问题尚未解决。

（2）斜楔与垫块的配合不够。垫块在安装中要求在斜楔装配中与垫块斜面应当研配至接触面大于 80%，但实际安装很难达到要求，导致斜楔与垫块之间存在一定的间隙，使斜楔容易失稳。

（3）径向固定螺栓单边压紧。调整上导瓦间隙时，在调整好提升斜楔高度与垫块紧密相贴后，径向固定螺栓偏于斜楔的上部，在紧固径向固定螺栓后，斜楔单边受力压紧，导致下端部外翘，斜楔与垫块间存在一定的间隙。

综合以上分析，×× 电厂上导轴承支撑结构存在一些问题，在以后的机组改造中，可要求厂家对上导轴承进行重新设计，如果沿用楔子板式结构，则应想办法消除斜楔与垫块之间的间隙，当然也可以改为其他形式的支撑结构。

第十一节　下导轴承摆度大故障分析处理

1　×× 电厂导轴承介绍

×× 电厂发电机采用立轴半伞形结构，转子为无轴式结构，上导轴承在转子上方，推力轴承和下导轴承在转子下方，推力和下导为独立油槽。其中，三部导轴承均为抗重螺栓支撑结构，导轴瓦是分块式乌金瓦，采用非同心瓦结构设计，起径向约束作用。其设计上导瓦 12 块、下导瓦 16 块、水导 10 块乌金瓦。

×× 电厂下导轴承主要由下导油槽、下导瓦、抗重螺栓、挡油管、冷却器、密封盖等组成，如图 1 所示，油槽为内循环水冷方式。下导瓦结构如图 2 所示，瓦面背部有槽形绝缘，支撑块由两颗螺栓固定，瓦中心线与槽中心线不重合，使瓦的支撑点存在一定偏心。

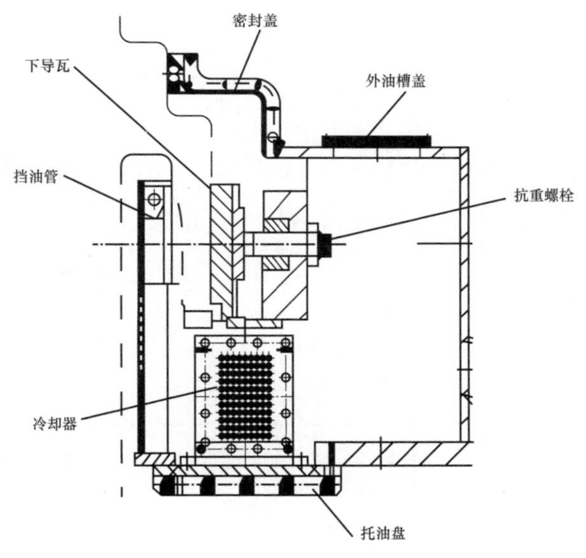

图 1　×× 电厂下导轴承结构

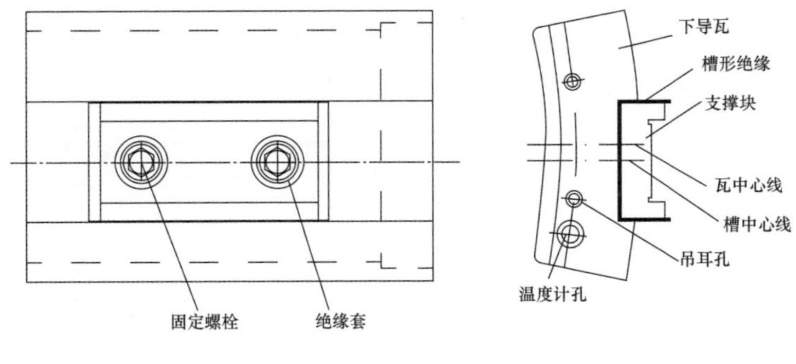

图 2　下导瓦结构

2　故障现象

×× 电厂自机组投产，刚开始机组轴线情况良好，后来机组在线监测数据显示各部轴承处摆度逐渐变大，见表 1。上导瓦间隙设计值为

0.25 ～ 0.30mm，下导瓦间隙设计值为 0.40 ～ 0.45mm，实际调整间隙为单边 0.35mm，下导运行摆度达 0.6mm，根据水轮发电机安装技术规范，一般运行摆度不超过总间隙的 75%，判断下导处摆度超标，下导瓦间隙变大。且 4 号机组在负荷不变的情况下，三部导轴承处摆度随时间会增大，连续运行前 18h 内增速较快，后 14h 内增速较缓，18h 后基本稳定但严重超标。2010 年，4 号机进行 B 修，经轴线调整处理后，运行摆度稳定在 0.3mm 左右，较之前运行摆度减小 0.2mm，达到合格标准。

表 1　4 号机组运行摆度情况

摆度测量部位	稳定运行区摆度 /mm	非稳定运行区摆度 /mm
上导 +X	0.362	0.388
上导 +Y	0.409	0.413
下导 +X	0.608	0.642
下导 +Y	0.596	0.608
水导 +X	0.406	0.392
水导 +Y	0.411	0.381

2012 年 4 号机组 C 级检修后，机组状态监测显示下导最大运行摆度达 0.58mm，较检修前增大约 0.15mm，下导摆度随机组有功及时间变化情况如图 3、图 4 所示；下导最大运行瓦温为 56℃，较检修前降低约 3℃，下导瓦温（最大值）随机组有功及摆度变化如图 5、图 6 所示。经过此次检修后，下导摆度再次变大，而同时上导摆度与水导摆度并无增大趋势。2013 年，再次对 4 号机进行机组中心与瓦间隙调整，处理后下导摆度稳定在 0.38mm。

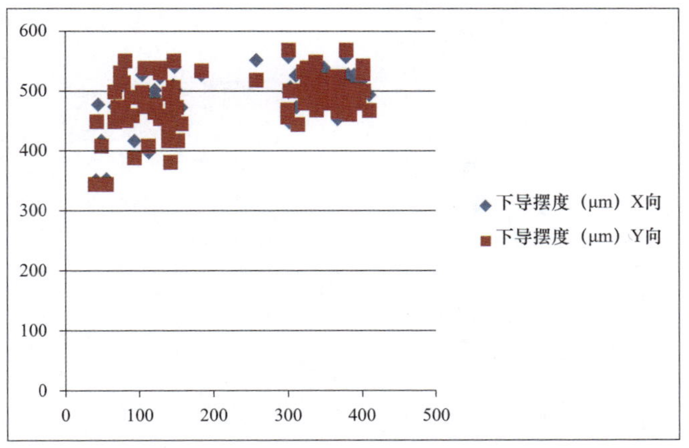

图 3　下导摆度随有功变化趋势图

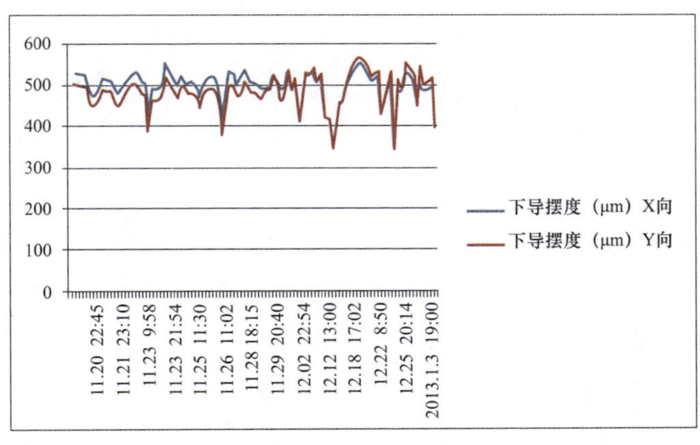

图 4　下导摆度随时间变化趋势图

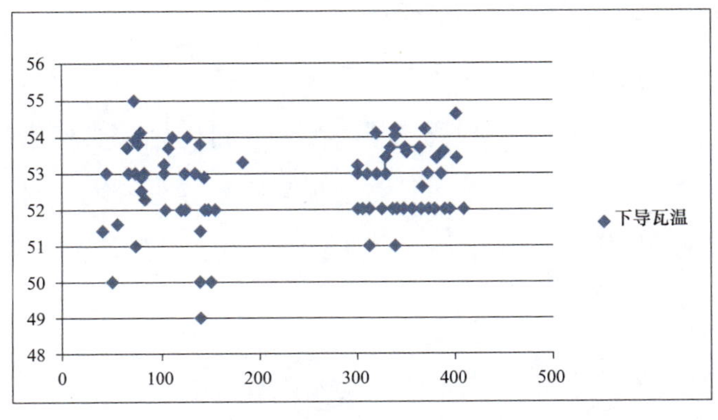

图 5　下导瓦温（最大值）随有功变化趋势图

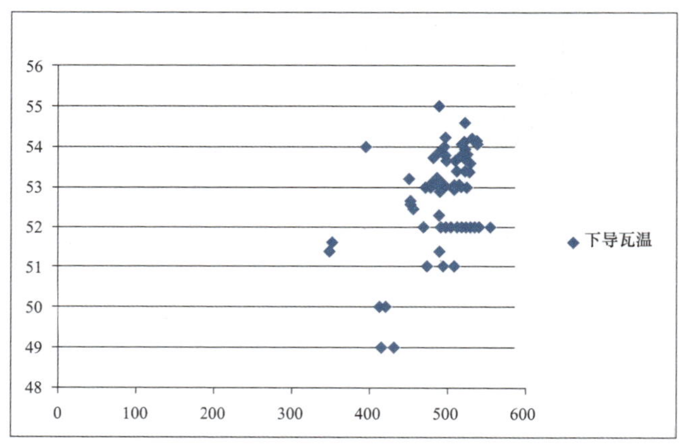

图 6　下导瓦温（最大值）随下导 X 向摆度变化趋势图

3　故障分析处理

×× 电厂 4 号机两次摆度增大的情况不同，第一次是三部导轴承摆度均有增大，下导摆度增大更为明显，第二次是只有下导摆度增大，两次出现故障的原因也不同。

根据现场的情况，2010 年下导摆度随运行时间延长逐渐增大，问题主要集中在发电机部位，这与主轴的弯折、发电机转子圆度变化、空气间隙变化引起的磁拉力不平衡、轴瓦间隙增大、转子圆盘支架刚度不足等因素有关。

（1）主轴出现弯折。

如果大轴连接螺栓出现松动或者变形，机组轴线必然出现较大变化。在后续检修中发现，推力头与镜板联接螺栓无松动，对大轴连接螺栓重新拉伸紧固后，也并无松动现象，拉伸值见表 2。

表 2　大轴连接螺栓拉伸值

编号	拉伸值 /mm	压力值 /MPa	卸载后拉伸值 /mm	编号	拉伸值 /mm	压力值 / MPa	卸载后拉伸值 /mm
01	0.23	95	0.03	09	0.26	115	0.01
02	0.195	110	0.01	10	0. 26	120	0. 04
03	0. 26	110	0. 03	11	0. 25	120	0. 03
04	0. 20	100	0. 01	12	0. 21	95	0. 01
05	0. 215	118	0. 01	13	0. 29	120	0. 04
06	0. 20	110	0. 00	14	0.19	118	0.00
07	0.25	120	0.025	15	0.28	100	0.02
08	0.21	105	0.01	16	0.29	110	0.01

4 号机组在安装时，盘车过程发现机组轴线存在弯曲现象，为了将水导摆度调整至标准值内，在转子中心体下法兰与推力头上法兰之间增加了铜垫。铜垫最大厚度达 0.25mm，在推力负载 2454t 的作用力下可能发生形变，导致主轴轴线产生变化。在检修中，将所加铜垫抽出测量，铜垫越厚压缩变形量越大，0.20mm 厚的铜垫压缩后可减小 0.03 ～ 0.05mm，这是机组轴线变化的重要原因之一。

4 号机组安装时，因镜板与推力头的配合孔偏差在 2.5 ～ 3mm，推力头取消定位销钉，调整后镜板全摆度为 0.19mm，机组检修时实测摆度更大。发电机轴法兰与转子中心体下法兰有偏差，2 个主键槽偏差 1mm。机组多处存在中心不一致情况，导致机组在旋转过程中产生较大径向离心力。

（2）转子圆度变化。

通过在线监测数据来看，4 号机安装完成之后，转子下端面空气间隙监测数据存在一定变化，且在 18h 内空气间隙减小 0.5 ～ 0.6mm，随后空气间隙趋于稳定，但是在同一时间各方向气隙变化不均匀，尤其是 23 ～ 36 号磁极气隙变化较大。这说明在机组连续稳定运行时转子不圆度随时间变化明显。

在机组盘车完成后，对机组中心进行调整，空气间隙检查满足要求，见表 3，这说明机组运行状态与盘车状态下空气间隙变化不一致，由此证明大轴中心产生移动为摆度增大的原因之一。

表 3　4 号机空气间隙值　　单位：mm

磁极号	5 号	10 号	15 号	20 号	25 号	30 号	35 号	40 号
上端	31.20	30.54	29.24	30.62	30. 90	30.80	29.83	30.72
下端	30.08	30.80	29.18	31.42	29.58	29.60	29.40	29.02
备注	空气间隙与平均值的最大偏差为 4.10%，小于标准的 ±8%							

（3）磁拉力不平衡。

4 号机组在安装时，转子叠片厚薄不均匀，加有补偿片，同时可能存在磁轭压紧度不够，且紧度不均匀的情况。转子磁轭上下端被拉紧，中间却没有固定，温度升高后磁轭冲片发生片间位移，在不平衡磁拉力作用下更加剧了该状态。

检修中，将挡风板拆卸后发现，发电机上磁轭压板存在一定变形。用直磨机磨开 5 号、10 号、15 号、20 号、25 号、30 号、35 号、40 号上下挡风板的拉紧螺杆螺帽，用扭矩扳手按照设计值 1084N·m，扳动检查螺帽，发现两颗螺帽能够扳动约 30°，其他全部无松动，总体来说磁轭拉紧螺栓力矩达到了要求。

（4）轴瓦间隙变化。

下导外油槽盖只有一个小圆孔，导致下导瓦抗重螺栓的紧固操作空间十分有限，可能存在抗重螺栓未打紧的情况。在实际检修中对下导抗重螺栓螺帽进行检查发现，有螺栓能够继续紧固，最大紧固量为 1/5 圈。

（5）转子圆盘支架刚度不足。

×× 电厂发电机转子圆盘支架设计刚度不足，制造工艺欠佳，安装时转子圆盘支架各支臂之间的间距超过了 1.5m，较 1、2 号机组明显大一些。

经过上述检查后，对机组进行盘车，主要操作步骤如下：

（1）机组坐标线方向上的 4 块下导瓦，并抱瓦情况良好，瓦面的润滑情况良好，转子在 0 方位（转子引线在 +Y 方向）。

（2）检查转轮与顶盖及底环止漏环之间应无异物，定、转子之间应无异物。

（3）在下导轴领外圆处，以 +Y 方向处为 1# 点，逆时针用记号笔每 45° 标出均匀分布的 8 个点，按同样的方法在集电环上下导电环、上导轴领、推力头、镜板、发电机主轴下法兰、水轮机主轴上法兰、水导轴领及顶盖和底环的止漏环处标出均匀分布的 8 个点。

（4）在下导支撑环的 +X、+Y 方向各安装一块百分表，表针指在下导轴领处。按同样的方法对集电环上下导电环、上导轴领、推力头、镜板、发电机主轴下法兰、水轮机主轴上法兰、水导轴领 +X、+Y 方向各安装一块百分表，将所有百分表的指针对零。

（5）测量水轮机转轮与顶盖及底环止漏环之间的间隙，并记录。

（6）开启高压油泵，人工推动转子缓慢转动，每到一个点位立即停止转动，并读取每个点位的百分表读数。

（7）旋转转子每 90° 方位，测量一次水轮机转轮与顶盖及底环止漏环之间的间隙。

（8）根据盘车记录的数据计算水轮机转轮与顶盖止漏环之间的同心度以及水轮机转轮与底环止漏环之间的同心度，根据数据判断是否应推移转动部分以重新确定中心。

（9）根据盘车记录的数据计算，各处相对于推力头的摆度不大于 0.03mm/m。

经盘车检查，机组上端轴摆度和水导摆度都超标，需要进行加垫处理，调整后机组各部盘车摆度情况良好，见表 4。机组检修完毕后，在机组满负荷运行情况下，各部摆度情况良好，见表 5。各瓦温情况良好，见表 6。

表 4　×× 电厂 4 号机组轴线情况

部位	净摆度单幅值 /mm	净摆度双幅值 /mm	最大摆度方位角 /（°）	备注
补气管	0.0246	0.0592	1.97	原垫抽出，未加垫
上导	0.1249	0.2498	114.80	加垫部位：上端轴下法兰
水导	0.0267	0.0534	236.81	加垫部位：推力头上法兰
推力头	0.1693	0.3386	308.74	
镜板	0.1049	0.2098	287.14	

表 5　×× 电厂 4 号机各部摆度　　单位：mm

测量位置	上导 X 向	上导 Y 向	下导 X 向	下导 Y 向	水导 X 向	水导 Y 向
摆度值	0.193	0.189	0.403	0.389	0.207	0.206

表 6　×× 电厂 4 号机各部瓦温

上导瓦号	1	2	3	4	5	6	7	8	9	10	11	12
上导温度	45.1	43.5	41.2	42.6	42.3	43.8	43.5	43.2	45.3	44.1	44.1	45.1
下导瓦号	1	2	3	4	5	6	7	8				
下导温度	52.0	54.9	53.8	58.5	58.4	54.2	58.7	54.3				
下导瓦号	9	10	11	12	13	14	15	16				
下导温度	56.1	56.0	50.1	55.5	55.8	53.6	50.1	56.1				
水导瓦号	1	2	3	4	5	6	7	8	9	10		
水导温度	40.1	39.6	39.8	40.3	40.8	40.6	39.1	40.6	40.7	40.2		

2012 年下导摆度再次变大的原因较为简单，从以上数据可以看出，摆度及瓦温与机组有功无明显变化，随时间无明显变化，这说明下导瓦温降低与摆度增大有关系，与机组负荷其他外力无关系，因此下导摆度变大是下导瓦间隙变化所导致的，所以机组轴线并未变化，上导摆度和水导摆度无变化能够验证这一点。通过检查针对发现的问题进行了相关的分析及处理。

（1）下导瓦面损伤。

经查，在 2012 年 10 月机组检修中，抽瓦检查发现下导瓦面存在严重划痕，在不松动抗重螺栓的情况下抽出所有下导瓦，发现拉痕较深，且每块瓦面都有损伤，下导轴领也有拉痕，如图 7 所示。用平刮刀对瓦面进行修刮处理，然后用百洁布研磨瓦面，用酒精清洗瓦面；用海绵抛光片对轴领划痕进行打磨处理，去掉高点毛刺，用金相砂纸蘸油进行抛光处理。

图 7 ×× 电厂 4 号机下导瓦拉伤情况

（2）下导瓦支撑块固定螺栓松动。

在抽出下导瓦的过程中，对下导背面支撑块固定螺栓进行检查，发现有松动现象。螺栓的松动导致支撑块与下导瓦之间的间隙变化，导致下导瓦与抗重螺栓之间的间隙变大。

在 2013 年，对 ×× 电厂 4 号机进行了处理。将大轴盘车，使 1 号磁极正对 +X 方向，再将大轴推至 2010 年 B 修盘车轴位，根据 2010 年 B 修导瓦分配间隙，对各导瓦重新调整间隙，具体间隙值见表 7，处理完成后，开机空转下导稳定摆度为 0.17mm，带负荷 315MW 运行稳定摆度 0.25mm，符合国家标准。带负荷运行，下导摆度最高 380μm，下导瓦温最高 52℃，机组运行情况良好。

表 7　检修后 ×× 电厂 4 号机运行摆度

有功功率 /MW	下导 X 向摆度 /mm	下导 Y 向摆度 /mm	上导 X 向摆度 /mm	上导 Y 向摆度 /mm
63.419	0.379	0.380	0.146	0. 136
63.412	0.369	0.369	0.144	0.137

第十二节　受油器故障分析处理

1　相关理论知识

1.1　受油器的作用

轴流转桨式水轮发电机组一般有受油器，受油器的主要作用是将调速器系统的压力油自固定油管引入转动着的操作油管内，在受油器内设有浮动瓦，浮动瓦能够在受油器体内微量移动，在动态运动下与内外操作油管产生密封效果，防止润滑油大量泄漏，将大部分润滑油传送至桨叶内部，通过向两个操作油管分别注入压力油，推动桨叶接力器动作，改变桨叶开度，从而使机组能够满足不同的负荷要求。

1.2　O 形密封圈原理

O 形密封圈在密封沟槽中，密封端盖挤压 O 形密封圈，密封圈发生弹性变形，产生一定的预压压缩力，从而克服介质油的压力作用。液体压力增大的情况下，O 形密封圈会被挤向沟槽的另一侧，使密封圈的变形量进一步增大，堵塞液体泄漏通道，起到密封作用。但是，如果液体压力超过可承受的压力，O 形密封圈将产生间隙挤入的现象，密封圈的部分橡胶进入沟槽间隙。压力油的交变作用下，被挤入的部分将产生间隙咬伤的现象，造成 O 形密封圈破损，从而使得密封失效，压力油产生泄漏。

2 ×× 电厂受油器介绍

×× 电厂受油器在机头位置，处于上导轴承上方，采用断面无压的浮动环密封，能方便地进行自动调整，使密封间隙均匀、安装方便、磨损小、密封性能好。×× 电厂受油器的结构分为固定部分和旋转部分，如图 1 所示，固定部分包括受油器体、上下浮动瓦和上下端盖，旋转部分包括内操作油管和外操作油管，在机组运行时进行上下往复运动和旋转运动。其中，上浮动瓦与内操作油管配合形成通路，下浮动瓦与外操作油管配合形成通路。浮动瓦一方面是对操作油管的运行起密封作用，防止高压油大量外泄，另一方面是对操作油管的开、关腔压力油进行隔离密封，防止两腔高压油与低压油互窜。浮动瓦的上、下端面开设矩形密封沟槽，受油器体与上、下端盖也设有三角形密封沟槽，从而在受油器体、浮动瓦、端盖三者之间形成密封腔，使压力油不会大量外泄，仅仅有少量压力油从浮动瓦和大轴之间的间隙外泄。

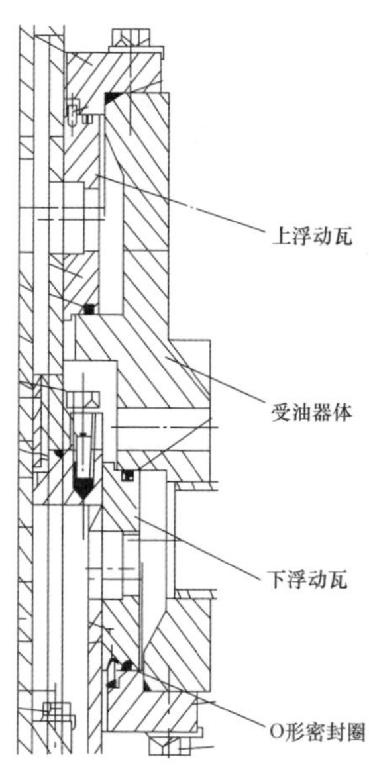

图 1　受油器结构

3 故障现象

22:21，主站报3号机组油压装置故障（3号机组并网运行，有功84MW、无功15Mvar），经观察发现：油压装置油泵启动间隔时间偏短（当时为1min左右，正常间隔应在1h以上），且3号机组负荷有抽动现象，运行人员通过主站多次调整导叶开限，未见明显改善，初步怀疑油压装置存在问题。

22:35，值长下到厂房调速器层检查3号机组油压装置，另一运行值班人员留守中控室观察监控信号，发现两台油泵同时启动仍无法保压。

22:41，汇报梯调当班人员避免3号机组进行负荷调整，并通知电厂ON-Call人员到场检查、处理。在此期间，值长分别手动启动两台油泵，油泵运行未见异常，但发现两台泵即使同时启动，油压仍继续下降，随即令另一名运行人员到现场配合检查。

22:52，ON-Call人员先后到达现场。

22:55，机组油罐油压低至3.4MPa（正常为3.6～4.0MPa），同时另一运行值班人员和ON-Call人员发现上盖板大量跑油，面积达上盖板的2/3，如图2所示。立刻通知值长，值长迅速从3号机组调速器层跑至发电机层。

22:59，为避免调速器大量跑油失压造成机组飞逸，以及大量跑油漏至转子和定子内部，从而造成设备重大损坏的严重事故，值长在3号机组单控室CP1盘按紧急停机按钮，并立即向梯调当班调度员汇报。

图 2　桨叶全开时受油器溢油情况

4　油冷却器故障分析处理

检修人员对受油器机头进行了解体检查，发现内操作油管浮动环上密封条破损跑出。随后，其对内、外操作油管浮动环及压盖密封进行了分解检查，检查结果表明，外操作油管（桨叶开腔）进油浮动环 2 道密封无破损，内操作油管（桨叶关腔）进油浮动环与端盖密封之间密封条破损跑出，其余 2 道密封正常，如图 3 所示。检修人员对受油器机头的部件进行了检查处理，并对所有机头部件的密封进行了更换，对滑环室碳刷、滑环等设备进行了油污清扫处理，对发电机进行耐压和绝缘试验，对上导油槽进行了清扫处理并重新注油，机组所有设备检查合格后，开机空转，经检查后发现受油器漏油正常，其他设备检查正常无异常，随后开机并网。

图 3　密封条损坏情况

4.1　×× 电厂 3 号机受油器最近检修情况

（1）2011 年，对受油器上、下浮动环及小轴进行了配合测量，配合间隙为 0.243 mm、0.32 mm，已经超标（配合间隙图纸要求为 0.15 ～ 0.20mm），更换新的上、下浮动环，并对上、下浮动环的密封条进行了更换，密封条直径为 Φ7.5mm。

（2）2012 年，由于滑环外表面需进行精加工处理，因此必须将受油器解体，此次检修对受油器的浮动环进行了检查，发现瓦面无磨痕，因此无须更换。对受油器各部密封进行了更换，密封条直径为 Φ7.5mm，经受油器建压试验，受油器及其操作油管路均无渗漏并验收合格。

4.2　经分解受油器检查情况

（1）对破损跑出的密封条结构和形状分析，密封条两端存在一定的破损，中间段为圆形，无破损，整个跑出的密封条中间有一道明显的挤压后形成的压缩线痕。

（2）对上、下浮动环的 4 道密封条进行检查，除上浮动环的上部密封条存在破损外，其余密封条正常。3F 机组上次检修时间为 2012 年 12 月，由于要对滑环室的滑环进行精加工处理，因此对受油器进行了分解，对上、下浮动环的密封进行了全部更换。

（3）在分解过程中，发现下浮动环的限位销断裂一半，因此在回装时对限位销进行了更换。

4.3 密封条损坏原因分析

经分解受油器检查发现，受油器泄漏的直接原因是上浮动环与端盖之间的O形密封圈被损坏。可导致密封圈损坏的主要原因如下：

（1）受油器操作油管摆度大。

3号机组运行中，上端轴摆度较大，浮动环在上端轴摆度影响下（浮动环与操作油管双边间隙为0.15～0.20mm），系统工作时O形密封圈受到径向和轴向压力，存在反复的径向位移和一定的周向摆动。受油器工作油压为3.4MPa，在压力脉动的作用下，密封圈在压力油的横向压力作用下不可避免地被挤入密封间隙，而浮动环的移动使得局部密封间隙产生变化，从而导致密封圈被间隙咬伤，最终使得密封圈损坏，失去密封效果。根据实际拆卸密封条损坏情况可以看出，密封圈是在挤入间隙后产生间隙咬伤而损坏的。

（2）浮动瓦密封槽口未倒圆。

间隙咬伤是O形密封圈在高压作用下被挤入间隙而被咬伤、剪切或撕裂的现象。按照图纸技术要求，浮动环各部尖角应修至圆角0.3～0.5mm，而实际检查中发现浮动环密封槽口尖角锋利无倒圆。机组运行中，锋利的槽口尖角将挤入间隙的密封件从而产生局部切割损坏；由于油压的作用，密封件发生扭曲、翻转，呈现剥皮效应，最终导致密封件分层、断裂，断裂处小段橡皮条从上压盖与上浮动环间冲出。

（3）密封圈安装工艺不到位。

由于受油器内操作油管浮动环上部密封条黏接周长偏短，使得密封条未处于密封槽内中间位置，偏向内圈，与浮动环密封槽内圈接触过紧。在安装浮动环端盖，压紧密封圈后，使密封圈与密封槽直角边出现压缩线痕。由于浮动环随着机组的运行会在限位销范围内轻微产生位移，因此带有线痕的密封条会受浮动环的位移影响而产生切削磨损，随着机组运行时间增长，密封条逐渐变细变薄而断裂，最终随压力油的推动跑出，导致浮动环与端盖之间失去密封效果，并使进入桨叶内操作油管的压力油大量溢出。

（4）密封圈尺寸选择不当。

受油器浮动瓦端部密封矩形沟槽结构如图 4 所示。矩形沟槽尺寸根据《液压气动用 O 形橡胶密封圈 沟槽尺寸》（GB/T 3452.3-2005）的规定，轴向密封中 O 形密封圈的压缩量为 15% ～ 21%。

$$w = \frac{d_2 - h}{d}$$

式中，w 为 O 形圈压缩率，15% ～ 21%；d_2 为 O 形圈截面直径；h 为浮动瓦的沟槽深度值。

经计算得出：$7.18 \leqslant d_2 \leqslant 7.72$。

根据《液压气动用 O 形橡胶密封圈 沟槽尺寸》（GB/T 3452.3-2005）的规定，矩形沟槽尺寸的体积比 O 形圈的体积大 15%：

$$V_1 \geqslant 1.15V$$

即

$$bhd_3 \geqslant 1.15\pi d_2^2/4$$

式中，V_1 为矩形沟槽的体积；V 为 O 形圈体积；b 为沟槽宽度；h 为沟槽高度；d_3 为 O 形圈公称直径；d_2 为 O 形圈截面直径。

因此，

$$d_2 \leqslant \sqrt{1.1bh}$$

经计算得出：$d_2 \leqslant 8.025$。

因此，综合上述两个约束条件，此处选择的 O 形圈密封直径应为 7.5mm。

通过计算分析，可以看出选择密封条直径为 7.5mm 没有问题。

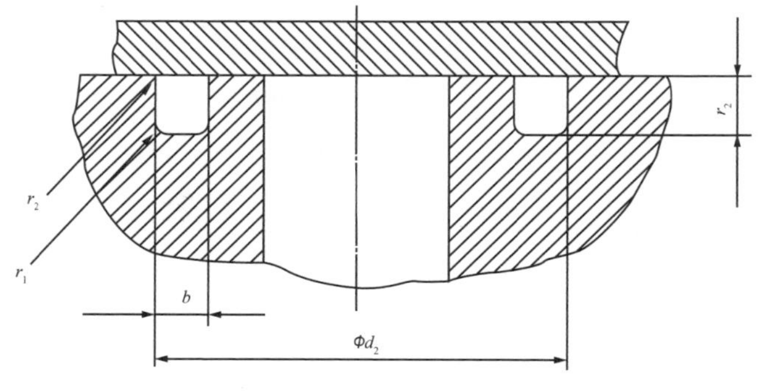

图 4 矩形沟槽尺寸示意图

（5）高压油焦耳热效应。

小轴在旋转过程中产生焦耳热效应，处于拉伸状态的 O 形圈遇热产生收缩，使得 O 形圈的拉伸率增大，在外部油压的作用下，更容易被挤入间隙。拆卸浮动环下端密封，发现密封圈产生永久变形，失去密封圈原有的弹性，说明在高温油作用下，O 形密封圈的性能受到较大影响。

5 经验总结与改进措施

5.1 经验总结

此次处理过程中对上、下浮动环 4 道密封进行了全部更换。同时发现下浮动环的限位销出现断裂，且端盖的销孔位置有变大趋势，这是上端轴摆度较大所导致的，应对此情况进行跟踪处理。对造成滑环室污染的主要通道即原有磁盘测速引线套管进行了封堵。鉴于这种情况的产生，应对 3 台机组的原有引线套管进行彻底拆解和隔离。密封条安装工艺是此次出现故障的重要原因之一，因此在安装浮动环密封条时，应注意密封条黏接工艺，密封条周长要适当。

5.2 改进措施

为了彻底解决密封圈存在的问题，×× 电厂机组对受油器密封圈进行了改进，改进后再未出现密封圈磨损的问题，改进措施如下：

（1）改进密封圈材质。

由于浮动瓦在动态运动中，间隙值处于动态变化中，一旦 O 形圈被挤入间隙就很容易被间隙咬伤。在 2015 年，×× 电厂机组受油器密封材料从丁腈橡胶更改为聚氨酯橡胶，相比而言，材料硬度得到大大提高（邵氏硬度 A70 增大到 A90），能有效防止间隙挤入现象的发生。

（2）使用成型密封圈。

考虑到手工制作 O 形密封圈时，因为制作人员的能力不同，因此很难较好地使 O 形密封圈的长度刚好达到要求，所以在更换材料的同时，请专业厂家制作了成型 O 形密封圈，这样大大减小了人为因素带来的安全风险。

第十三节　油冷却器故障分析处理

1　油冷却系统的作用

机组大轴转动过程中，轴领将与推力瓦、导瓦产生摩擦，这种摩擦损耗将产生大量的热量，使推力瓦和导瓦温度升高，轴承内的润滑油被加热，并在冷却器与轴承之间流动，从而进行热交换，冷却器需要设计合适的进水量，保障冷却水能够带走轴瓦磨损产生的热量，维持油温和瓦温稳定。在这个过程中，油冷却系统的主要作用就是进行热交换。

油冷却系统主要由油冷却器、冷却管路、阀门、附件等组成。冷却水从技术供水经滤水器过滤后，从冷却管路进入冷却器，在冷却器中流经冷却管，通过水箱形成回路，再从冷却管路排出，在流动过程中冷却水因吸收热量而使得温度升高，这样就可以将热量带走。

2　×× 电厂下导冷却器介绍

×× 电厂下导油槽为内循环冷却方式，将油冷却器布置在油槽底部。机组运行中，下导轴领高速旋转，由于润滑油的黏滞作用，可以带动油流经冷却器带走热量。下导冷却器为扇形瓣式油冷却器，主要由冷却管、承管板、水箱盖、挡油板、连接管、密封垫等组成，如图 1 所示。

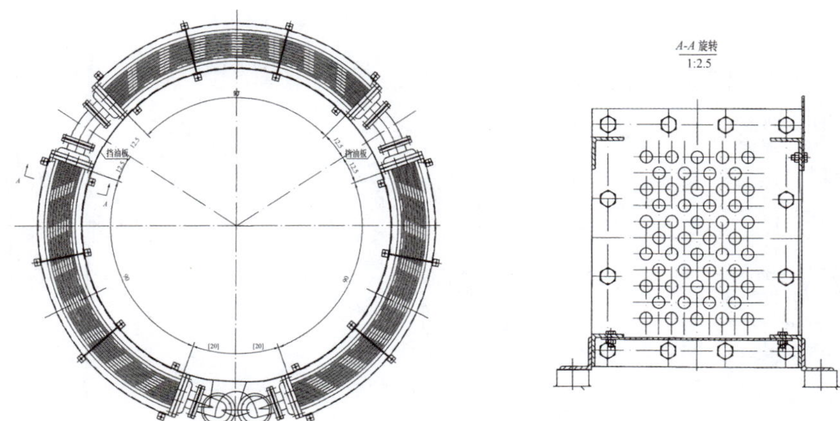

图 1　×× 电厂下导油冷却器结构

×× 电厂下导冷却器由 3 瓣组成，串联方式联接，每两个冷却器制件通过不锈钢法兰连接，法兰之间通过耐油胶板密封，冷却器依靠螺栓固定在油槽底部，冷却管排列方式为交错排列。×× 电厂下导冷却器相关技术参数见表 1。冷却水为单向流动，从进水管进入冷却器，流经冷却铜管，从出水管流出，完成循环。下导冷却器布置在下导油槽内部，相比较外循环而言，这样更节约空间，无须外加油泵和管道。内循环冷却方式，油流速度和方向较复杂，造成冷、热油分布无明显界限，参加润滑冷却的油不是纯冷油，而是冷油和部分热油混合后的油，这也是内循环的特点。

表 1　×× 电厂下导冷却器技术参数

技术参数	换热功率 /kW	水量 /（m^2/h）	水压 / MPa	冷却管尺寸	冷却管有效管长	冷却管材质	连接管材质
参数值	100	70	0.2 ～ 0.5	Φ19×1	＞ 300m	紫铜管 T_2	不锈钢

3 故障现象

3 号机组检修开机前发现下导油槽进水，经对下导冷却器管路进行耐压试验发现，3 瓣下导冷却器管路其中一瓣的一根管路有漏点，因此对有漏点的管路进行焊接封堵处理。第二次测压试验再次发现 1 根管路破裂，后对全部下导冷却器进行更换。对下导冷却器的冷却管道进行测量时发现，下导冷却管道壁厚抽查的 4 根铜管中 3 根管壁偏薄，见表 2。

表 2　3 号机下导冷却器管道抽查测量表

测量内容	测量位置			
	抽查 1	抽查 2	抽查 3	抽查 4
管路外径 /mm	19.10	19.13	19.10	19.08
管路壁厚 /mm	0.88	1.02	0.85	0.68

2016 年，4 号机自动监控系统显示下导油槽油混水报警，同时下导油位高报警，经现场检查，发现下导油位还在缓慢上升，随即联系网调申请停机临检。随后检修人员立即抢修，将下导油槽内的油排空后，断开各冷却管、油管，将拆卸下导托油盘固定螺栓，使下导托油盘整体下落，然后对冷却器进行 0.4MPa 整体耐压实验，发现铜管漏水，并发现冷却器端盖法兰与连接水管法兰有裂纹，如图 2 所示。

图 2　连接水管法兰与端盖处法兰有裂纹

2018 年 2 号机发生下导冷却器漏水，停机后从油槽取油样化验，发现透平油存在乳化现象，并含有大量水分。经耐压试压发现同一个冷却器有两处漏点：一处在铜管上；另一处在铜管与承管板胀管处。将存在漏点的冷却器拆卸，发现冷却器密封存在老化现象。两个月后，2 号机再次发生下导冷却器漏水问题，经检查发现漏水的冷却器为上次没有更换的两个冷却器中的一个，经耐压试验发现漏点在铜管处。为了进一步分析泄漏原因，在冷却器上截取了一段进行研究分析，最终发现铜管内壁上有大小不同的坑点，且伴随有绿色腐蚀物。

4 故障分析处理

经过多次冷却器漏水事件，可以分析出冷却器漏水的主要原因有如下几方面：

（1）铜管质量问题。

冷却器设计要求材质为紫铜管，通过测量冷却器铜管管壁发现，铜管管壁均偏薄，不能达到图纸要求的 1mm，同时铜管壁厚度不均匀，且厂家未提供合格证，属于生产质量问题，从 2 号机的接连漏水事件也验证了这一点，因此最后对 3 个冷却器采取全部更换的处理方式。

（2）不锈钢法兰质量问题。

不锈钢法兰经焊接后存在焊接应力，经冷热交替作用后出现应力释放，从而产生裂纹，这也是刚开始没有裂纹，经运行几年后出现裂纹的原因。

（3）应力问题。

1）胀管应力。冷却铜管与承管板的连接方式为胀管式，铜管在胀管器的压力作用下产生塑性变形，与承管板衔接的位置被挤压变薄，铜管产生轴向流动，同时与承管板紧密接触。由于这种塑性变形，铜管的残余应力并未消除，当铜管受到外力作用时，这种应力就可能释放出来，导致铜管产生裂纹。

2）热应力。一般机组冷却水取水温度较低，而热机组油槽温度较高，较大的温度梯度下会产生较大的热应力，且应力发生周期性的变化，在连接处的局部范围造成应力集中，从而产生管路的疲劳破坏问题。

（4）水锤压力。

技术供水冷却水源为蜗壳取水，为了达到要求的供水压力，在技术供水设有水泵，水泵前后的阀门长期处于开启状态。水泵开启时，水流在水泵作用下快速流动，压力突然增大，水流将对铜管产生撞击作用；水泵停止时，水流突然减速，产生的水锤将反向作用于铜管，对铜管产生撞击作用。

（5）化学腐蚀。

铜管上大小不均的坑点是化学点蚀的结果，有研究表明，在水化学环境中，对铜腐蚀产生主要影响的因素为 SO_4^{2-}、Cl^-、pH 值、游离 O 含量和 CO_2 含量等。当 $[SO_4^{2-}]$ ∶ $[Cl^-]>2$ 时，点蚀的风险较大；水中游离 O 是产生氧浓差极化的主要因素，可加速点蚀坑的生长；pH 值在 6.8 ～ 7.5 范围内时，点蚀发生的风险较大。

（6）密封材质问题。

从拆卸下来的密封垫来看，密封垫大多已经老化变硬，失去原有弹性，螺栓一旦出现松动就会导致密封失效从而漏水。按照丁腈橡胶的使用寿命来看，一般使用优质丁腈橡胶密封垫可保证 10 ～ 12 年的密封效果，但目前使用的密封垫在使用 3 ～ 5 年便出现了老化现象。

5　经验总结与改进措施

5.1　经验总结

在机组出现漏水后，应及时抢修，如果采取临时处理方式，则可以采用封堵漏点铜管的办法，即将带有一定锥度的铜堵头打入铜管胀口处，将泄漏铜管堵死，一般封堵铜管数量不超过铜管总数量的

10%。如果泄漏点较多，则说明铜管老化损坏严重，应及时更换备品。同时将冷却器承管板密封垫和连接管路密封垫全部更换。将4号机所有不锈钢法兰全部更换，同时检查3号机是否存在同样的问题。

5.2 改进措施

（1）增加铜管壁厚。

在后续的备品购买合同中，明确要求厂家生产的冷却器铜管壁厚为2mm，材质为紫铜管，其他参数应根据设计参数进行适当调整。同时，冷却器的铜管、水箱盖、承管板各个部件都需要进行生产质量监督，确保所购买产品的质量。

（2）改进密封结构。

目前所有冷却器密封都是使用丁腈橡胶制作的平面密封垫，平面密封在长时间的高温油作用下会逐渐老化，尤其是密封垫质量不佳的情况下，老化更为明显。可以改为耐油O形密封圈，在法兰一端开槽，确保密封效果。

（3）消除水锤。

可以在管路上加装水锤消除器，通过水锤消除器内部的气腔来容纳冲击波的作用，当水流冲击波进入水锤消除器时，冲击波直接作用于活塞上，活塞在气腔内压力气体和不规则冲击波的作用下，做上下振摆运动，从而消除了水流冲击波的震荡效应。

（4）明确密封垫更换周期。

根据××电厂冷却器密封的实际使用情况，规定优质丁腈橡胶密封垫的更换周期为8年，机组原密封垫的更换周期为5年。

第十四节　制动系统故障分析处理

1　制动系统作用及工作原理

制动系统作为水轮发电机的重要部件之一，主要有三方面的作用：

（1）制动作用。

机组在停机过程中，随着能量的消耗转速逐渐降低，在转速降低的情况下，轴承的油润滑条件恶化，轴瓦油膜被破坏，有半干摩擦或干摩擦的危险，甚至造成烧瓦，此时需要投入机械制动，尽快使机组停下来，以缩短机组低转速运行时间。有的机组停机备用时，会出现导叶漏水量大造成机组蠕动现象，通常也投入制动，防止机组蠕动。

（2）支撑转动部件。

在机组安装或检修期间，需要使用高压油泵通过制动器将转子顶起并锁定，将机组整个转动部件的重量支撑起来，通过制动器缸体进而传递到机架。

（3）建立油膜。

在机组停机时间较长的情况下，开机前应使用高压油泵通过制动器将转子顶起，使推力瓦与镜板之间建立油膜。

在机组需要制动时，低压气强迫打入制动器的制动腔，在气压作用下制动闸板顶起，制动闸板与转子制动环摩擦，此时制动器承受较大的剪切力。在机组需要复归时，在活塞自身重力、弹簧回复力的作用下回落。在机组检修期需顶起转子时，通过高压油泵将压力油打入制动器，将整个转动部件顶升一定距离，然后将制动器锁定，此时转动部件的重量全部由所有制动器支撑，顶起压力可按下式计算：

$$P=\frac{F}{nS}=\frac{4F}{n\pi D^2}$$

式中，F 为整个转动部件重量；n 为制动器数量；D 为制动器下活塞截面面积。

2　×× 电厂制动系统介绍

×× 电厂的制动方式为机械制动与电气制动联合使用，当机组从电网解列，发电机灭磁后，当转速下降到 60% 额定转速时投入电气制动，此时发电机励磁变压器断开，由制动变压器接入开关闭合，制动变压器的电源为直流电，经整流器整流后变为交流电，然后再励磁通入发电机。再将发电机转子出口短路，转子内将产生一个反向力矩，让机组转速下降。机组转速降低至 10% 额定转速时，投入机械制动，制动闸板与转子制动环摩擦，至机组转速降为零。×× 电厂制动器是单活塞油气合一弹簧复归式制动器，主要由活塞、缸体、底座、闸板、弹簧、限位螺母、密封圈等组成，如图 1 所示。

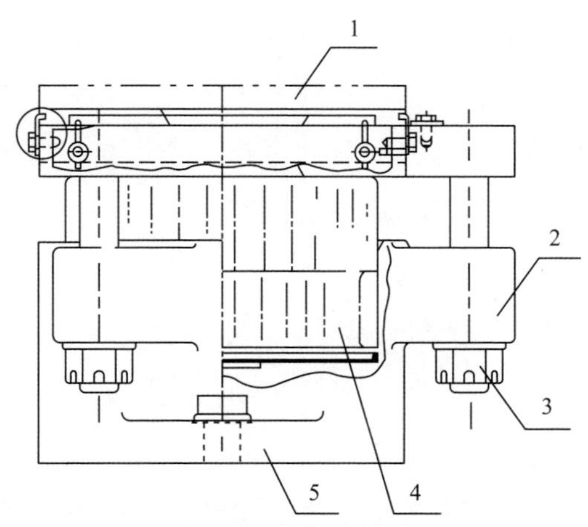

图 1　单活塞弹簧复归制动器
1— 闸板；2— 弹簧；3— 限位螺母；4— 活塞；5— 底座

3 故障现象

×× 电厂制动系统自投运以来，出现问题较多，几乎每次大修都需要对制动器进行检修处理，经常发生的故障现象主要有以下几种：

（1）制动器卡阻。机组制动或复归时，部分制动器闸板起落缓慢。制动器将在某一位置卡住，无论是投入制动气还是复归气，制动器都没有任何动作，需要使用其他工具，借助外力使制动器闸板动作。

（2）制动器漏油、漏气。在投入制动气压或复归气压时，在制动器附近会听到"滋滋"的声音，使用泡沫进行渗漏检测，会出现气泡。在顶转子过程中或顶完转子后，会发现制动器底座有油污残留。

（3）其他问题。因 ×× 电厂制动器未设计锁定螺母，因此在风闸顶起后，会在每个风闸闸板座与缸体之间插入两块楔形板，这样做的风险极大。在顶转子过程中，需要安排专人使用钢板尺测量顶起高度。油气合一导致顶转子油需要反骨吹扫，一旦有制动器漏气，就会产生大量油雾，造成厂房污染。

4 制动系统故障分析处理

制动系统出现故障后，应在现场进行一系列的检查，对制动器是否漏油漏气、制动器动作情况行程开关是否正常等进行逐一确认，应通过重复投入制动气压和复归气压进行试验。综合判断初步的故障原因，再通过解体检查进一步确认故障原因。

制动或复归动作时，如果只是部分制动器动作缓慢，而不是整体动作缓慢，则仅须对单个制动器进行仔细检查。如果伴随有漏气声音，就应该是制动器出现了问题，可将制动器从机架上拆除，然后对制动器进行解体检查。一般而言，出现卡阻、漏气、漏油现象都是由密封圈失效引起的，密封圈大多是采用丁腈橡胶制作的 O 形密封圈，在单活塞结构制动器中，因为活塞将承受制动产生的剪切力，所以会频繁挤压密封圈，这样容易造成密封圈破损。

因进入制动器的低压气存在水分和杂质，容易存积在缸体内壁及底部，无法排出，因此容易造成缸体内壁锈蚀，光洁度破坏，粗糙度增加，缸体内壁坑洼深浅程度不同，活塞周向摩擦力不同，活塞容易出现一定倾斜，产生运动中的轻微卡阻。在低压气和高压油的反复作用下，缸体壁出现轻微卡阻的部位将进一步加剧磨损，同时对密封圈造成挤压损伤，进而产生漏油、漏气。当磨损加剧，活塞倾斜度进一步增加，密封圈甚至出现断裂，制动器完全卡死，密封圈失去密封效果。制动系统中，所有制动器是管路串在一起的，因此这种对制动器的损伤很容易传递给其他制动器，在气体的流动中，杂质和毛刺将通过管路移动到其他制动器上，对缸体壁和密封圈产生损伤，进而对整个制动系统产生影响。

除了制动器活塞 O 形密封容易出现密封损坏外，有的制动器底座也装有 O 形密封圈，密封圈出现老化或者破损，将会导致顶转子时制动器漏油。

发现密封圈有轻微的损伤时就应及时更换，同时检查活塞与缸体的磨损度，对有毛刺及摩擦痕迹的地方进行打磨处理，对凸出表面的缺陷用锉刀或油石磨平，如果进行修复处理后仍不能满足要求，则应对缸体活塞进行整体更换。在回装活塞时， 在缸内壁及活塞外圆涂钼超等润滑油， 确保密封圈不易老化破损，也能减小活塞装入的阻力。

三活塞结构制动器设有导向活塞，其作用是将传递制动时产生的剪切力传递至缸体内壁，同时在活塞起落过程中起导向作用，避免了活塞受力。

经考察，×× 电厂决定进行 4 台机组制动系统改造，如图 2 所示。新制动系统由天津发电技术设备有限公司生产，制动器型号为 ZL300-QPD-F。新的制动风闸为油气分离式三腔制动器，高压油顶起腔用于顶转子，制动腔用于机组制动，复归腔用于制动器复归，各腔之间相互分离。新风闸综合运用了上述一些技术经验，具有较好的创新性。

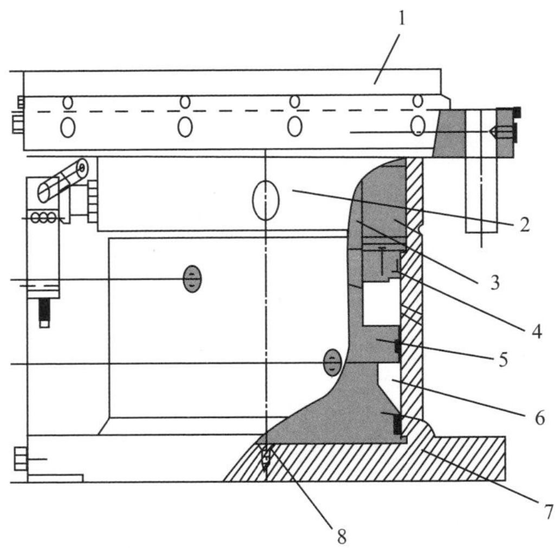

1— 闸板；2— 锁定螺母；3— 上活塞；4— 限位块；5— 中活塞；
6— 制动腔；7— 底座；8— 下活塞

图 2　三活塞气复归制动器

×× 电厂制动系统还有一套完整的控制装置，主要由多个电磁阀、压力表、控制阀组和电气控制部分等组成。所有阀门均采用板式集成连接，操作简便，大大简化了操作流程，如图 3 所示。

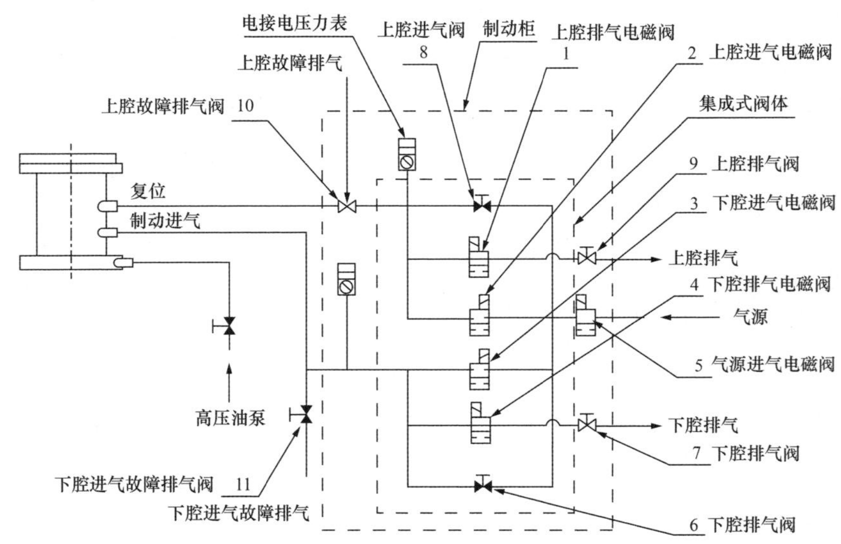

图 3　制动控制系统图

5　经验总结及改进措施

随着技术的不断进步，制动系统也越来越科学合理，通过多年的实践，可以分享如下经验：

（1）采用双活塞或三活塞油气分离结构。

在《水轮发电机用制动器　第1部分：水轮发电机用立式制动器》（JB/T 3334.1-2013）中规定“为了避免油气混合容易污染工作环境，本部分规定采用油气分离式制动器”。因为油气合一结构制动器必然使气体中带有油污，其在排气时会被排入厂房，从而对整个厂房造成环境污染。

油气分离结构是基本而不是彻底解决污染问题，如果油密封破损漏油至气压腔，还会污染环境，所以应该在气管路加装除油器。为了减少制动低压气中的水分含量，应在下进气口增加水气分离装置，保证进气的干燥性。

（2）采用气压复归结构。

当活塞密封与气缸内壁之间的摩擦阻力大于复归力时，活塞造成的卡阻将不能复归，需要借助外力复归。加大复位力是解决活塞卡阻的有效方法之一，气压复位腔是在气活塞和气缸衬套之间留出的空腔，气压复位力一般设计成大于采用弹簧复位力的4倍，活塞将不会再卡阻。

（3）活塞增加聚四氟乙烯导向带。

在很多气缸结构设计中采用活塞增加聚四氟乙烯导向带的方法，其原理是活塞和气缸内壁金属部分不接触，确保气缸内壁不被刮伤拉毛，可以延长橡胶的密封使用寿命。聚四氟乙烯和金属之间的摩擦系数非常小，活塞导向带滑动时，聚四氟乙烯还会在气缸内壁上留下薄膜，这也有利于减小摩擦系数。

（4）闸板与活塞连接采用偏心结构。

制动闸板与活塞采用活动连接，其支点在活塞顶端，在连接处改造为球面，相当于万向节，使闸板自由活动，从面支撑改进为点支撑。

同时在连接处增加碟簧结构，进一步增加活塞复归力。但是制动时产生前倾力矩会使制动闸板表面摩擦受力不均，磨损程度不同，如果将支点前移一点距离，形成偏心结构，使产生的后倾力矩等于前倾力矩，制动块表面摩擦力就会均匀。

（5）采用红外测距技术。

目前红外测距技术应用较为广泛，比如激光测距仪能够达到较高精度，其利用红外线在传播时不扩散的特点，通过计算红外线反射回来的时间来反映两者之间的距离。将此种技术运用到制动闸板位置测量，利用其特性设计制造红外光控位置检测开关，专用于制动闸板检测。

第十五节　水导瓦磨损故障分析处理

1　×× 电厂水导轴承介绍

×× 电厂水轮机转轮为全不锈钢，5 片桨叶，其材质为 ZG0Cr13Ni4Mo（A743）。水轮机导轴承采用的是稀油自动循环润滑的分块瓦结构，共 10 块乌金瓦，其材质为 ZG20siMn，采用楔子板调整式结构。主轴密封采用 5 层水压聚四氟乙稀盘根式密封。导轴承结构如图 1 所示，水导瓦与楔子板之间由螺栓固定，可以通过调节楔子板的高度来改变水导瓦的间隙，斜楔的斜度为 1：20，水导瓦背面以同样的斜度加工水导轴承设计单边间隙为 0.15 ～ 0.25mm，水导瓦承受的径向力通过楔子板传递到水导瓦架。

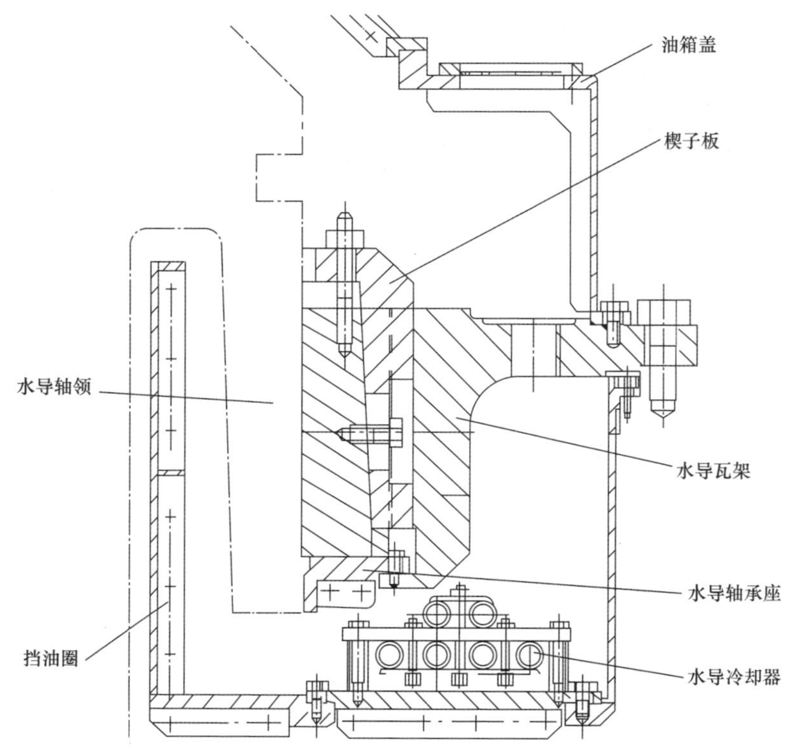

图 1　×× 电厂水导轴承结构

2　设备运行状态

4 月 16 日 02:59，220kV I 母、II 母、III母合环运行，系统侧电压、频率正常。6kV 6011 开关带 1LM、2LM 联络运行，612 开关带 3LM 运行，6051 开关带 4LM、5LM 联络运行，各段母线电压正常，BZT 正常加用；自备电站 2 台小机组全停检修。400V 厂用电系统各段母线分段运行，电压正常，BZT 正常加用。

3　故障现象

4 月 14 日 7:05，2 号机（机组 B 修后第五次开机并网发电），机组连续运行至 4 月 16 日 02:58 分约 44h。

4 月 16 日 02:58:28，主站报“2 号机组水导轴承瓦温高报警”（报警温度值整定为 65℃，报警信号来自膨胀型温度计）；02:59:01，主站报：“2 号机组水导轴承瓦温过高动作”（温度过高停机接点整定值为 70℃，温度过高信号来自膨胀型温度计），膨胀型温度计温度过高接点启动机组水机后备保护动作：2 号机组紧急停机电磁阀 1DP 动作、02:59:01 跳高 02 开关甩 81MW 负荷、2 号机组 MARK3 保护动作，02:59:10，机组转速达峰值 139%Ne。03:20 左右，电厂现地检查 2 号机 1#、2# 水导瓦温膨胀型温度计，1# 显示 84℃、2# 显示 81℃，水导油温为 40℃、39℃，水导油位 416mm。

4 月 16 日 13:00 左右，经对 2 号机组水导油槽开盖检查，发现 10 块水导瓦（水导共计 10 块瓦）与轴颈接触的上端部 1/3 处，有局部磨损，水导瓦钨金层磨损厚度为 0.2 ～ 0.4mm。检查其余部件，未发现磨损。

4　故障分析处理

此次停机直接来源于水导瓦上安装的膨胀型温度计报警，在温度计确认没有问题的情况下，温度计报警意味着水导瓦瓦温过高，且在此次开机前有过四次开停机，这四次运行过程中水导瓦瓦温并未出现异常，表明此次水导瓦瓦温高为瓦温突变，于是对瓦温突变的可能原因进行分析：

（1）膨胀型温度计异常。

经查试验报告，在检修中对膨胀型温度计进行了校验，发现温度计存在一定偏差，因无备品更换，因此对其进行调整后再次校验，达到合格要求，而且两个膨胀型温度计同时报错的概率极低，可以排除。

水导瓦温监测，除了 2 个膨胀型温度计外，还有 10 个 RTD 温度计，每块水导瓦上安装 1 个。在主站报“2 号机组水导轴承瓦温高报警”和“2 号机组水导轴承瓦温过高动作”时，为膨胀型温度计所报，但是 RTD 温度计却没有任何动作。进一步检查发现，10 个水导瓦 RTD 温度计安装深度为 220mm，膨胀型温度计安装深度为 120mm，而本次水导瓦磨损部位为水导瓦上部，水导瓦瓦温上升速率较快，从报警到动作仅 33s，由于金属热传导相对慢，在事故停机时，膨胀型温度计动作报警和停机，而 RTD 温度计还未达到报警温度，因此并未有任何动作。

（2）瓦间隙变小。

停机后检查，对水导瓦楔子板肩高进行了复测，经对比发现与修前数据未见变化，对楔子板紧固螺栓进行检查未见松动；对水导油位、水导冷却器及进、排水管路进行了全面检查，未发现异常。在对称两个方向推水导轴领，双边总间隙为 0.36mm，证明水导瓦间隙并未增大。对主轴密封、空气围带进行了解体检查，未发现异常情况。

（3）水力不平衡。

对主轴密封、空气围带进行了解体检查，未发现异常情况。对转轮室检查时，在转轮叶片和转轮室发现有轻微撞击痕迹，但是无法确定此痕迹是否为异物撞击所致。根据机组在线监测情况，机组振动并未出现异常变大情况，水力不平衡不是主要因素。

（4）机组轴线变化。

对 2 号机上导轴承进行检查，上导瓦楔子板、固定螺栓无松动，上导瓦架焊缝无开裂。根据振摆监测装置显示，上导摆度在运行期间未出现变化，整个机组的轴系应该没有变化。

从以上几点分析，均未找到水导瓦瓦温突变的原因，经对 2 号机的历史检修情况进行分析，发现问题所在。2 号机组自机组安装投运以来，一直存在机组水平超差的安装遗留问题，机组推力和上导运行摆度不断增大。为防止机组运行工况进一步恶化，对 2 号机组进行了 B 修，工期 30 天，主要是尝试性解决机组安装历史遗留问题。

机组B修期间，进行了推轴调整机组水平工作，机组轴系旋转姿态有所改变，造成水导瓦B修后受力较B修前增大，大轴与水导瓦表面钨金层有轻度碰擦，随着机组运行时间增长，碰擦产生的钨金层随机组顺时针方向旋转，逐渐挤压堆积至瓦面出油边（备注：RTD温度计与膨胀性温度计安装于水导瓦出油边处）。瓦面与主轴接触间隙逐渐变小，水导瓦温逐步上升，最终导致水导瓦膨胀性温度计温度高接点动作水机后备保护，机组甩负荷停机。在机组甩负荷过程中，转速、摆度、振动异常增大，致使水导瓦磨损。

4月16日，×× 电厂申请了机组临检，“2号机组水导瓦抽瓦，刮瓦，水导瓦与主轴间隙调整处理”开工，将2号机组的水导瓦单边间隙0.20mm调整到0.25mm，对水导瓦磨损面进行了重新研磨、挑花处理。开机后，对瓦温偏高的6号瓦放大0.01mm间隙，7号瓦采取了分别放大0.01mm间隙、0.02mm间隙的处理方式。

5　经验总结与改进措施

在水轮发电机机组轴线调整过程中，应注意几个问题：

（1）机组水平调整与机组中心调整应兼顾考虑，在保障机组中心处于合格范围内，将机组水平调整至最优状态，应优先考虑机组中心。

（2）机组轴线调整过程中，应确保盘车数据的有效性和准确性，为瓦间隙调整提供可靠的依据。

（3）在机组水平、中心调整后，应在考虑导瓦设计间隙的基础上，对导瓦调整间隙进行适当的调整，以消除水平和中心调整对导瓦的影响。

（4）在对机组水平、中心、轴线和轴承间隙、受力等关键运行参数进行调整后，应将设备相关运行数据（如瓦温、摆度、振动等）列入重点关注对象进行跟踪，应及时进行相应的趋势分析和技术分析。

（5）对于只有上导和水导的半伞式机组，可以考虑在机组推力轴承处增加一部假轴承，使之能够在机组盘车中判断轴线偏折情况。

（6）在校验温度计时，温度计精度校验测试点应不少于 5 个，对于发现的有缺陷的温度计，应尽量更换，不具备更换条件时应禁用并退出运行。

第十六节　大轴补气装置故障分析处理

1　补气装置作用

水轮机在非最优工况运行，如混流式水轮机在低水头、小负荷工况下运行时，由于出口水流非法向流动，因此容易形成涡带，涡带剧烈扰动，将引起空蚀。高水头机组为减小水流对水轮机的空蚀破环，采取降低尾水管压力脉动的措施，通常在顶盖、基础环、底环等处设置补气装置，以破坏尾水管真空。

2　×× 电厂大轴补气装置介绍

×× 电厂采用了大轴中心孔自然补气装置，补气阀设在发电机顶部，能自动开启和关闭。当机组处于非最优工况运行而在尾水管产生真空时，补气阀在大气压的作用下，克服弹性力开启，给转轮下方真空区进行自然补气，以保证机组的稳定运行。补气阀下方设有浮筒，当紧急停机或有反水现象时，浮筒产生的浮力及弹簧弹性力的合力可以保证补气阀阀盘紧闭，不会漏水。

大轴补气阀主要由阀芯杆、压缩弹簧、缓冲油缸、浮筒等组成，如图 1 所示。阀芯杆起到上下连接作用，可以上下移动，其最大行程为 120mm。缓冲油缸用液压油作为缓冲介质，在缓冲活塞回路中有节流孔，起到缓冲作用。补气动作时，活塞下移挤压液压油，液压油从下腔经节流孔到上腔；补气结束后，活塞在弹簧回复力作用下上移，液压油对活塞有阻力，使阀体缓慢关闭，以减小阀芯杆在复位时浮筒与阀芯底座的撞击力。在缓冲油缸上下端均有密封装置，防止缓冲油缸漏油；在浮筒上沿也有密封装置，防止大轴补气管反水发生时出现漏水现象。

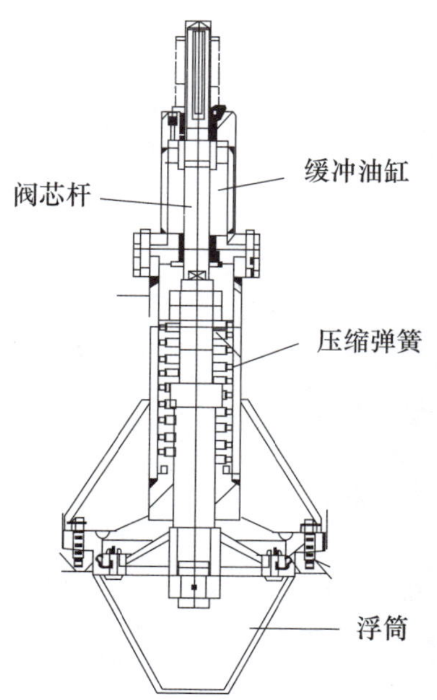

图 1　大轴补气装置结构及实物图

3　故障现象

在运行期间，×× 电厂机组的大轴补气装置都发出过金属撞击声，尤其是负荷在 350 ～ 380MV 区间，大轴补气产生动作时金属撞击声最频繁。在每次检修期间都会对大轴补气装置进行解体检查，检修时发现缓冲腔内的油已经漏光，更换补气阀内部磨损或老化的密封圈并重新注入压力油，更换密封并重新加油后间隔2周左右撞击声又重新出现。油缓冲效果缺失后大轴补气阀阀盘撞击力量偏大，易导致阀体固定螺栓松动、固定法兰开裂等情况发生，将严重影响机组的安全稳定运行。

在日常维护和检修时，有两种处理办法：一是漏油现象不严重时，打开补气阀盖，拆开轴承支撑，从缓冲螺栓孔中注入液压油；二是漏油现象严重时，需要吊出整个补气阀，对补气阀进行解体检查，更换磨损或老化的密封条并重新加油。需要注意的是，两种措施都无法彻底解决漏油问题。

4 故障分析处理

撞击声是因补气阀下端浮筒与补气阀座撞击而产生，缓冲腔设置的目的就是消除这种撞击，当因缓冲腔内油泄漏而无法起到缓冲作用时，应重点分析缓冲腔漏油的原因：

（1）缓冲油受压导致密封不严。

补气阀活塞上下移动时，缓冲油缸内的液压油作为缓冲介质起到缓冲作用，但会对液压油产生一定的挤压作用。虽然在缓冲油缸上下端都有方形橡胶条作为密封装置，但在压力作用下，方形橡胶条容易失去密封效果，导致液压油从橡胶条漏出。所以，该补气阀使用一段时间后就会由于缓冲油泄漏而造成补气阀失去缓冲功能，从而在补气阀动作时产生较大的噪声。

（2）阀芯杆摩擦导致方形橡胶条磨损。

阀芯杆在上下移动的时候，阀芯杆与方形橡胶条做相对运动，进而摩擦方形橡胶条，长时间动摩擦导致橡胶条磨损，进而导致出现漏油现象，缓冲油缸失去原有作用。

（3）密封老化变硬。

在整个缓冲密封装置中，上密封盖和下密封盖各有一个 8×8 的方形密封，在阀芯杆与衬套间有O形密封圈1，在缓冲腔底座有O形密封圈2，如图2所示。检修时发现，拆卸下来的缓冲腔上下端8×8方形密封有老化变硬的现象，并因此失去密封效果，导致油从下端轴承套泄漏。

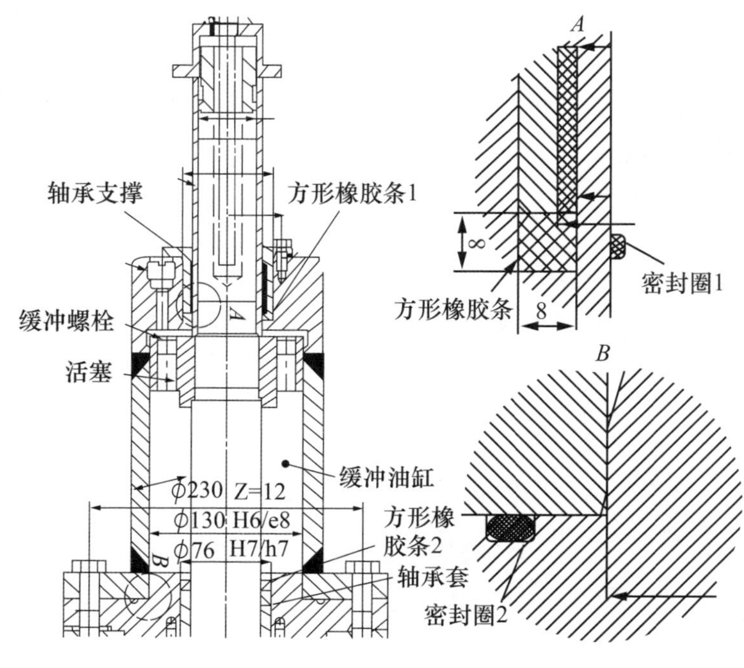

图2 大轴补气密封图

（4）阀芯杆变形与磨损。

检修中发现阀芯杆整体存在弯曲现象，有一定变形，且与方形密封接触的表面粗糙，有磨损的痕迹，密封面不光滑也是导致漏油的原因之一。

5 经验总结及改进措施

针对漏油问题，设计了三种改进方案：

（1）改造密封。将受损的阀芯杆、轴套全部更换，将方形密封换成V形或Y形密封。

（2）改进补气方式。将大轴补气方式改为自然补气，取消大轴补气装置，使补气管与大气直接连通。

（3）对大轴补气阀进行换型处理。将油缓冲式大轴补气阀换型为气缓冲式大轴补气阀。现有补气阀缓冲装置主要用液压油作为介质，对密封装置的要求较高，同时密封容易出现老化和磨损，如果将缓冲介质替换为空气，并用专用阀门控制空气的进出，则可以通过压缩空气起到缓冲作用，则可以彻底解决补气阀漏油的问题。

经调研，自2007年至目前，三峡电厂XBF系列补气阀在三峡电厂运行效果良好。通过分析发现，第三种方案可以彻底解决漏油以及撞击问题，因此在2017年冬季检修期间将4号机组大轴补气阀更换为XBF-400型气缓冲式补气阀，如图3所示，现已运行半年，穿越运行振动区大轴补气阀动作时未出现撞击现象，运行效果良好。

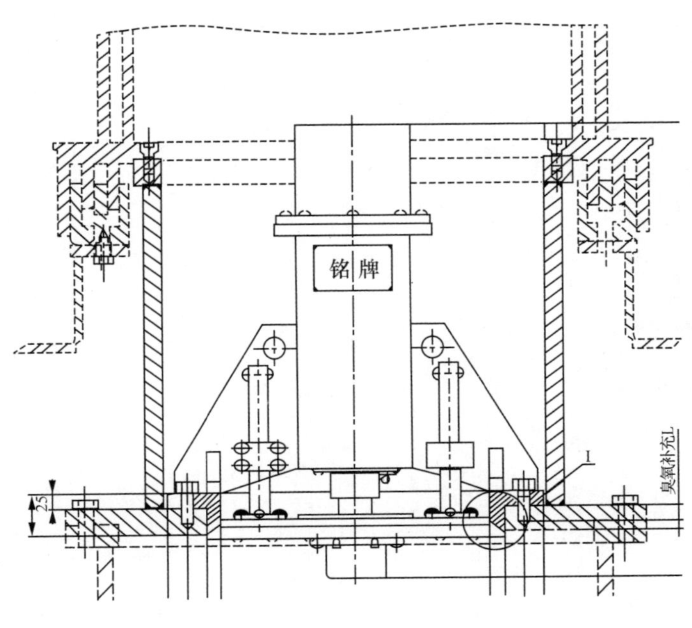

图3　补气阀改造换型

XBF-400 型气缓冲式补气阀最大行程为 120mm，补气阀公称直径为 Φ410mm，开启真空度为 0.005MPa，最大开启真空度为 0.016 MPa。其有以下优点：采用气缓冲，不需要对介质进行补充；由于空气压缩的特性，其具有阀位速回、到位后缓慢关闭的动作特点；浮筒的半球形设计可以减小水流对阀体的冲击力，而且受力强度更好；阀体活塞与阀杆采取类似于万向节的连接方式，阀芯同心度可自动调节至最佳状态；阀体有定位销杆，可以防止运行中出现阀芯转动问题。

第十七节　导叶端面密封故障分析处理

1　导叶端面密封作用

导水机构通过调速器的自动控制，在接力器的推拉作用下调节导叶开度，改变进入水轮机的流量，保证水流进入转轮前具有必要的环流，在停机时导叶能够具有一定的密封作用，保证水流不泄漏。水轮发电机组在停机状态下，水轮机导叶处于关闭状态，由于顶盖、导叶、底环的各部尺寸公差不同，因此容易出现泄漏现象。当漏水量达到一定程度时，水流冲击转轮，机组转动部件会发生缓慢的旋转运动，即蠕动现象。机组低速蠕动时，各部轴承瓦处于干摩擦状态，容易导致轴瓦瓦面磨损问题。如果在机组停机情况下，也可能导致停机时间变长，从而降低机组的技术经济指标。

导叶端面间隙漏水量计算公式：

$$Q=k\pi AD\sqrt{2gH}$$

式中，k 为漏水系数；A 为端面总间隙；D 为导叶分布圆直径；H 为最大静水头。

端面总间隙与顶盖、底环、导叶和座环的尺寸相关，同时受顶盖、底环因水压力产生的变形值影响。通常情况下，机组导叶漏水大部分从端面间隙泄漏，从立面间隙泄漏量相对小一些，因此保证导叶端面间隙的有效性与合理性显得尤为重要。

2 导叶端面密封的常见形式

（1）密封条端面密封。

密封条式端面密封有两种形式：一种是直接将橡胶密封条压入鸽尾形密封槽中；另一种是使用可拆卸的压板将橡胶密封条压入鸽尾形密封槽。密封条式端面密封一般用于低水头机组，当水头小于 40m 时，可以采用第一种密封形式，否则应该采用第二种密封形式。当橡胶密封条装入密封槽后会凸出导叶约 2mm，当导叶向关闭方向转动时，导叶端面挤压橡胶密封条形成封水面，可以防止水流泄漏。由于橡胶密封的压紧力有限，机组水头越高则蜗壳内压力越大，导叶之间的水流速度越快，橡胶密封容易被高速水流冲刷脱落。随着使用年限的加长，端面密封面被空蚀破坏后，更容易造成压紧力缺失，加剧橡胶密封条的脱落。橡胶密封脱落后，端面彻底失去密封挡水能力，水流泄漏量将大大提升。同时，由于导叶关闭时对橡胶密封存在一定的剪切力，因此凸出的橡胶密封容易磨损撕裂，造成密封效果变差。

（2）金属硬密封。

与密封条密封相对应的就是没有安装密封条的结构型式，将顶盖与导叶端面、底环与导叶端面的精加工面作为密封面，或者在顶盖、底环密封面增加调整垫，便于调整端面间隙，同时设计较小的间隙值，在一定压紧力作用下形成金属硬密封。但这种密封结构在机组长期运行下，因受到水流的汽蚀和磨损，造成密封面密封失效。

（3）组合式密封。

现在大型水轮发电机组广泛采用的是组合式端面密封，一般由固定螺栓、压板、弹性体和耐磨密封环组成。与金属硬密封所不同的是，在金属密封元件下方增加了弹性元件，使得金属密封元件具有一定的弹性，金属密封的压紧力大大加强，同时也避免了密封条密封容易被水冲走的弊端。这类结构的优点是密封件为金属，密封元件不会丢失。组合式密封虽然克服了传统结构橡胶密封条容易磨损、撕坏的问题，但是导叶端面密封的耐磨密封环容易受到水流的强烈冲刷和空蚀作用，随着运行时间的变长，容易形成蜂窝状的空蚀凹坑。

3 ×× 电厂导叶端面密封介绍

×× 电厂导水机构采用径向式导水机构，每台水轮机有 24 个活动导叶。导叶端面密封为上述组合式密封，由固定螺栓、压板、橡胶块、铜密封条等组成（如图 1、图 2 所示），主要的密封为铜块密封，材质为锡青铜（ZQZn6-6-3），铜块下垫橡胶块补偿弹性，密封铜块通过压板约束固定。

机组运行时，铜密封条在橡胶块的弹力作用下，其凸肩与压板、顶盖的止口贴紧，达到密封效果。当导叶向关闭方向转动时，导叶端面将挤压铜密封条，使得铜密封条两侧凸肩与顶盖或底环出现间隙，蜗壳内的高压水流将流经间隙进入弹性体内腔，此时弹性体内腔也形成一定的水压力，在水压力和弹性体本身的弹力作用下，铜密封条与导叶端面保持足够的压紧力，达到密封作用。

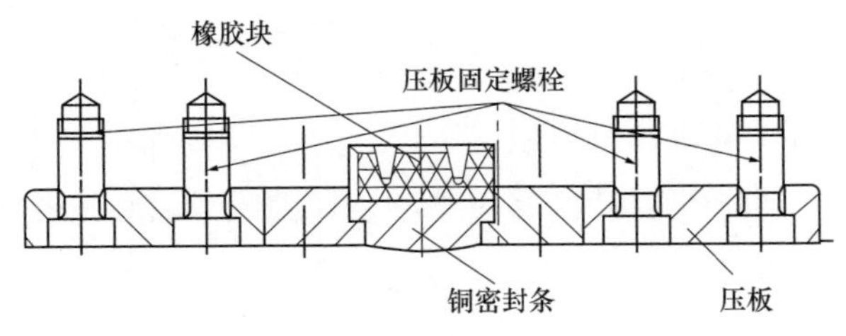

图 1　导叶上端面密封

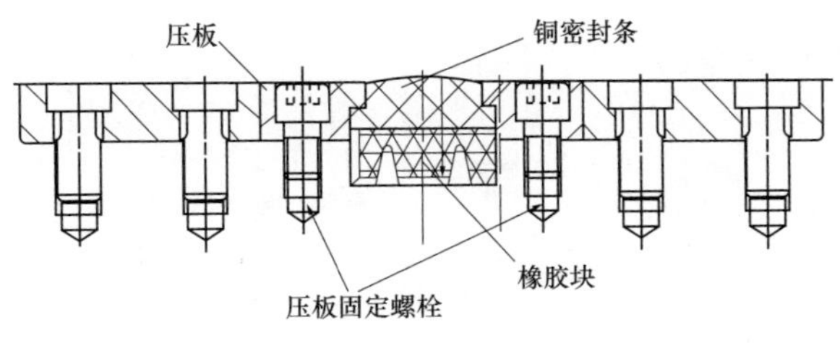

图 2　导叶下端面密封

4　故障现象

机组下达停机令，导叶处于全关状态，但机组转速下降慢，机组停机时间被动延长。由于导叶漏水量大，有机组蠕动的可能，存在安全隐患，需要风闸一直处于制动投入状态。经C级检修后停机时间比检修前停机时间明显变长，检修前停机时间最长值10'23"，检修后停机时间最长值15'50"，最短值11'50"。

机组检修时，检查导叶立面间隙和压紧行程均符合要求，导叶端面密封铜条表面有大量蜂窝状窝坑，是典型的空蚀现象，有的铜块密封还有小块脱落，如图3所示。从整体空蚀情况来看，靠近铜密封条中心位置空蚀情况较为严重，最大空蚀深度约5mm。机组检修中需要对空蚀的铜密封条进行更换，将导叶全开后，发现端面密封的压板螺栓仍有一颗螺钉被导叶端部挡住，而采取拔出连板销钉，让导叶全开直到全开限位上的方式，但仍然无法拆出。在4号机检修中采取拔出拐臂，让导叶在自由转动状态的方法，但是在转动导叶时发现，座环阻碍了导叶转动，而且转轮叶片也阻挡了导叶转动，拔出拐臂，也只能部分更换导叶下端面密封，上端面密封仍然无法更换。由此证明，在机组进行常规性检修情况下，无法更换铜块密封。

要想将导叶端面密封取出，就需要拔起拐臂，避开拐臂在顶盖上的限位装置，使导叶可以任意转动，让导叶找到合适的位置进行更换密封。或者在机组扩修时，在导水机构全部分解的情况下再进行密封更换。两种方案实施都需要投入大量的人力、物力，且端面密封属于易损件，需要经常更换，因此需要考虑对其进行改造，以彻底解决空蚀问题和拆装问题。

图3　导叶端面密封空蚀情况

5　故障分析处理

组合式端面密封较传统的端面密封具有较好的耐磨性，但也难以避免空蚀所带来的问题，机组投产后铜密封条上逐渐出现蜂窝状空蚀层，有的部分甚至脱落。锡青铜一般作为导叶轴套材料使用，其抗磨性较好，也被作为端面密封材料在各电厂被广泛应用，但其抗空蚀性能较差。

当水流通过狭窄的通道时，局部流速增高，致使压力降低，由于水流中含有空气气泡，当压力低于汽化压力时，水会发生汽化，释放出蒸汽泡，溶解在水中的气体也会分离出来变成空气泡，这些微小的气泡从形成、发展、溃裂的过程中，对周围的物体产生冲击压力，在气泡的产生与溃灭的反复循环过程汇总，过流表面受到反复的冲击载荷，从而使表面材料遭到破坏，产生空蚀现象。

×× 电厂是华中电网重要的调峰调频电站，开、停机非常频繁，且经常处于小出力运行，导叶开度较小，此时水流容易在两个导叶间隙处产生空蚀。从导叶端面密封结构来看，导叶处于全关状态，两个导叶相接的端部与铜密封条之间形成一个三角形的通孔，由流体力学原理可知，当过流截面减小时水流速度将增加，因此高压水流在流经通孔时将形成射流，因此在两个导叶全关时接缝部位铜密封条空蚀最严重。同时，导叶在开关过程中，可能带进杂质，由于铜密封的硬度比导叶小，当杂质卡在导叶与铜密封之间时，铜密封条表面将造成凹槽或者刮痕，破坏铜密封面，密封面在产生刮痕后将加速空蚀。

针对存在的问题，可从以下方面进行优化：

（1）改进密封材料。

考虑到铜密封条在检修时不便拆装，因此选择具有一定弹性的密封材料。通过对多种密封材料进行对比发现（见表 1），聚氨酯材料作为新型的密封材料，具有硬度较好、拉伸强度和撕裂强度较高、抗磨损性能较好、使用寿命较长的特点，是较为理想的导叶端面密封材料。根据实际情况，设计出了新型的端面密封条，如图 4、图 5 所示。

表 1　材料性能对比表

序号	性能指标	单位	聚氨酯	普通橡胶
1	邵氏硬度	度	90 ～ 100	50 ～ 70
2	拉伸强度	$N\cdot mm^{-2}$	40	14
3	伸长率	%	450	150
4	压缩永久变形	%	35	40
5	脆性温度	℃	-50	-30
6	耐磨性	%	0.01 ～ 0.05	0.2 ～ 0.5

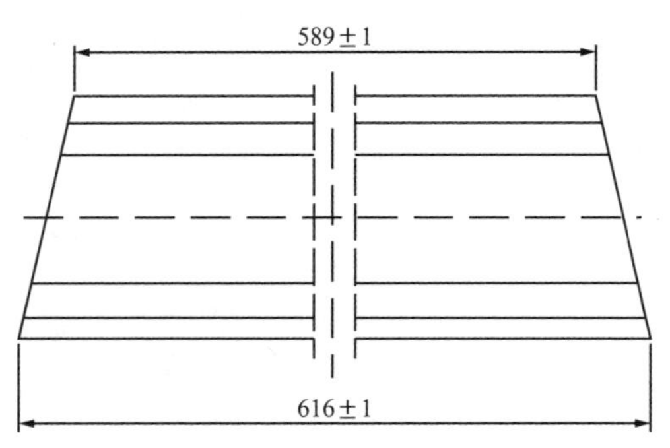

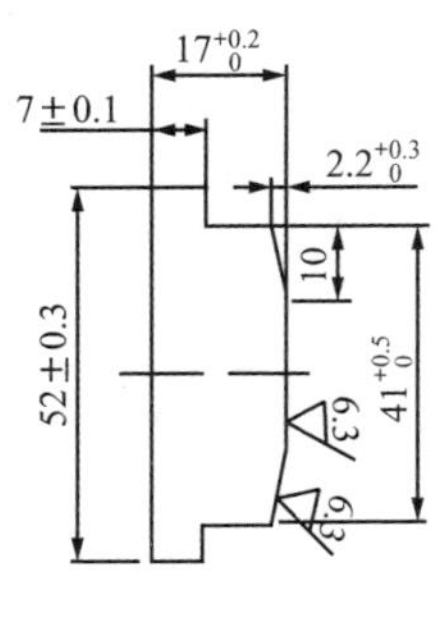

图 4　导叶上端面密封

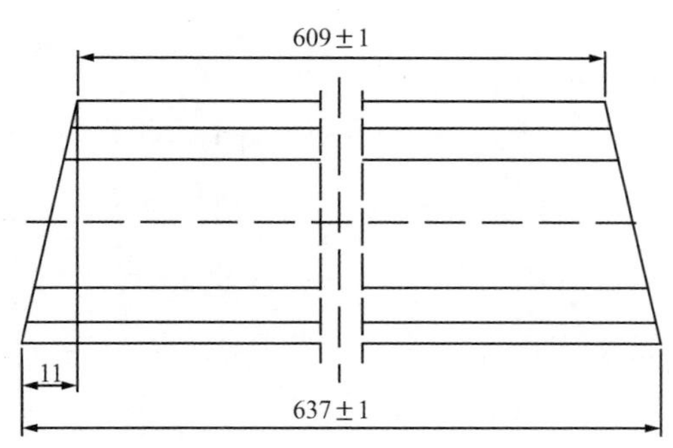

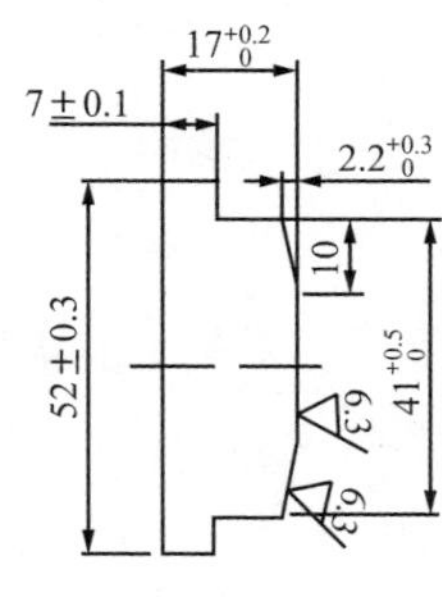

图 5　导叶下端面密封

（2）改进密封压板结构。

为了解决压板无法取出的问题，将压板改为分段式结构。如果将两段式结构的分段位置放置在中间位置，则刚好靠近两个导叶相接的位置。如果压板产生变形或凸出，在导叶关闭时就会与导叶产生卡阻，引起剪断销被剪断，因此选择将分段位置放在中间偏左侧。压板改为分段式，则分段位置没有导叶施加压紧力，特别是较短的压板容易被水流冲走，于是采用 45° 斜切的方式，在安装时长压板能够将短压板压住，在拆卸时也能够方便地将其取出。对于一端被导叶压住螺钉孔的压板，对螺钉孔采用电焊的方法封堵平整，如图 6 所示。

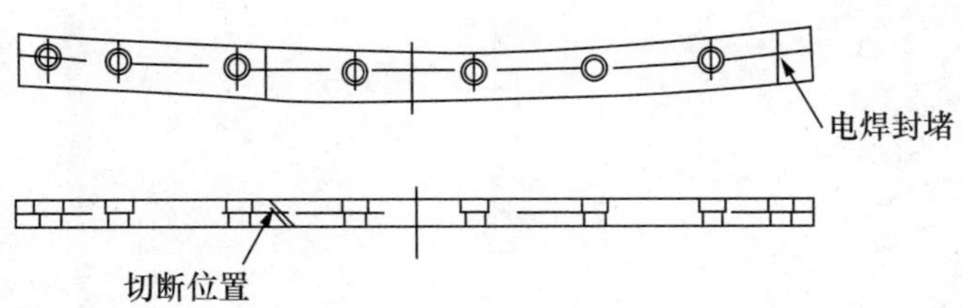

图 6　密封压板改造情况

6　经验总结与改进措施

3 号机实施改进后，经过一年的运行，再次检查时发现有一块密封发生部分脱落，实测端面密封块与压板间隙达 2mm，由于间隙太大，压板与密封块之间配合不够紧密，压板没能将密封块很好地固定，其间隙大的原因是聚氨酯密封条加工尺寸有偏差。于是将聚氨酯密封条的宽度增加 2mm，这样聚氨酯密封条与压板之间的间隙小于 0.2mm，压板能够将密封条紧紧压住，如图 7 所示。改进后经过 4 年时间运行，在多次跟踪检查中均未发现有密封大面积的磨损破坏情况，导叶漏水量明显减小，水车室噪声明显降低。

鉴于此次改造的经验，×× 电厂也将其导叶端面密封改造成同 ×× 电厂一样的密封材料。其原密封为 TPE 热塑性弹性体，结构如图 7 所示，与 ×× 电厂大体相似，所不同的是其密封材料不同，且端面密封下端还有两层橡胶垫，如图 8、图 9 所示。在不改变密封结构的基础上，将密封材料改造为聚氨酯，改造后也取得了良好的效果。

图 7　断面密封改造后情况

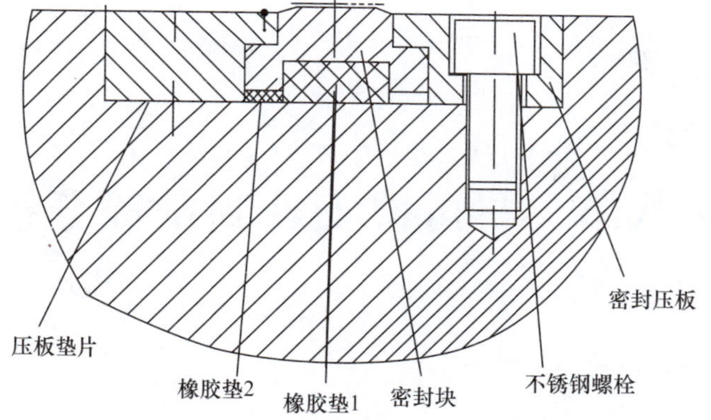

图 8　×× 电厂端面密封结构

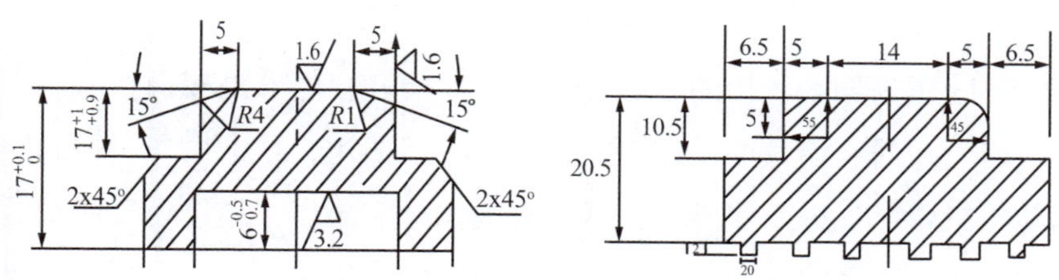

图 9　改造前后端面密封对比

第十八节　导叶立面密封故障分析处理

1　导叶立面密封

导叶作为导水机构的关键部分，导叶的开合能够直接调节从蜗壳进入转轮室的水流量，通过调速器对接力器的供、排油操作，控制环转动相应角度，进而使导叶打开或者关闭一定角度。当接力器向全关方向动作，则导叶全部关闭，进入转轮室的流量减小，如果导叶密封效果良好，则能够保证漏水量在可控范围内。导叶密封分为立面密封和端面密封两种。

一般导叶立面有两种结构形式：一种是刚性密封；另一种是密封条密封。刚性密封较简单，即依靠两个导叶相接触的面相互压紧，从而起到密封作用，密封面的加工精度将直接影响密封的效果。密封条密封是在导叶立面端部开设鸽尾密封槽，将橡胶条直接嵌入密封槽，导叶关闭时，挤压密封条起到密封效果。现有密封条的安装一般为人工安装，现场安装难度大，尤其在导叶不吊出时，直接影响检修工期及经济效益。

2　×× 电厂导叶立面密封介绍

×× 电厂共有 24 片活动导叶，导叶材料为 ZG20SiMn，每个导叶全长 3565 mm，过流部分长 2321 mm， 重 3365 kg。×× 电厂导叶上开有燕尾槽，槽内装有实心成型橡胶条，在导叶完全关闭时，另一个导叶的小头将挤压密封条，从而起到封水效果，如图 1、图 2 所示。

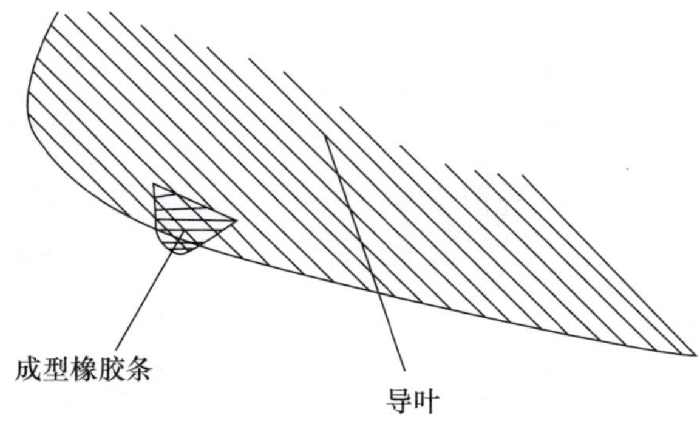

图 1　×× 电厂导叶立面密封结构

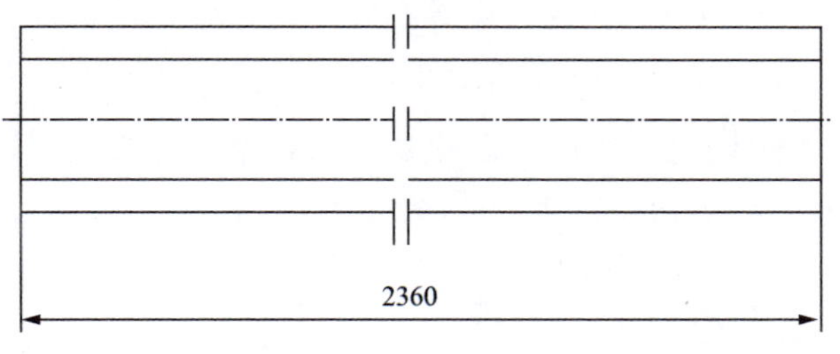

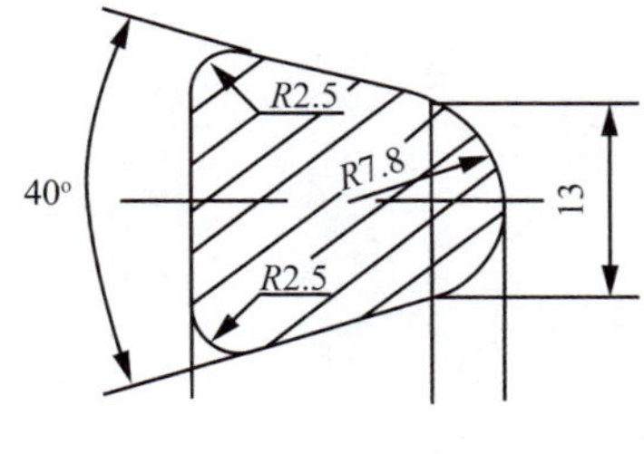

图 2　成型橡胶条

3 故障现象

××电厂密封条式密封结构安装后投入运行效果很好，经过十年运行后，漏水量开始变大，密封效果变差。导水机构在水流的长期冲刷和空蚀作用下，设计原有立面密封结构的活动导叶密封因腐蚀、泥沙磨损等原因造成残缺破损，部分导叶密封条甚至出现脱落，从而导致止水失效。

漏水量大会造成机组停机时间变长，停机过程中加剧了制动器的磨损，漏水量过大将导致机组在停机后不投制动器的情况下出现缓慢转动，即蠕动现象。这种低速缓慢转动将增加轴瓦磨损，特别是对推力瓦的磨损尤为严重，甚至瓦面损坏。活动导叶漏水量过大造成水资源的浪费，经济效益低。

对于破损的密封条，每次检修都需要更换。曾采用“D”形密封条，直接镶嵌进导叶体的燕尾槽内的密封结构。这种密封结构简单，制造加工容易，但是这种密封条在安装过程中非常困难，由于槽型外窄内宽，两端间隙又小，因此实心密封条根本无法装入槽内，且容易在安装过程中对密封条造成损伤。为了解决上述问题，将密封条D形结构进行优化，即对D形密封条底面进行开槽，以方便在检修过程中进行更换，如图3所示。但随之而来的是新更换的密封条在开机运行较短时间内就存在大量脱落的现象。

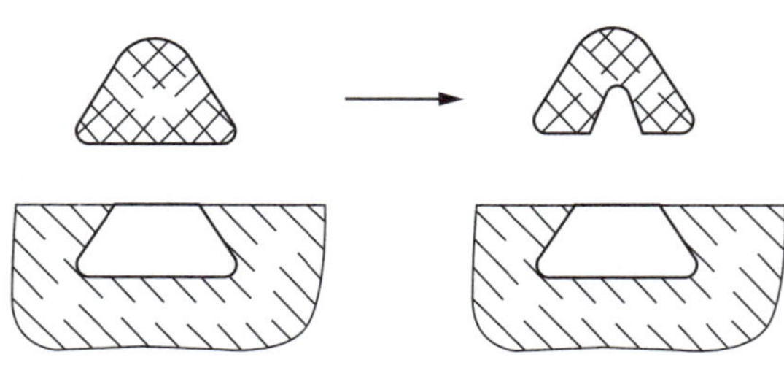

图3 优化后密封结构

无论是采用D形密封条还是底部开槽的密封条，其效果均不理想。

燕尾槽这一设计结构在密封结构中是传统的、成熟的设计，因此考虑在不改变活动导叶本体结构的基础上对密封结构进行改造。

4 故障分析处理

立面密封条破损和脱落的原因，主要存在如下几方面：

（1）高速水流作用。

通过对密封条在水流中的受力进行分析可知，高速水流经过密封条时，密封条两侧的压力差较大，密封条受到向外的拉力。当导叶关闭时，导叶之间的开口变小，由伯努利方程可知，流经导叶的水流速度将增大，密封条两侧压差也增大，密封条受到的拉力也增大，当拉力超过密封槽的压紧力时密封条将脱离密封槽，使其失去密封效果。

（2）导叶密封条老化。

原来的导叶密封条大多采用丁腈橡胶或普通橡胶材料，其使用寿命受限，且丁腈橡胶或普通橡胶的耐水性一般，在水流的长时间侵蚀下，橡胶密封条中的亲水物质被水解，橡胶条容易老化。

（3）空蚀作用。

水流随着流速增大，局部压力随之降低，当压力降低至汽化压力时将产生汽化现象，水流在局部汽化时将对区域内的过流面产生汽蚀作用。实践证明，一般导叶头部和尾部更容易出现汽蚀现象。安装有密封条的密封面更容易受到汽蚀作用的破坏，在密封槽附近产生蜂窝状凹槽，导致密封条的固定可靠性降低。

（4）安装问题。

在不吊出活动导叶的情况下更换密封条十分困难，若通过挤压强行装入后，容易造成密封条被拉长且无法完全恢复，对密封效果存在一定的影响。

参考国内众多电站的导叶密封形式，导叶立面密封结构有以下几种改造方案。

1）压板固定式密封。

在导叶出水边密封槽处车削加工梯形槽，在梯形槽上安装可拆卸式固定压板，密封条装入密封槽后，将压板用沉头固定螺栓压紧，如图4所示。原来采用的密封条材质为普通的耐油橡胶，其总体性能较差，可考虑采用聚氨酯材料，其具有较高的强度、优异的耐磨性。

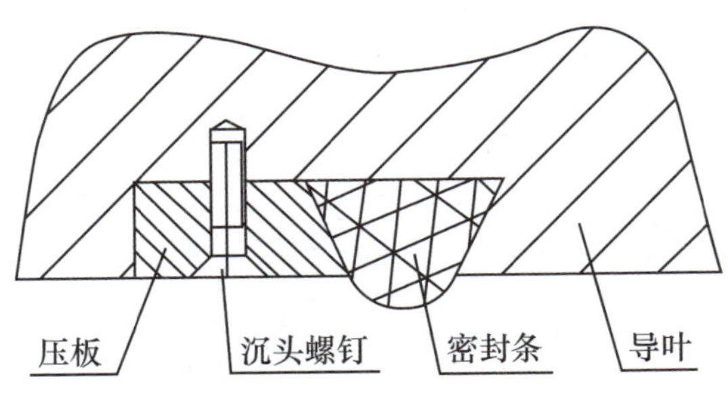

图4　密封条加压板立面密封结构

针对 ×× 电厂的实际情况，需要把每个导叶都吊出来，进行加工开槽工作，需要的检修工期较长。在不吊出导叶的情况下，可以考虑从导叶中部和两端进水边各开三个槽，并配上压板。这样能够减小导叶的车削加工量，压板的体积也减小，便于安装施工。密封条更换时，把密封条分成两段，一段从顶端把密封条装入，另一段从底端装入。

2）分瓣锯齿型自锁密封。

分瓣锯齿型自锁密封结构，在密封条设计上采取分段、分瓣，并通过分半结合面锯齿状具自锁功能的新型密封结构。这种密封结构由“密封块Ⅰ＋密封块Ⅱ”组成，如图5所示。密封块Ⅰ、Ⅱ横截面应严格按 ×× 电厂导叶原密封横截面设计，密封安装时可在锯齿上涂上聚氨酯黏接剂，这样可以保证锯齿状自锁功能的牢固性，提高可靠性。

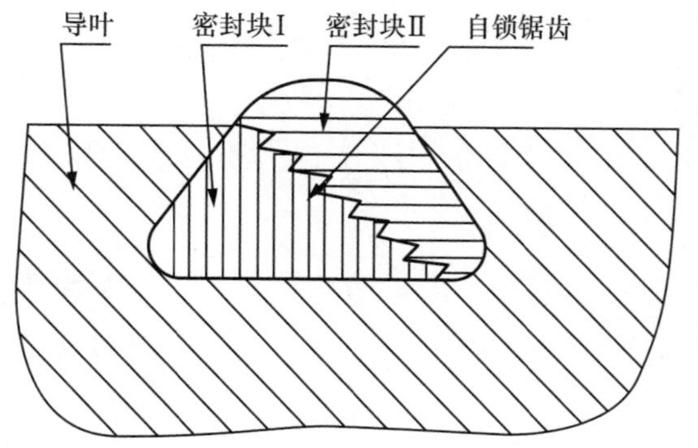

图 5　分瓣锯齿型自锁密封结构

本方案中，密封以每节 500mm 为一个单位进行分段，使每个活动导叶立面密封条可以由多节拼组而成。密封条具有可切割性，如有需要，可用切割机等工具对密封块进行切割，使其达到所需要的长度。密封块Ⅰ和密封块Ⅱ的材质选用聚醚聚氨酯弹性体，是用 CHDI（特种二异氰酸酯）制得的聚氨酯弹性体，是一种综合性能优越的新型材料。分段、分瓣设计大大减小了检修过程中密封条安装时的难度，同时降低了密封条脱落的概率。新密封分段设计使单件重量大大减小，也减小了工作人员在排架上工作的难度，在安装过程中仅采用手锤等小型工器具即可满足安装需要。

5　经验总结与改进措施

无论是压板密封还是组合密封，在机组实际运行中都存在一些问题。组合密封从理论上分析应该能够满足使用要求，安装也较为简单，但是由于改造进组都是运行多年的老机组，其密封槽受到水流侵蚀后变得凹凸不平，在空蚀作用下槽口变形，密封条安装后不能与活动导叶密封槽底部完全贴合，致使其密封性能难以保证。因此，无论采用哪一种密封形式，都需要将导叶调出来，对密封槽密封面进行修复补焊处理，这样才能从根本上解决漏水问题。要想保证密封的可靠性，还可以从一些细节进行优化：

（1）压紧行程的合理性。

导叶关闭位置时，其所用力为导叶关闭力矩、水力矩、摩擦力矩、密封压紧力矩的总和，为减少导叶漏水量，必须有一定的密封力矩使导叶互相压紧。通过调节接力器的拉杆长度、调节操作油压两种方式能够调节压紧行程大小，根据机组的实际情况，设置适当的压紧行程，使导叶与导叶之间能够有足够的压紧力。

（2）抗磨蚀优化。

压板固定螺栓一般使用沉头内六角不锈钢螺钉，虽然不锈钢螺钉的抗锈蚀能力较强，但无法抵抗水流的空蚀作用，当螺钉被空蚀出现磨损后容易断裂脱落，导致密封条压紧力缺失。一般采用涂刷环氧的方式，避免螺钉受到水流的汽蚀作用和磨损作用，对螺钉的保护效果较好，但一般到下一个大修周期时环氧早已脱落。同时也可考虑抗磨蚀效果更好的聚氨酯复合树脂砂浆，在密封板固定后，对不锈钢螺栓孔、密封板与活动导叶相邻台阶用配置好的聚氨酯复合树脂砂浆进行封孔和光滑过渡处理，能够起到较好的抗磨蚀作用。

第十九节　导叶套筒故障分析处理

1　导叶套筒密封

水轮机的活动导叶轴承安装在轴套中，导叶轴与轴套之间的间隙至关重要，间隙过大则漏水量大，顶盖水位将增加，如果顶盖排水能力不足，将导致机组非计划停运；间隙过小则导叶轴与轴套卡阻，导叶转动阻力大，影响停机时间。或者出现导叶偏向一边，则一侧间隙大，另一侧间隙小，会产生上述同样的问题，影响机组稳定运行。

2　×× 电厂导叶套筒介绍

×× 电厂水轮机有 22 个活动导叶，分别有上、中、下三部导叶轴套，如图 1 、图 2 所示，导叶上、中轴套设计有套筒结构，通过套筒与顶盖径向配合，活动导叶轴与轴套动配合，轴套与套筒内壁静配合，导叶套筒密封对活动导叶轴和套筒间间隙进行密封，如图 3 所示。导叶轴套密封为 Y 形密封，材料为聚氨酯，导叶上轴套和中轴套材料为 ZG20SiMn，中间连接管材料为 20#。导叶轴套采用水压式自压紧密封，当蜗壳内压力水流向导叶套筒，在水压作用下，Y 形密封的两个唇口被撑开，分别向导叶轴和套筒压紧，从而阻断水流向顶盖泄漏，水压越大则压紧力越大，密封效果越好。在没有水压的情况下，密封条自身的弹性力提供压紧力，此时操作导叶容易使轴套磨损的杂质进入唇口从而引起密封失效。

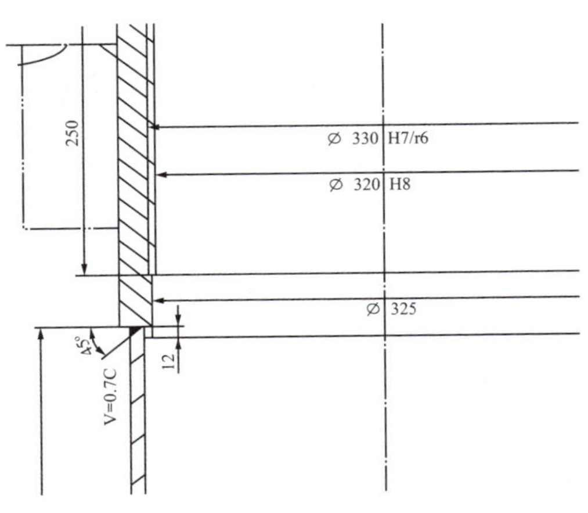

图 1　上轴套装配图

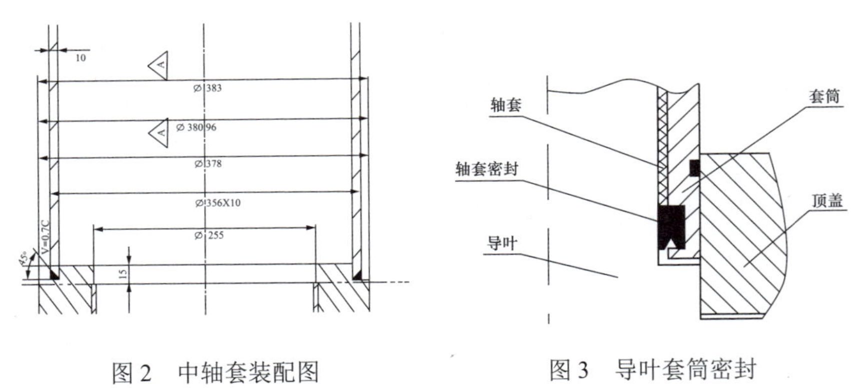

图 2　中轴套装配图　　　　图 3　导叶套筒密封

3　故障现象

自投运以来 4 台机组导叶套筒均出现渗漏故障，表现为导叶与套筒密封出现失效而引起渗漏，大部分漏水从套筒的排水孔排出，或从套筒与拐臂接触面涌出。机组检修时，将出现渗漏的导叶套筒拔出进行检查时发现，套筒抗磨材料脱落较严重，轴套密封有磨损和部分开裂的现象，且密封内侧有明显的压痕，唇口部分有轻微的磨损，如图4、图5所示。密封失效出现时间大多数在机组检修后机组进行充水平压时。

图4　套筒抗磨材料脱落

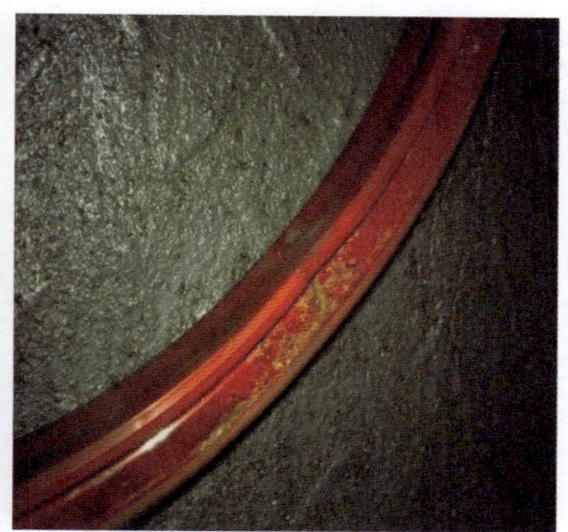

图5　套筒密封开裂

自出现导叶套筒漏水问题以来，检修共计处理了16个套筒。1号机组因在运行过程中出现大量漏水，而不得不提前进行检修处理，机组检修后充水试验时3号机、10号机导叶套筒再次出现漏水问题，因此延长检修工期对其进行处理。4台机组中，1号机导叶套筒漏水最严重，其次为4号机、3号机、2号机，各台机组漏水情况见表1。

表1　×× 电厂机组导叶套筒漏水情况

机组编号	漏水次数	同一套筒两次漏水	更换上轴套	更换中轴套	更换密封
1	13	2（12号、19号）	2	5	9
2	6	1（7号）	0	2	6
3	8	1（7号）	2	5	6
4	8	0	0	0	8

4　故障分析处理

根据机组导叶轴套筒的设计结构和实际运行情况可知，导叶套筒漏水的原因主要有以下几方面：

（1）导叶轴与套筒偏心。

导叶轴与套筒之间的间隙设计不合理，存在微量的偏心现象，在导叶全关时比较明显，同时安装问题可能造成顶盖套筒中心孔与底环下轴套中心偏心过大。导叶轴套抗磨材料脱落的位置偏向一边，也说明偏心问题确实存在影响，这将导致密封一边过度挤压，另一边压缩不足。

（2）密封材质偏硬。

由于 Y 形密封的密封特点，需要密封材质本身具有较好的弹性，在没有水压的情况下依然能够较好地起到密封作用，而现有的导叶密封材料硬度相对较高，这导致弹性预压紧力较小，密封压缩量不够，Y 形密封唇边无法与导叶轴很好地贴合，从而引起密封失效。加上密封材料长时间在水中浸泡，产生老化现象，进一步降低了密封效果。

（3）杂质导致密封失效。

在密封贴合不严密的情况下，水中杂质以及轴套磨损物容易进入密封唇口，损坏密封唇口，引起密封失效。这也是密封失效大多出现在机组检修后进行充水平压时的原因。

密封失效是一个逐步发展的过程，由于更换全部导叶轴套密封工作量大，所需要的工期长，因此采取在检修期间根据导叶漏水情况，有选择性地逐步进行更换，且不断改进工艺。自 2014 年改进套筒密封形式后，再没有出现更换后重复漏水的现象。在实际检修中，采取了以下几点改进措施：

1）降低密封材料硬度。

对导叶套筒的密封材料进行改进，原先采用的聚氨酯材料硬度相对比较高。建议在保持聚氨酯材料不变的情况下，将材料硬度降低，增加弹性，同时适当增加截面积，增加密封材料的压缩量，提高封水效率，减少导叶轴套磨损。

2）改进密封形式。

将原有的 Y 形密封改造为 Y+O 形密封，即将 O 形密封圈放置在

Y 形密封圈的唇口内，从而为 Y 形密封提供一定的预警力，保证即使在无水的情况下，Y 形密封的唇口依然能有效张开。同时，O 形密封圈的存在，也阻止了杂质进入密封唇口，可有效避免因唇口破坏而引起的密封失效，如图 6 所示。

图 6　改进后的套筒密封

5　经验总结与改进措施

近年来，×× 电厂对存在严重漏水问题的导叶套筒密封进行了更换，同时按照上述改变密封形式的做法对其进行改造，改造后效果明显，机组运行至今未出现大量漏水的情况。由于在现有条件下，无法对导叶套筒进行优化改进，因此只对密封进行了改进。

在扩修中，导叶可以吊出，导叶套筒可以全部拆卸，因此考虑对套筒进行优化设计：

（1）改进轴套材质。

现有轴套材料为 ZG20SiMn，将其改进为具有更好耐磨性的材料，以避免产生脱落现象。导叶套筒整体更换为不锈钢，材料为 SUS304 不锈钢，中间套筒管壁使用无缝钢管。

（2）改进密封形式与尺寸。

除了继续使用 Y 形密封嵌入 O 形密封这种密封形式外，还可考虑减小密封沟槽的尺寸，从而提升密封圈密封性能。同时可增加套筒密封层数，提升密封效果。

（3）提高轴套同心度。

提升导叶轴与轴套配合间隙、顶盖套筒中心孔与底环下轴套中心同心度、导叶上轴套和中轴套同心度，从而改进套筒运行状况。

第二十节　水轮机转轮裂纹故障分析处理

1　转轮裂纹的产生及原因

转轮是机组动力转换的重要部件，水流冲击转轮从而完成动能转换，与此同时也将对转轮体本身产生破坏。经过多年机组分析研究与运行实践发现，转轮在运行中，受到水流的交变作用力，在部分恶劣工况下甚至发生摩擦碰撞，转轮就容易产生裂纹甚至发生断裂。

裂纹在水力机械上是一个难题，特别是转轮裂纹问题，绝大部分的电站都有发生。大多数裂纹是疲劳裂纹，断口呈现明显的贝壳纹。叶片疲劳来源于作用其上的交变载荷，与水轮机自激振动有关，水电机组比一般动力机械振动原因要复杂，除其本身旋转和固定部分的振动外，叶片裂纹主要来自水力动力，比如压力脉动、叶片涡列、弹性振动等，转轮经历长期的振动作用后产生疲劳破坏，进而产生裂纹，裂纹扩大后将产生断裂。一般情况下，转轮叶片进水边正面靠近上冠处、叶片出水边正面的中部、叶片出水边背面靠近上冠处以及叶片与下环连接区内（为高应力区），这些部位容易产生裂纹，如图 1 所示。

（a）叶片与上冠组焊热影响区裂纹

（b）叶片裂纹背面

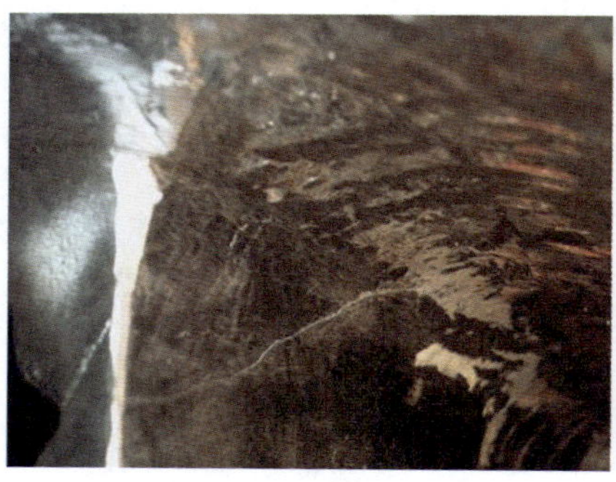

（c）叶片尾部裂纹

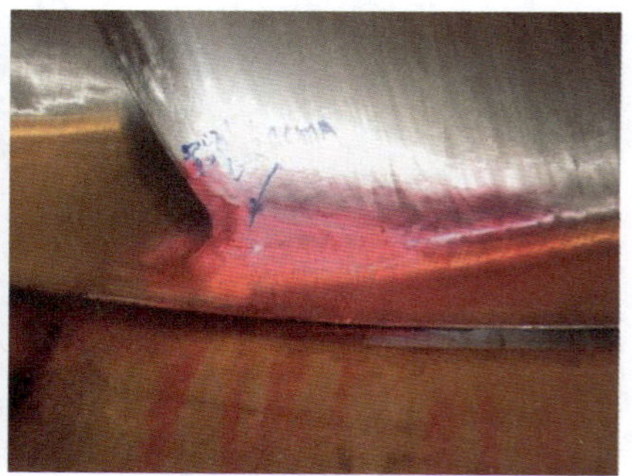

（d）叶片与下环组焊部位裂纹

图 1　转轮叶片裂纹

导致转轮出现裂纹的原因，大体上可以归类为以下这几方面：

（1）水力振动。

最常见的压力脉动因水流不均引起，蜗壳、导叶、转轮叶片在加工制造中存在误差，导致水轮机流道不均匀、止漏环间隙不均匀，涡壳不对称引水导致沿转轮圆周压力场的不均匀而产生动应力，造成水力不平衡，进而引发压力脉动。水轮机偏离最优工况运行时，尾水管中容易产生涡带，涡带运动干扰水流而引起脉动压力，这种脉动在水体发生共振时将会增强，进而传递到转轮叶片上。当水流脱离转轮边缘时，转轮流道内也将产生脉动压力，这种脉动将直接作用在叶片上。这种情况下，机组通过大轴补气和顶盖补气，及时补充涡带空腔，从而降低水轮机尾水管涡带的产生。

（2）设计制造缺陷。

1）材料选择问题。转轮材料的选择在设计中尤为重要，叶片材料的化学成分、机械性能，特别是材料的屈服强度或极限抗拉强度应满足使用要求。在早期投产的机组中，转轮材料一般采用低合金铸钢，机组容易产生裂纹甚至叶片断裂。设计时应尽量避免应力集中，邻近表面的连接应光滑连续，各部件的倒角应适当修圆，适当地增加叶片的厚度和叶片与上冠、下环焊缝圆弧过渡半径。

2）铸造缺陷。转轮体为铸件，转轮叶片与上冠、下环的厚度相差较大，在冷却过程中容易产生缩孔、疏松等问题，这些铸造过程中出现的问题容易在后期运行中导致裂纹的出现。铸造缺陷一般有疏松、夹渣、气孔、偏析、微裂纹等种类，缺陷将导致缺陷处应力集中，使裂纹出现并逐渐恶化。因早期铸造技术有限，转轮叶片存在的微小裂纹不易发现，现代大中型转轮叶片采用精炼铸造、数控加工工艺，有效地避免了因铸造缺陷产生的问题。

3）焊接缺陷。转轮的叶片、上冠、下环铸造完成后，需采用焊接手段组装，由于转轮叶片较大，且形状、尺寸不规则，组焊的操作空间有限，容易产生焊接缺陷。焊接缺陷主要有夹渣、气孔、微裂纹、过熔或欠熔等方面，主要表现为残余应力较大，使得焊接金属及其热影响区承受动载荷的能力降低，这种裂纹大多出现在焊接金属区。一般焊后经退火热处理，减小焊缝的残余应力值，并对所有焊缝进行100% 无损探伤，以降低焊接缺陷。

（3）运行工况。

对于长期处于调峰调频运行的机组，机组负荷变化区间较大，穿越振动区的次数较多，特别是水轮机运行在小负荷区及强涡带工况区时，转轮叶片承受交变状态下的水能动应力，转轮部件容易自激振动和共振，转轮叶片容易产生疲劳裂纹。应通过试验确定机组的不稳定运行区域，合理避开机组的振动区域，尽量在最优化工况下进行。

转轮的检查工作显得很有必要，检查的方法主要是探伤和目视，处理转轮裂纹也成为机组检修工作的一个常态，一般检修规程所提出的 A 修与 B 修检修工期，主要就是根据水轮机转轮处理的时间而得来的。

2　×× 电厂转轮裂纹故障现象

×× 电厂转轮重 117960kg，高度为 2951mm，其最大尺寸为 Φ6163mm。转轮叶片材料为 ASTMA743CA6NM，上冠和下环的材料为 TDS4090-38201e。

2016 年 2 月，在 4 号机组 C 级检修中发现转轮叶片出现裂纹。经统计，在机组 C 级及以上检修中，发现 1 号、4 号机组的水轮机转轮叶片出现了四次贯穿裂纹，及时处理后运行一段时间，4 号机组水轮机转轮叶片再次出现了贯穿裂纹。部分裂纹情况如下：

（1）2012 年 12 月 7 日，1 号机组水轮机 15 号转轮叶片距上冠 50mm 处出现一条 120 mm 左右的贯穿性裂纹，如图 2 所示，后成功修复转轮叶片开裂部分，经厂家超声波探伤，验收合格。

图 2　×× 电厂 1 号机组 15 号转轮叶片裂纹

（2）2013 年 9 月，4 号机组 2 号转轮叶片出水边靠近上冠部位有一条贯穿性裂纹，如图3所示，正面长度为380mm，背面长度为490mm，处理后经厂家和第三方机构超声波探伤机构探伤，验收合格。

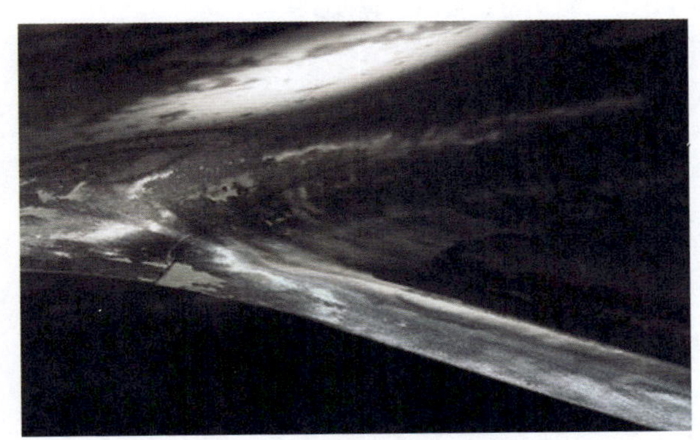

图3　××电厂4号机组2号转轮叶片裂纹

（3）2014年3月，4号机组11号转轮叶片出水边距下环约10mm处，出现一条正面长100 mm，背面长90mm的贯穿性裂纹，如图4所示，修复后经表面着色渗透和相关超声波探伤机构探伤，验收合格。

图4　××电厂4号机组11号转轮叶片裂纹

（4）2016年2月26日，4号机组11号转轮叶片又出现一条正面长590 mm，背面长580mm的贯穿性裂纹，经检修公司修复后，验收合格。

3 转轮裂纹故障分析处理

针对 ×× 电厂的实际情况，分析转轮裂纹的产生原因主要有以下几方面：

（1）运行工况差。

×× 电厂承担华中网局主调峰、调频任务，自投产以来，机组开停机频繁，小出力运行时间较多，经常处于低负荷下旋转备用，运行条件差。因频繁调整负荷而造成穿越振动区次数较多（以 4 号机为例，运行情况见表 1），水轮机长期处于这种工况下，导致叶片周向水流不均匀，产生的涡带将对叶片产生频繁的振动作用。如果压力脉动的频率与机组转动频率接近，则机组会产生共振效应，机组振动加剧，叶片产生裂纹的概率大大增加。

表 1　×× 电厂 2009 ～ 2015 年 4 号机运行情况

运行情况	2009 年	2010 年	2011 年	2012 年	2013 年	2014 年	2015 年
小出力时间（100MW 以下）/ 小时	1571.92	2006.06	1533.21	1539.48	1847.71	1300. 56	865.43
穿越振动区次数 / 次	1885	2509	3190	1148	648	1480	1292

×× 电厂 1 号机组振动随负荷变化趋势如图 5 所示，4 号机组振动随负荷变化趋势如图 6 所示。可以看到，机组在 150 MW 以下运行时，机组振动较大，且在 0 ～ 100MW 负荷区间振动情况严重超过允许值，对水轮机转轮产生较大的影响。

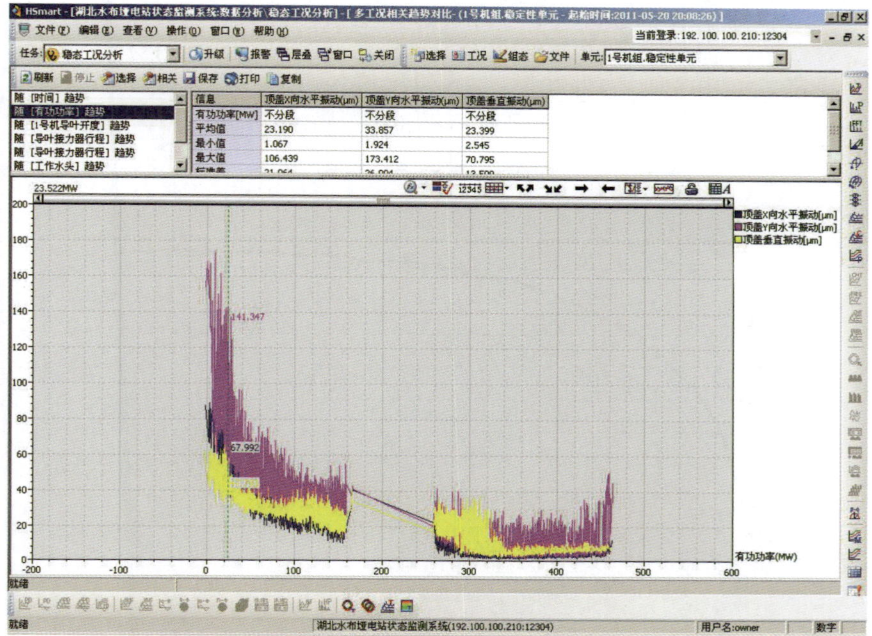

图 5　×× 电厂 1 号机组水轮机振动趋势

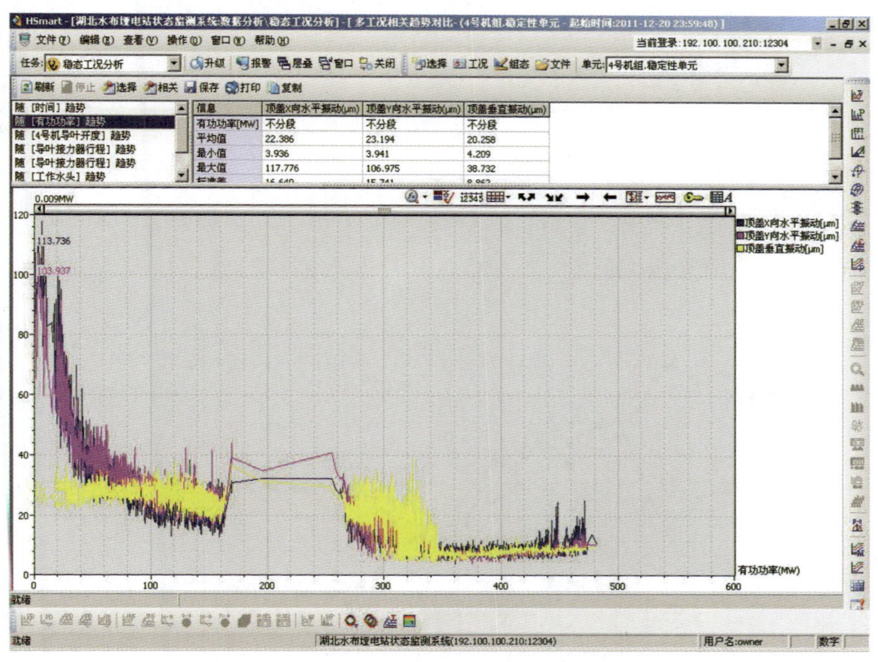

图 6　×× 电厂 4 号机组水轮机振动趋势

×× 电厂水轮机在 145 MW 负荷下运行时，尤其是运行在 100 MW

以下时，严重偏离最优工况，转轮叶片中将会出现紊流，造成工作效率下降，如图 7 所示，同时导致水轮机转轮产生汽蚀及振动等现象，长期在此方式下运行会导致转轮产生裂纹。

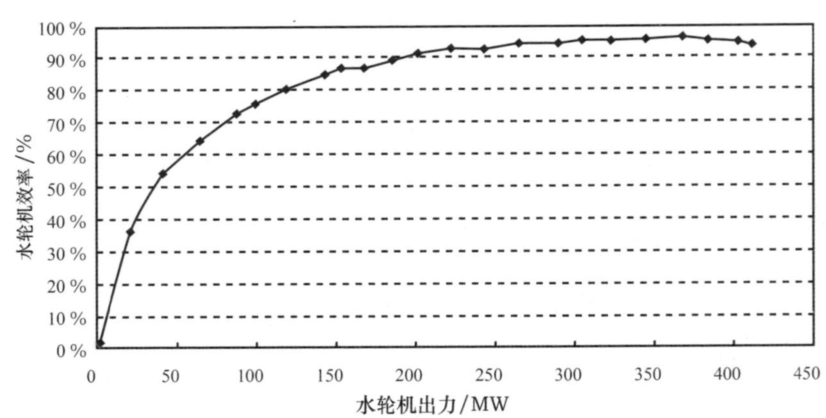

图 7　×× 电厂 4 号机组水轮机工作效率图

（2）压力脉动。

×× 电厂 4 号机组压力脉动与有功功率关系如图 8 所示。在图 8 中，机组在 300 MW 以下运行时，压力脉动幅值波动明显增大，对水轮机稳定运行产生不利影响，会导致转轮裂纹的扩展，但通常可以通过大轴补气部分消除压力脉动。

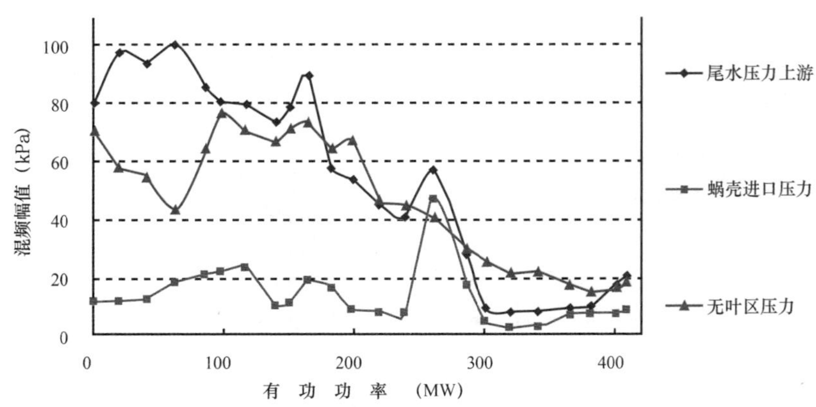

图 8　×× 电厂 4 号机组压力脉动与有功功率关系曲线

（3）机组轴线。

机组在穿越振动区时，水导摆度明显变大，上导和下导也有一定的影响，如图 9 所示。从图 9 中可以看出，水导摆度变化幅值较大，且超过允许值［根据《旋转机械转轴径向振动的测量和评定 第 5 部分：水力发电厂和泵站机组》（GB/T 11348.5 − 2008）中所规定的 B 区上限线，查得对应 ×× 机组的摆度允许值为 255μm］。若机组运行中反复穿越振动区，也势必会导致裂纹扩大。

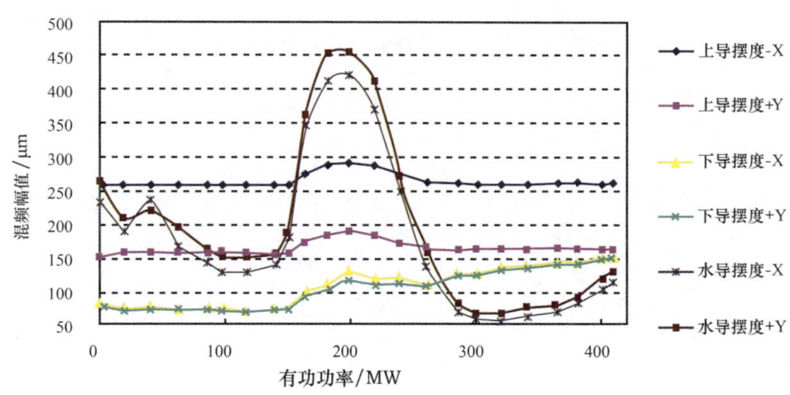

图 9 ×× 电厂 4 号机组主轴摆动幅值与有功功率关系曲线

（4）设计、制造材质方面。

根据设计资料分析，×× 电厂水轮机的设计是合理的，且比较先进。转轮叶片采用 VOD 或 AOD 精炼铸造，其中铸造时的气孔、夹渣、砂眼等在外部应力的作用下可能会成为裂纹源，造成裂纹的产生。但转轮上冠、叶片、下环是分别铸造后再焊接成型的，虽然经过了热处理，但局部仍然存在焊接应力的可能，在水力交变作用以及振动、空蚀综合作用下，叶片也会产生裂纹。对于出现的裂纹，一般采用补焊的方法进行处理，焊接过程如下：

1）焊接面清理。对于需要处理的裂纹附近 50mm 范围内的区域进行清理，清除表面杂质，同时对非补焊区域采取保护措施。清理干净后，使用碳弧气刨将裂纹处刨开，刨开方向为从止缝孔往裂纹方向清除，能有效避免在刨除过程中温度升高引起原裂纹的扩张。同时，碳弧气刨的连续使用时间不宜过长，以防止因温度过高而产生的变形和裂纹扩张。

2）预热。对焊缝周向150mm范围内的区域进行预加热，将转轮母材加热至80℃并进行保温，并确保在整个焊接过程中温度保持不变，一般情况可采用火焰进行加热。

3）补焊。焊接电流不宜过大，一般控制在100～130A，以保持焊缝的均匀。焊接时，引弧部位应在裂纹处，以免焊弧对其他部位母材造成损伤。每道焊缝完成后，应及时清理焊渣，避免焊接处有气孔、夹渣等问题，全部焊接完成24h后，对焊缝进行检查，查看是否存在缺陷，如有缺陷应及时处理。

4）热处理。热处理采用回火焊道技术，盖面层焊接完毕再焊接一层，后道焊对前道焊的焊缝金属进行的一次加热，达到回火的目的。焊接时最高温度不超过150℃，焊接完成后使用保温布包裹焊接区，自然降至室温。每层焊接完成后采用锤击法消除应力，第一层与最后一层焊缝不用锤击。

5）打磨。焊缝检查确定无误后，用砂轮机进行打磨处理，将焊接部位表面修磨光顺，采用PT探伤法对焊缝及其附近200mm的范围内进行探伤，确保焊缝无裂纹。待确认无误后，对焊缝进行抛光处理，达到原叶片表面型线和表面粗糙度。

4　经验总结与改进措施

（1）划定稳定运行区。

应针对不同的水轮机进行稳定性测试，在水轮机全水头性能试验的基础上合理地确定出其稳定运行区，机组在运行过程中尽量在稳定运行区内，避免振动带来的破坏。

（2）及时检查跟踪。

对于运行中水轮机转轮裂纹产生、发展的监测还没有有效手段，只能在C修、B修期间加强检查跟踪，转轮只要出现裂纹，不管裂纹出现的深浅、长短，都应制定严格的工艺控制措施，而且每次处理前后都要进行无损探伤，转轮叶片的四个高应力区更应作为重点部位来进行检查。

（3）严格执行处理工艺。

在处理裂纹时，要按工艺要求严格执行。对预热温度、焊接电流、焊接速度、层间温度要严格控制，每层的锤击要彻底，焊后消氢保温时间要够，控制好每个环节，以确保裂纹处理的质量。

第二十一节　主轴密封故障分析处理

1　主轴密封作用

水轮机主轴密封是水轮机的重要部件，具有阻断水流沿着主轴表面泄漏到其他部位的功能性结构，一般设置在水导轴承与转轮之间，依靠主轴密封良好的封水性能，从而保证转动部件（主要指主轴）与固定部件之间的漏水量在可控范围内，防止水导轴承进水或者顶盖被淹等事故的发生，确保电站的安全。主轴密封的封水效果将直接影响到机组的安全运行，泄漏量过大需要加大顶盖的排水能力，这会对排水泵的使用寿命产生影响，对其进行处理又会影响机组的检修周期，进而影响企业的经济效益。因此，水轮机主轴密封从设计到制造再到安装的各个环节都应予以重视。水轮机主轴密封按其工作性质可以分为水轮机工作密封和水轮机检修密封两种，工作密封在机组运行期间控制沿主轴的水流泄漏量，检修密封在机组停机期间控制沿主轴的水流泄漏量，本书中重点介绍工作密封。

2　常用主轴密封形式及特点

根据密封面位置不同，主轴密封可以分为径向密封和轴向密封两种。径向密封直接与大轴表面接触，在径向方向形成密封；轴向密封也称端面密封，在大轴垂直方向形成密封面，一般为非接触式密封。

（1）填料式径向密封。

填料式密封用密封压板将多层填料压紧，压板依靠压紧螺栓或调节螺栓施加轴向压力，从而使填料密封圈内表面与主轴抗磨环密切接合，达到密封的效果，一般也设计有润滑水，使密封与主轴之间形成水膜，减少密封材料的磨损同时带走热量。填料式密封结构简单、性能稳定，但容易磨损。目前一般设计为自调整式填料密封，在螺栓上加装弹簧，依靠弹簧作用力，保证密封压板具有自调整功能，解决因磨损导致密封无法补偿的问题。填料式径向密封广泛应用于中低水头水电站水轮机主轴工作密封。

（2）接触式径向密封。

接触式径向密封与接触式密封盖板结构类似，一般由多层扇形碳精块和树脂环组成，碳精块滑动性能较好，树脂环耐磨性较好。因此，清洁水压力应大于被密封水压力，以防止转轮侧的不清洁水进入。

（3）泵板密封。

泵板密封的原理类似于油泵，转轮上冠设置有泵板结构，在转轮高转速旋转中产生离心力，进入转轮上冠的水流在离心力作用下排出顶盖，防止水流进入主轴密封。在机组启、停机过程中，转轮转速下降，离心力变小，水流通过密封上的排水孔排出。

（4）平板密封。

平板密封主要由橡皮板与不锈钢转环组成，旋转环固定在主轴上，依靠清洁水的压力使橡皮板贴紧抗磨板，起到密封作用。平板密封有单层和双层两种情况，单层平板密封一般用于水质较好的机组，双层平板密封可以用于水质较差且泥沙较多的机组。

（5）水压式端面密封。

水压式端面密封通过橡胶环或尼龙环等密封环与金属抗磨环组成环形端面密封，密封块只能做活塞式上下移动。通常情况下，机组先通入清洁压力水，压力水的均匀作用下密封环被顶起，密封环上开有漏水孔，密封环与抗磨环之间形成一层水膜，水膜既能起到润滑作用也能起到挡水作用。

（6）浮动式端面密封。

静压自调式端面密封结构在水压式端面密封的基础上进行了改进，其特点在于密封支架是浮动的，能够对磨损量进行补偿。在浮动环自重与弹簧压力共同作用下，密封环与抗磨环贴合，起到密封作用。在密封环上端面磨损后，在弹簧的弹力和浮动密封支座的重力作用下，密封块会自动补偿被磨损的部分。

（7）组合式密封。

在实际使用中，经常将多种形式密封同时使用，即组合式密封，比如“水压式端面密封 + 斜向密封”“泵板密封 + 非接触式间隙密封”“梳齿 + 平板式主轴密封”等，通过组合密封能够取得较好的密封效果。

3　×× 电厂主轴密封介绍

×× 电厂主轴密封结构主要采用的是原设计的水压式端面密封，此结构存在以下问题：

（1）由于手工打磨难以精确地控制密封座与密封环之间的配合间隙，间隙过大时润滑水从两端间隙和导流孔溢出，水流泄漏量大，无法取得密封效果；密封块与密封座之间容易产生卡阻，造成密封块与抗磨环产生干摩擦，润滑水在两者之间没有形成水膜，失去润滑和冷却效果，造成橡胶发热冒烟或烧毁。

（2）在抗磨环的旋转作用下，密封块有随抗磨环转动的趋势，在定位销的约束下，密封块与定位销之间摩擦力增大，这会阻碍密封块的上下运动。如果密封块与抗磨环之间摩擦力太大，甚至可能将销钉推弯，导致两者直接卡死。

鉴于上述存在的问题，对 3 台机组的主轴密封进行了更换，将水压式端面密封改造为聚四氟乙烯填料式端面密封，如图 1 所示，主要结构部件有填料盒、压盖、定位螺栓（含顶丝共计 36 个，其中 20 个为向下的定位螺栓，16 个为向上的顶丝）、调整装置（含调节螺栓）等，类似于普通阀门的盘根结构型式。由上述定位螺栓对压盖固定，由调整装置对填料进行压紧封水，通过多年运行，密封效果良好。该型式密封有不容易烧损、维护量少、止水效果明显等优点，但也存在调整次数较多的问题。

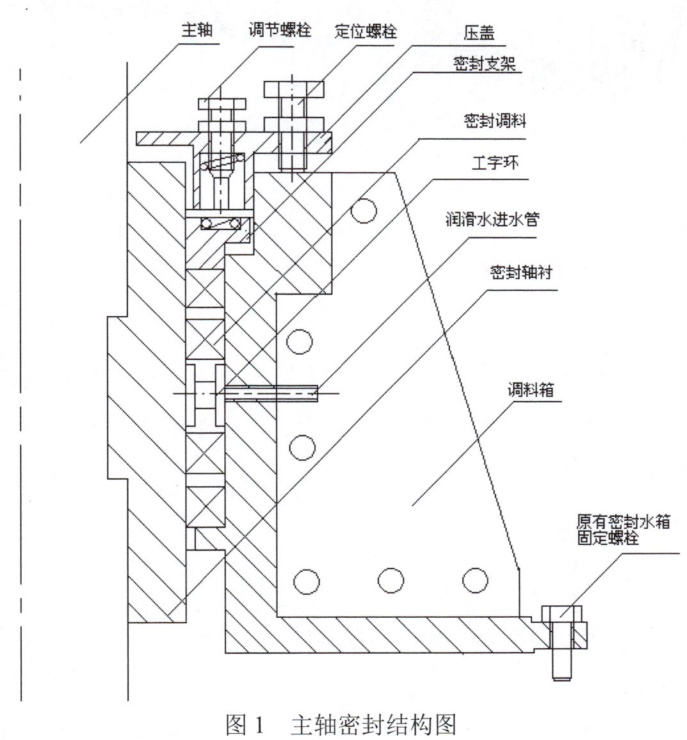

图 1　主轴密封结构图

4　故障现象

自 2012 年 3F 机组在 C 修后，发现主轴密封存在漏水量大的问题，导致需两台排水泵同时进行排水。检修中拆卸主轴密封压盖，发现压盖锈蚀严重，如图 2 所示，部分固定螺栓与调整螺栓螺纹损坏，经过 2

次处理，漏水现象依然没有得到很好的改善。后于 2013 年 3F 机再次进行 D 修，对其进行了落门排水解体处理，现阶段设备漏水情况稳定，运行良好。

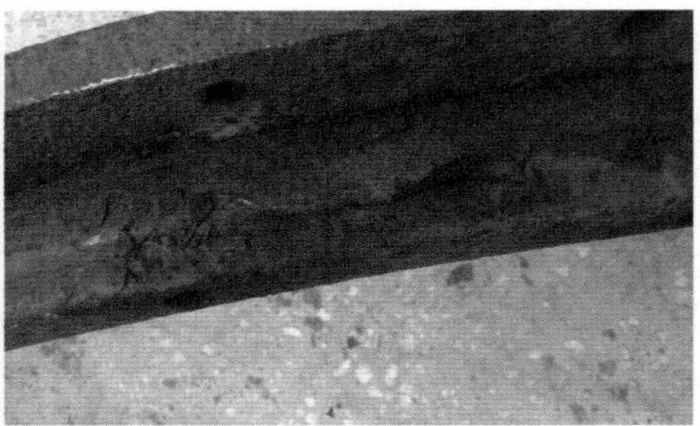

图 2　主轴密封压盖实物图

5　故障分析处理

×× 电厂 3 号机组 C 修，期间实施了“主轴密封填料箱解体检查，各组合件密封更换”项目，在检修完后，主轴密封出现了漏水量较检修前增大的现象，电厂对这一问题采取了处理措施，具体如下：

（1）第一次处理。

3 号机组开机运行过程中，顶盖内漏水量偏大，一台顶盖排水泵抽水不及，需要两台顶盖排水泵同时启动才能满足要求。现场检查发现主轴密封和旋转主轴处有较大漏水甩出。

停机后对漏水进行消缺处理，检查发现：测量主轴密封填料压盖与填料箱间 +Y 方向 33mm，−Y 方向 38mm，压盖水平高度不一致，存在偏差；填料箱与压盖 20 颗 M16 压紧螺栓，有 4 颗螺栓丝扣损坏未安装。对压盖与填料箱存在偏差不一致的情况进行了调整，紧固后测量 +Y 方向 31mm，−Y 方向 34mm，并对填料进行了压紧处理。

（2）第二次处理。

3 号机开机情况下，顶盖排水趋势图显示一台泵启动时，水位仍缓慢上升，需启动备用泵。组停机后，对主轴密封漏水进行处理，对主轴密封内5层密封填料进行了全部重新回装，对填料箱上的M16调节螺栓进行了全部更换，对丝孔攻丝，在回装结束时，检查发现16颗定位螺栓与下端填料箱有一定间隙，定位螺栓未与填料箱接触。由于现场条件限制，仅更换并紧固了其中可以更换的10颗向上定位螺栓，另外6颗由于无法调整，而未能完全消除问题。重新调整压盖水平高度，测量水平高度为+Y方向28mm，-Y方向31mm。处理完毕，开机第5步空转，检查密封漏水效果较好，运行正常。

（3）第三次处理。

中控室顶盖排水的水位曲线观察发现，3号机顶盖排水泵的启动频率有明显增加。现场用秒表实测，开机状态下顶盖水位已由原来的5～6min上涨一次，变为现在的3min38s上涨一次，漏水有明显增大。对3F机组进行D修，检查发现压盖与填料箱接触面污垢较多锈蚀严重，其下臂外侧与填料箱壁之间配合过紧，回装不易压紧到位。为此，将压盖与填料箱接触面外侧车削1.5mm，从而增大压盖下臂外侧处和填料箱上端内侧之间的间隙，避免在压紧填料时因为间隙过小而配合过紧，从而出现螺栓压不下去的情况，以便压盖在进入填料箱槽时可以灵活调整压盖水平高度。同时，对主轴密封上的所有连接螺丝孔进行攻丝处理，将原来锈蚀的螺栓全部更换为不锈钢螺栓，对锈蚀严重、无法压紧的16颗压盖定位螺栓全部进行了更换。

经第二次处理后，机组开机空转一次、带负荷运行4次，观察漏水情况均无明显上升趋势，停机后涨水时间为14～15min一次，开机后涨水时间为5～6min一次，与以往的漏水情况基本相同，满足设备正常运行需求。

对出现的主轴密封反复漏水的情况进行分析发现，其主要原因是在机组检修时，主轴密封填料压盖16颗定位螺栓因锈蚀出现问题，机组运行时顶盖部位的震动使定位螺栓与填料箱产生间隙，主轴密封填料松动，逐渐失去密封作用，导致漏水量逐步增大。

第二十二节　机组振动问题分析与处理

1　振动的危害

振动状态是衡量水轮发电机能否持续稳定、安全运行的重要技术指标，对于水轮发电机而言，在匀速旋转之外的任何周期性运动都是附加的振动。如果振动超过允许标准，将会对机组产生周期性交变应力，特别是长时间的振动与共振，将对发电设备、附属设备、基础与建筑物造成巨大危害，包括：

（1）紧固件松动，转动部件与静止部件之间产生摩擦，使损坏速度加快，缩短使用寿命。

（2）焊缝开裂，零部件材料和焊缝出现疲劳损坏，产生裂纹和断裂、焊缝开裂等现象。

（3）机组部件磨损，导轴瓦磨损温度上升，推力瓦磨损加剧轴瓦损坏等。

（4）尾水管低频振动将对尾水管壁造成破坏，是指产生裂纹，进一步发展使整个尾水设施遭到破坏，在振动加剧时对厂房和水工建筑造成疲劳损伤。

2　振动的常见原因

水力发电机组振动原因复杂，往往是多因素交织，一般可从机械因素、电气因素、水力因素来进行分析。

（1）机械因素。

机械方面最常见的原因是转子动静不平衡问题、机组轴线中心问题、固定部件与转动部件碰撞、导轴承缺陷等。

转子静不平衡是指转子在静止状态下，转子重心与转子几何中心出现偏离；转子动不平衡是指转子在转动状态下，转子重心与旋转轴线出现偏离。两种不平衡情况下，主轴在转动过程中都将受到较大的离心力，主轴旋转过程中将产生弯曲变形，那么主轴的的空间投影呈弓形，机组运行振动较大，称为“弓状回旋”振动。机组轴线弯折一般出现在转子法兰或者水发连轴法兰，导致机组轴线与推力镜板不垂直，水轮机轴与发电机轴不重合，机组大轴处于弯曲状态，从而引起振动。如果发电机振动剧烈且伴随有金属撞击声，则引起振动的原因很有可能是固定部件与转动部件的碰撞。

（2）电气因素。

电气方面的不平衡因素主要是周期性的不平衡磁拉力，主要由发电机磁极线圈匝间短路、定转子空气间隙不均、磁极极性次序错位以及定子三项不平衡等引起。如果磁极短路，磁动势必然减小，而对称位置的磁动势不变，则将产生磁力不平衡。

（3）水力因素。

水力因素中主要有水力不平衡、低频涡带、卡门涡列、汽蚀等原因。

水力不平衡主要是由水轮机转轮附近的水流量不平衡引起，比如导叶开度不均匀造成转轮室内的压力不均、止漏环的不均匀造成压力脉动、流道有异物不通畅造成流量不均等。低频涡带主要是由尾水管中的不稳定流体引起，当机组处于非设计工况时，转轮出口将产生旋转水流与脱流涡带，这种涡带将产生低频压力脉动，对尾水管壁、转轮等产生振动破坏。如果水流遇到非流线型的障碍，当水流速度不断提升至雷诺数 $Re \geqslant 3.5\times10^6$ 时，会在出口两侧产生排列规则且方向相反的旋涡，引起相互干扰和吸引，称为卡门涡列。涡列在形成和消失期间，将产生振动力，如果频率与叶片固有频率接近，则叶片动应力大幅增大，叶片容易受到破坏。汽蚀经常发生在水轮机座环内侧、尾水水管的上半部分，破坏转轮室、转轮体及叶片周缘。因为气蚀，水轮机工作表面不仅会遭到严重侵蚀和破坏，还会有噪声和振动，一般振动频率为 300 ～ 500Hz 。

3　×× 电站振动故障现象

×× 电站为卧式水轮发电机组，转子与转轮之间有径向推力轴承（转轮侧），推力瓦为分块式结构，共有 12 块推力瓦，依靠背部楔子板调节推力轴承间隙值，转子与飞轮之间有径向轴承（飞轮侧），径向轴承均为分半筒式瓦，依靠在分半处加垫调节轴承间隙。

×× 电站 1 号机组满负荷运行状态下，使用百分表测定机组振动情况见表 1，按照《水轮发电机组安装技术规范》（GB/T 8564-2003）中表 41 规定，各部轴承振动值应小于 0.05mm，显然表中测得的振动数据超标。

表 1　×× 电站 1 号机修前振动测量记录　　单位：mm

位置＼方向	水平	垂直	轴向
转轮侧	0.03	0.02	0.04
飞轮侧	0.12	0.007	0.05

4 ×× 电站振动故障分析

（1）转轮四周水力不平衡。

转轮四周水力不平衡与每个导叶的开度有关，导叶开度不均匀会导致转轮四周的进水不均匀。在机组检修过程中，对导叶开度测量检查，发现 6 号与 7 号之间导叶开度超出要求，根据机组图纸要求在导叶全开时，导叶开口度为 117±2.34mm，而实际测得的最小开度值为 112mm。

（2）水轮机产生空蚀现象。

检查过程中发现机组转轮有局部气蚀，转轮叶片有局部裂纹，说明转轮室内有空蚀现象存在，经检查发现尾水补气阀弹簧设计预压缩量不符合设计要求。补气阀弹簧设计预压缩量为 13mm，设计真空度为 0.08 ～ 0.271kg/cm^2，实际检查发现补气阀的预压缩量为 23mm，可以补气的真空度为 0.14 ～ 0.271kg/cm^2，即在真空度为 0.08 ～ 0.271kg/cm^2 时无法补气，补气不畅是导致空蚀的重要原因。

（3）轴承间隙不合适。

卧式机组推力轴承间隙不均会导致轴向窜动量大，径向轴承间隙大小不符合设计要求会导致机组径向跳动量大，从而导致机组振动加剧。

（4）转轮轴孔与轴配合度不够。

检修中发现转轮轴孔与轴的配合度不好，采用在转轮孔涂抹红丹粉检查接触面。检查发现转轮与轴配合接触锥孔，大头接触不足 10%，小头接触约 60%，总接触面积约为整个配合面的 35%，远远小于设计要求的接触面积 75%。大轴与转轮轴孔的配合度不好可能导致转轮在运行过程中出现振摆，进而引起较大振动。对于配合问题，属于加工制造问题，需要专业厂家进行处理，现场无法从根本上解决。

（5）转动部分静不平衡。

机组的转动部分包括转轮、主轴和发电机转子，如果组合成整体但重心不在旋转轴线上，就会出现静不平衡。机组运行时，转动部分将受离心力作用，轴线可能弯成弧线而造成“弓状回旋”。而机组是否存在静不平衡需要进行静平衡实验，通过实际验证，××1 号机组确实存在较严重的静不平衡。

（6）转动部分动不平衡。

转动部分在满足静平衡的前提下，如果质量分布不均，一侧重心偏高，另一侧重心偏低，当机组在旋转时两侧都会受到离心力作用，但大小相等，方向相反，作用在两条线上，构成一个离心力，必然在旋转时左右摇摆。通过动平衡试验检查发现，×× 电站 1 号机确实存在严重的动不平衡。

5　×× 电站振动故障处理

（1）调整导叶开口度。

通过打磨 7 号导叶进水边背面使得导叶开度符合要求，从而保证转轮四周受到的水力均匀。处理后导叶开度曲线如图 1 所示。

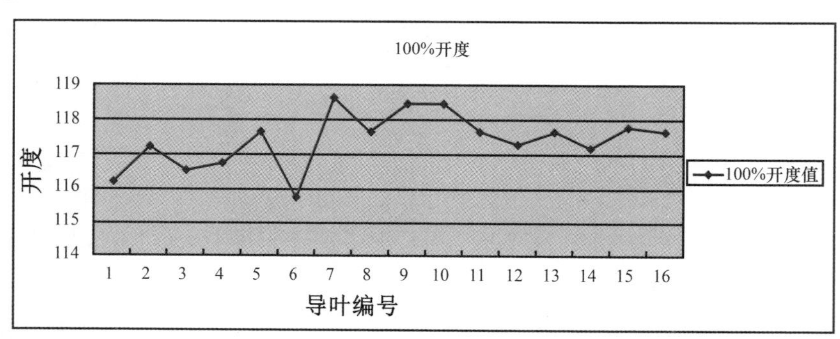

图 1　导叶 100% 开度曲线

（2）调整尾水补气阀。

通过调整补气阀弹簧，将补气阀弹簧预压缩量恢复到 13mm，同时更换阀板密封，从而保证机组在变负荷时补气阀能够正常动作。经过实际运行，机组负荷在 3000 ～ 4500W 时，补气阀大真空度动作；

机组带满负荷 5000 ～ 5500W 时，补气阀有小真空度动作。

（3）调整轴承间隙。

检修前测量飞轮侧径向轴承顶部间隙分别为 0.395、0.56mm，间隙不均且超出设计间隙 0.3 ～ 0.5mm，通过调节轴承分半处铜垫后，飞轮侧径向轴承顶部间隙调整为 0.48、0.45mm；检修前转轮侧径向轴承顶部间隙分别为 0.65、0.64mm，超出设计间隙，通过调节轴承分半处铜垫后，转轮侧径向轴承顶部间隙调整为 0.43、0.40mm。推力瓦间隙较均匀且未做改变，发现两块自由晃动发卡的推力瓦，对其进行边缘打磨处理后，发卡现象消失。

（4）转轮静平衡试验。

按照 ISO1940 平衡等级，JB/T 6752 推荐等级，×× 电站转轮平衡等级为 G0.4，为最高等级。根据许用残存不平衡质量计算公式，×× 电站转轮在最大半径许用残存不平衡质量 7.43g，允许残存不平衡转矩 0.3566kg·cm。采用卧式静平衡方式试验，加工转轮转动轴以及假键配重，将转轮置于专用工装平台，将转轮在径向方向均分八点，左右多次旋转找到最重点方位并标记，在最重点方位正对方向的点加配重，然后继续左右旋转转轮，直至加的配重的质量能让转轮在任何点停住。最终试验为最大配重为 350g，产生不平衡转矩为 17.14 kg·cm。根据试验结果，在转轮下冠圆锥面进行打磨处理，打磨量约为 350g，边打磨边试验，直到转轮在任何点都能停住。

（5）转动部分动平衡试验。

机组开机，使用振动测试仪分别在转轮侧、飞轮侧处测量振动值 R_0，根据振动值的大小，确定在发电机转子风扇飞轮侧或者转轮侧进行配重。在转子风扇配重槽上取互成 120° 的三点，做好相应的标志。根据转动部分重量取一定质量的配重块 P_0，分别把平衡块置于转子表面上的三个点，开机达到额定转速后测定相应的振动值 $R_1>R_2>R_3$，经过计算得到应加配重块重量 P 及配重块方位角 θ。经过两次配重后，最终确定配重质量为 300g，配重方位在飞轮侧风扇配重槽 336° 位置。

6　处理后的效果及经验总结

经过从不同方面进行的振动原因分析与处理，×× 电站 1 号机组振动明显减小，见表 2，达到国家标准要求，经过认真分析可以发现，在众多的原因中，转轮的静不平衡、转动部分的动不平衡应该是主要原因，当然其他因素也对振动大小产生了相应的影响。

表 2　×× 电站 1 号机检修后振动测量记录　　单位：mm

位置＼方向	水平	垂直	轴向
转轮侧	0.017	0.015	0.035
飞轮侧	0.032	0.024	0.011

机组振动对机组破坏性极强，我们应该从机组的设计、制造、安装、调试、运行等各个环节加强控制，这样才能有效地避免机组振动问题。

（1）在机组设计阶段，应开展进行机组振动方面的专题研究与模型试验，合理选择机组额定水头、转速、容量等参数，在设计中采取相应的防振动措施，比如加强补气措施，对转轮室出现的真空进行破坏。

（2）在设备部件制造过程中，应严格按照设计要求加工，避免出现质量不平衡、部件易损坏、螺栓易松动等问题，采用新材料、新技术，提高零部件的制造工艺水平。

（3）机组安装中应注意机组轴线是否良好，大轴法兰连接是否紧固，导轴承间隙是否合理，转子与定子空气间隙是否均匀等问题，避免因人为安装原因导致后期出现机组振动。

（4）机组调试过程汇总，转子动平衡试验、过速停机试验、甩负荷试验等试验数据是否符合要求，机组各部位的振动数据是否良好，机组振动区区间范围等均应给予关注。

（5）机组投运后结合状态监测系统及自动监控系统的数据，对机组振动值、摆度值、压力脉动值进行实时监测及超限报警，发现问题应及时解决。

第二十三节　接力器推力杆故障分析处理

1　×× 电厂调速器介绍

×× 电厂调速器为武汉事达电气股份有限公司提供的比例伺服阀可编程微机调速器。该调速液压系统包括调速器 (进口 FC5000 阀组，含分段关闭装置)、油压装置 (YZ － 6.0 － 6.3)、机械液压过速保护装置 (TU R AB)、接力器锁定电磁阀等。×× 电厂接力器缸径 580mm，行程 590mm，压紧行程 5mm，工作压力 6.3MPa，生产厂家为江苏常州神鑫液压成套设备有限公司。

机组导叶需要进行动作调整时，在调速器系统控制下，压力油经压油罐进入主配压阀，经调速器管路进入接力器，接力器在油压作用下完成推拉动作，推拉杆与控制环之间由连接销固定，将推力传递给控制环，连接销上端配合为H7/g6，中部配合为e7，下部配合为H7/g6，如图1所示。根据图纸，查阅公差表得出连接销中间部位配合间隙最大值为 0.243mm；上下两端配合间隙最大值为 0.101mm。

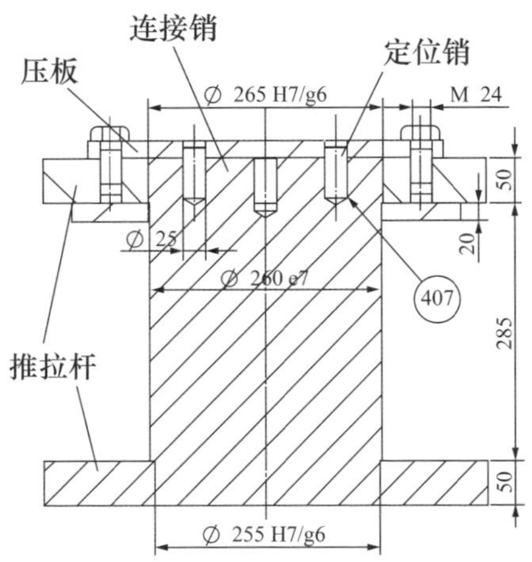

图 1　推拉杆与控制环连接销配合结构示意图

2　故障现象

4 台机组检修中，均发现调速器推拉杆与控制环连接销上的压板变形、定位销剪断、固定螺栓断裂等情况，且该现象出现较为频繁。每次检修对压板、定位销、固定螺栓进行更换后，还未到下一个检修周期，便又出现类似情况，大大增加了检修及维护人员的劳动强度，同时也给机组安全稳定运行带来巨大隐患。×× 电厂采用的是机械制动与电制动混合使用的制动方式，一般电制动正常投入时间为 450s 左右，如果投入时间大于 500s 就会报警。因销与孔配合间隙变化，从而致使接力器压紧行程不达标，机组关机时间过长，×× 电厂 2 号机组在水头较高时电制动投入时间为 550s 左右。

2009 年，3 号机组检修，发现接力器推拉杆与调速环连接的销轴上的定位销损坏，销轴固定压板变形，如图 2 所示。

2010 年，3 号机组检修前，发现 2 台接力器推拉杆与控制环连接的轴销均发生转动，剪断定位销并取出销轴后发现，轴销和推拉杆销孔磨损严重。

图 2　销轴固定压板变形

2012 年，3 号机组检修发现手动锁锭侧推拉杆两个定位销已断裂。

检修时将连接销吊出检查，测量连接销的外径与销孔的内径，发现连接销与销孔配合间隙变大，见表 1，且有很深的磨损痕迹。根据图纸，中间部位配合间隙最大值为 0.243mm，上下两端配合间隙最大值为 0.101mm，而实际上大多都超出了图纸要求，尤其是 2 号机 2 号接力器靠控制环侧配合间隙更是达到了 0.9mm，严重超出规定值。

表 1　×× 电厂机组推拉杆传动销与孔配合尺寸

机组	接力器	传动销位置	上端孔销配合间隙平均值	下端孔销配合间隙平均值	中间孔销配合间隙平均值
1F	1 号接力器	靠控制环侧	0.225mm	0.34mm	0.419mm
		靠接力器侧	0.310mm	0.25mm	0.295mm
	2 号接力器	靠控制环侧	0.315mm	0.215mm	0.40mm
		靠接力器侧	0.16mm	0.27mm	0.245mm
2F	1 号接力器	靠控制环侧	0.295mm	0.601mm	0.347mm
		靠接力器侧	0.105mm	0.64mm	0.904mm
	2 号接力器	靠控制环侧	0.085mm	0.21mm	0.649mm
		靠接力器侧	0.032mm	0.081mm	0.314mm

机组	接力器	传动销位置	上端孔销配合间隙平均值	下端孔销配合间隙平均值	中间孔销配合间隙平均值
3F	1 号接力器	靠控制环侧	0.285mm	0.35mm	0.264mm
		靠接力器侧	0.375mm	0.355mm	0.305mm
	2 号接力器	靠控制环侧	0.300mm	0.265mm	0.31mm
		靠接力器侧	0.285mm	0.275mm	0.325mm
4F	1 号接力器	靠控制环侧	0.323mm	0.235mm	0.317mm
		靠接力器侧	0.218mm	0.303mm	0.223mm
	2 号接力器	靠控制环侧	0.243mm	0.410mm	0.343mm
		靠接力器侧	0.453mm	0.394mm	0.295mm

3 故障分析处理

针对出现的问题，进行了以下的原因分析。

（1）推拉杆水平度较差。

推拉杆不水平，则会在推拉方向上产生一个轴向的分力，带动连接销产生运行趋势。在 3 号机检修中，发现接力器推拉杆与调速环连接的销轴上的弹簧销已损坏，销轴固定压板变形，经检查发现推拉杆连杆不水平，1 号接力器推拉杆连杆前面高出后面 3 mm，2 号接力器推拉杆连杆前面高出后面 7 mm。在 3 号机检修中，测量出 1 号接力器（自动锁定侧）推拉杆水平度为 0.5 mm/m，2 号接力器（手动锁锭侧）推拉杆水平度为 1.68 mm/m，两者相差较大。

（2）压板、定位销、固定螺栓强度不够。

定位销的作用是防止连接销发生转动，在推力杆的作用下，控制环与推拉杆之间会产生一定角度的变化，此时连接销必然与控制环的销孔产生一定的摩擦力，如果定位销、压板、固定螺栓这个联合体刚度不足，不能克服这个摩擦力，则定位销、压板、固定螺栓的薄弱部分就会遭到损坏，连接销会产生转动。3 号机自动锁锭侧定位销变形说明确实存在受力不均衡的问题。

（3）推拉杆的叉头与控制环销轴套三部件不同心。

在 3 号机检修中发现，自动锁锭侧接力器销轴拆卸后，在接力器自由状态下，上、中、下 3 孔不同心，以铜套为基准，推拉杆向控制环方向错位 3 mm，手动锁锭接力器销轴安装上、中、下 3 孔偏差不大。不同心将导致连接销与推力杆叉头上下端之间产生较大的摩擦力，从而导致连接销产生转动。

基于以上三点，采取了一些处理措施：

（1）对四台机组的推拉杆水平度进行了检查和调整，重新加工尼龙垫片并对推拉杆进行垫高处理。

外圆尺寸为 438 mm，内圆尺寸为 272 mm，内侧、外侧分别进行倒角加工，倒角距离为 2 mm，厚度分别为 12 mm 和 23. 2 mm，以保证推拉杆的水平。

（2）对推拉杆与控制环连接销锥压板、固定螺栓、弹性销强度进行了加强处理。调整抗磨环厚度由原来的 20mm 改为 12mm，1 ～ 4 号机组的推拉杆压板空心弹性销更换为直径为 25mm 的圆柱销。压板螺栓由原先的 M24 更换为 M36，压板厚度由原先的 20mm 更换为 40mm，压板宽度由原先的 70mm 更换为 140mm。

（3）对已经出现磨损的连接销和推力杆销孔进行修复，对销轴和推拉杆销孔进行补焊，然后分别用车床和镗床加工。

（4）加工 3F 机调速器接力器推拉杆自动锁锭侧上、中、下 3 孔，使其同心度满足要求，这样可以有效缓解弹性销整体受力不均衡的问题。

经上述处理后，定位销剪断、压板变形等情况有所好转，但是销孔间隙依然无法保障，考虑到实际运行情况，×× 电厂在 2017 年进行了 2 号机的改造，如图 3 所示。推拉杆体采用 Q345 钢板焊接结构，钢板厚度适当增加，上、下钢板厚度均由原来的 60mm 调整为 90mm；推拉杆中增加上下板加强螺栓组；销轴、偏心销材料均采用 42CrMo。目前推拉杆情况良好，再未出现问题。

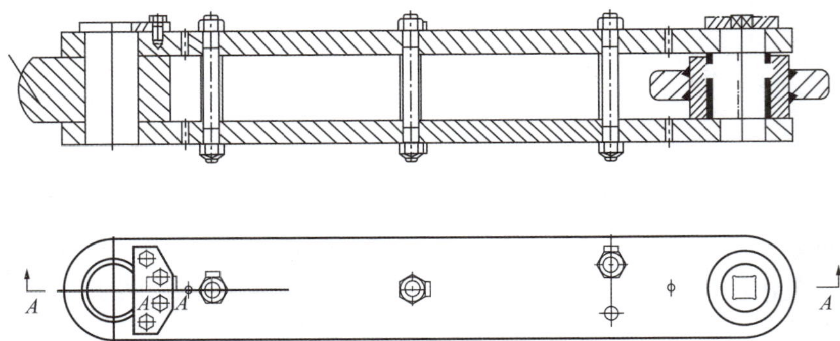

图 3　改造后推拉杆结构

第二十四节　调速器管路渗漏故障分析处理

1　水轮机调速器的作用

水轮机调速器的主要作用是维持水轮发电机组的转速在允许的范围内，并与电厂二次回路和自动化元件一起，完成水轮发电机组的自动开机、正常停机、紧急停机、增减负荷等操作功能。调速器是保证机组频率稳定、维持系统负荷平衡的基础控制设备，液控管路是调速器油压传输的重要通道，其密封可靠性直接影响机组运行的稳定性。

2　×× 电厂调速器系统介绍

×× 电厂调速器系统是由武汉事达电气股份有限公司生产的比例伺服阀可编程微机调速器，调速器型号为 PFSWT － 100 － 6.3 － STARS。由微机调节器和机械液压系统两大部分组成，微机调节器由用于自动调节的微机控制器Ⅰ、Ⅱ（自动通道）和用于手动控制的微机控制器组成。调速器机械部分主要由美国 GE 公司的 FC5000 阀组、压油装置 (YZ6.0 － 6.3) 、机械液压过速保护装置 (TURAB)、接力器锁锭装置、双电液转换单元、手动紧急停机阀、电动紧急停机阀、过速液动停机阀、主配压阀、分段关闭装置及双过滤器等构成。调速器系统的控制部分是调速器电气调节柜，用来接收外部的各项控制指令，有功率调节、开度调节和频率调节三种调节方式，它直接控制调速器压力油管上的电磁阀组实现导叶的开关、自动锁锭的投退。

3　故障现象

改造的液控管路位于控制管路从主供油管路取油的起点到主配压阀之间，中间经过 5μm 双精过滤器、自动和电手动伺服阀、切换阀，到 FC5000 主配压阀的控制腔和常压腔。中间所用的管接头全部为美制的管接头，美制管接头结构为卡套式结构，接头密封为刚性硬密封，在机组投运近 10 年的维护检修过程中，卡套式接头经过多次反复拆装，密封面损伤，已经达不到之前的密封效果，容易出现渗漏情况。检修中渗漏处理方式以紧固为主，个别接头拆后重装，大部分接头直接紧固。与其他电厂调速器液控管路渗漏情况对比，仅有个别机组存在极少数管路接头渗漏情况，但检修后得到改善，并未出现类似的复漏现象。

相较于其他电厂的调速器液控管路，×× 电厂管路的复漏率高，因此需要对液控管路的具体情况进行深入分析，以找到确切的原因。通过分析，主要找到如下几方面原因。

（1）管路布局不合理。

液控管路主要为双精过滤器至主配压阀之间的管件部分，途中经过比例伺服阀、手动 / 自动切换阀、液动停机阀、手动紧急停机阀、电动紧急停机阀，如图 1 所示。原切换阀回油管直接延伸到主配压阀周围一圈集油槽内，可将其与比例伺服阀回油管相连，一起进入回油箱，减少管路总长度和弯管接头数量。同时管路中存在其他可优化的地方，在不改变油路功能的情况下，可减少管路中接头数量，以 1 号机为例，可优化接头 8 个、弯头 5 个。

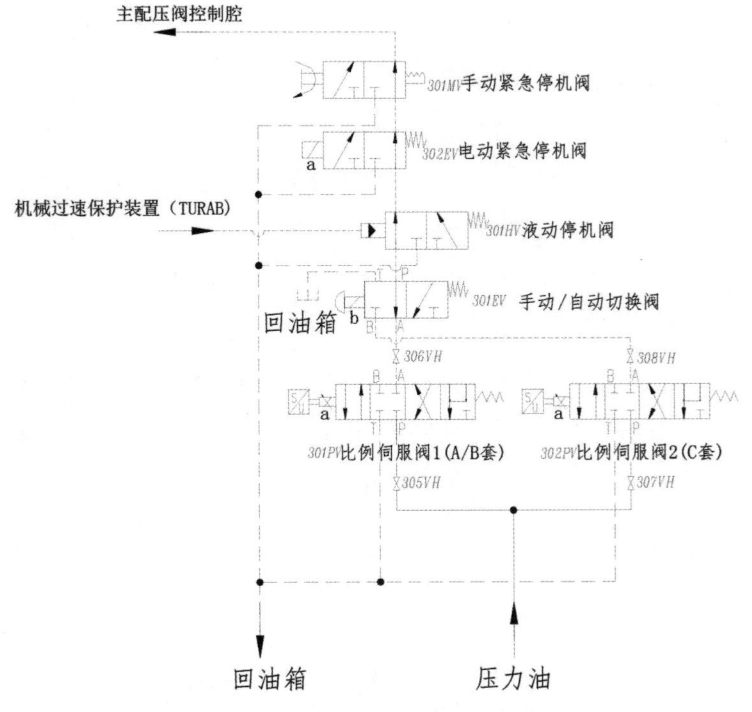

图1　液控管路示意图

（2）管路加工工艺不足。

经现场检查，部分接触面粗糙度达不到《卡套式管接头技术条件》（GB/T 3765-2008）标准要求，部分接头体内锥面存在超过标准要求的凹陷和压痕，接头局部密封面存在毛刺和高点，影响密封效果。

（3）管路配合精度不够。

按照《卡套式管接头技术条件》（GB/T 3765-2008）要求，接头体支撑面、螺母端面对螺纹轴线的垂直度公差应小于0.10mm；接头两端卡套与接头体内锥面轴线、卡套与接管轴线的同轴度公差应小于0.20mm。

现场测量发现，管路部分接头处两端明显不同心，垂直度、同轴度超过公差范围。接管长度并未留有足够的变形余量，接头在装配后受到持续横向拉扯力，导致卡套密封面受力不均匀，无法形成有效密封。

接头处螺纹配合精度不够，螺帽丝扣长度过短，管路配合自我调整能力不足。

（4）金属刚性密封弊端。

管路采用卡套式管接头，主要由接头体、卡套、螺母以及接管四部分组成。旋紧螺母时，卡套沿接头体内锥面轴向移动，径向收缩，产生形变。刃口嵌入接管外壁，起到扣紧和密封作用。同时卡套外锥面在挤压力作用下向上拱起成龟背，与接头体内锥面紧密接触，形成刚性线密封。

调速器液控管路工作压力为 6.3MPa，接管规格为 $\Phi10\times1.5$，刃口咬入接管的深度最浅处不小于 0.09 mm。

通过计算，接管内压力轴向力：

$$F=\frac{\pi P\Phi_{\mathrm{i}}^{2}}{4}=\frac{3.14\times6.3\times7^{2}}{4}=242.33(\mathrm{N})$$

卡套刃口对接管的单位挤压应力：

$$\sigma_{j}=\frac{F}{\pi\Phi_{\mathrm{o}}h}=\frac{242.33}{3.14\times10\times0.09}=85.75(\mathrm{MPa})$$

式中，F 为管内压力轴向力，N；P 为管内压强，MPa；Φ_{i} 为接管内径，mm；σ_j 为刃口对接管的单位挤压应力 MPa；Φ_{o} 为接管外径，mm；h 为刃口咬入接管的深度，mm。接管材料的名义屈服极限 $\sigma_{0.2}$ 为 210MPa。

$$\sigma_j < \sigma_{0.2}$$

所以接头在正常紧固状态下不会出现接管拔脱而导致的密封失效问题。

采用金属密封时，接头各部件热膨胀系数不同，缺乏温差补偿功能，很可能在各个密封面产生间隙，造成渗漏。接头初次装配对装配力矩要求高（$\Phi10$ 卡套式管接头对应拧紧力矩参考理论值为 115N·m），拧紧力过大时，卡套失去弹性，甚至破坏接触面，无法再次使用。多次拆装后各密封面由于缺乏装配补偿量，易造成渗漏，重复拆装性能差，因此密封处理方法只能是紧固或重新拆装再紧固，但处理效果不好。

4 故障处理

（1）改进管接头型式。

使用平面密封活接头替换原来卡套式管接头，如图 2 所示。选用适合平面密封的密封圈进行安装，其中 Φ10×2.65 的密封圈在 15 个接头中使用，Φ10×3.1 的密封圈在 6 个接头中使用，密封可靠性得到加强。

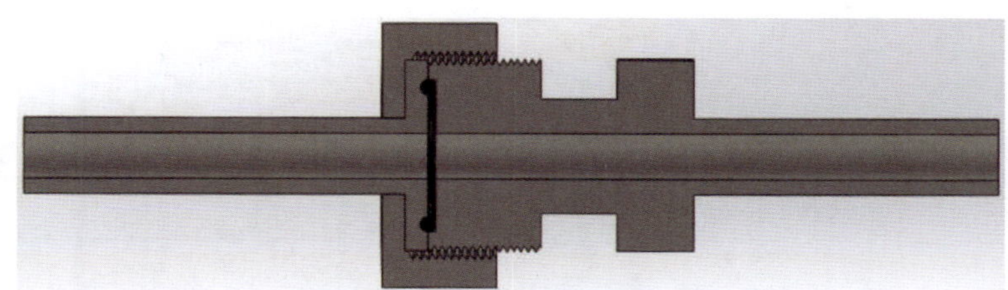

图 2　平面密封活接头

（2）重新设计管路布局。

对液控管路的布局进行重新设计和优化，减少管路中不必要的接头、弯头数量和布置重复的地方，将切换阀回油管与比例伺服阀回油管相连，一起进入回油箱，减少管路总长度，如图 3 所示。同时减少接头数量 8 个、弯头数量 5 个。

图 3　切换阀回油管优化

（3）加工新管路。

重新加工新管路，提高管路材料强度和密封面工艺水平，保证所有加工面粗糙度满足标准要求，密封面无毛刺，如图 4 所示。

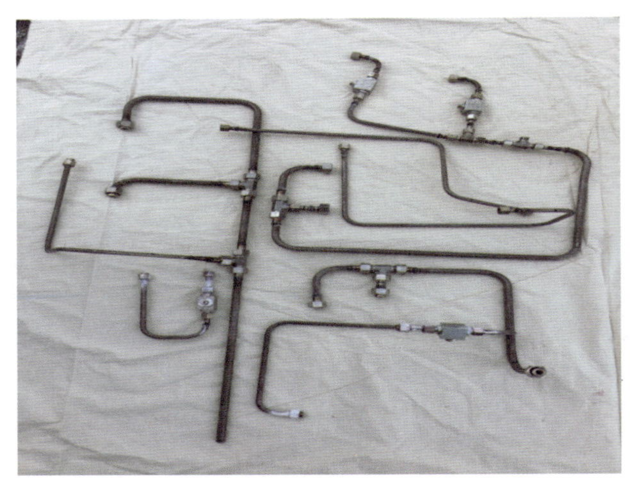

图 4　加工后的新管路展开图

（4）重新配管。

按管路布局重新配管，使连接处两端同心，确保接头垂直度和同轴度公差均满足标准要求，减少配合误差。经现场焊接、耐压试验、酸洗，整体安装，调试后，完成管路的配装，如图 5 所示。

（a）测量

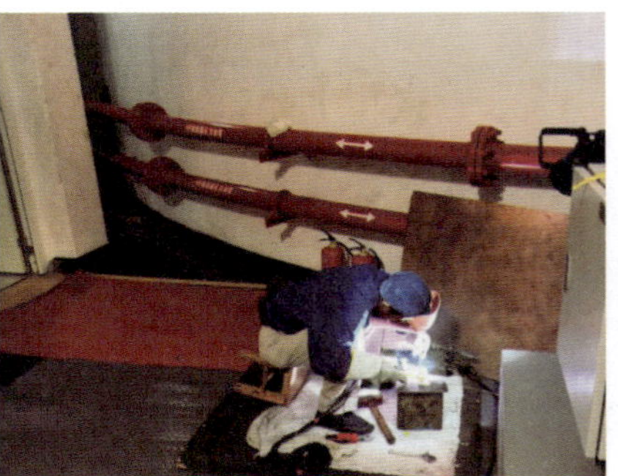

（b）焊接

图 5　管路装配

（c）耐压试验

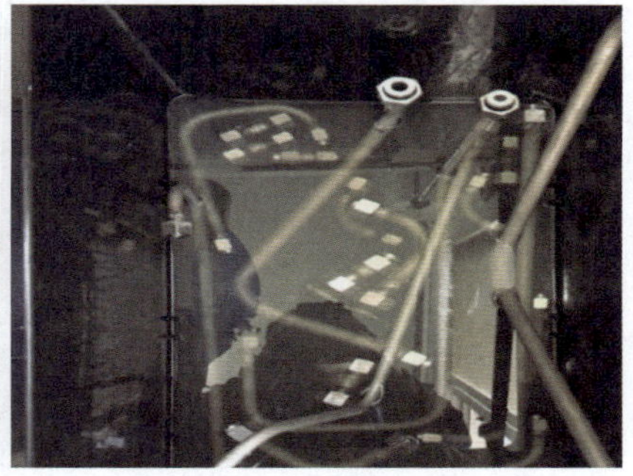

（d）酸洗

（e）整体配管安装

图 5　管路装配（续）

在随后的 B 修中，对优化改造后的管路进行检查，再未发生渗漏情况，改造情况良好。×× 电厂调速器液控管路的优化改造达到预期的效果，解决了原卡套式密封结构由于密封面坏导致的密封不严的问题，彻底解决了渗漏问题和透平油浪费的问题，减少了维护检修的时间，降低了维护检修的成本，提高了设备运行的可靠性。

第二章　电气设备常见故障分析处理

第一节　某电站程序调试导致开出量动作原因分析

1　故障现象

在现场调试过程中，在编程条件下新增加通信点。调试人员拟计划在不断电的情况下，通过调用 INIT 程序段完成 PLC 程序初始化。结果进行相关操作后，除第一点开出量外其他开出量点均动作。

2　相关理论知识

（1）梯形图。梯形图是 PLC 使用得最多的图形编程语言，被称为 PLC 的第一编程语言。梯形图语言沿袭了继电器控制电路的形式，梯形图是在常用的继电器与接触器逻辑控制基础上简化了符号演变而来的，具有形象、直观、实用等特点，电气技术人员容易接受，是目前运用最多的一种 PLC 的编程语言。

在 PLC 程序图中，左、右母线类似于继电器与接触器控制电源线，输出线圈类似于负载，输入触点类似于按钮。梯形图由若干阶级构成，自上而下排列，每个阶级起于左母线，经过触点与线圈，止于右母线。

（2）通信协议。又称通信规程，是指通信双方对数据传送控制的一种约定。约定中对数据格式、同步方式、传送速度、传送步骤、检纠错方式以及控制字符定义等问题做出统一规定，通信双方必须共同遵守，它也叫作链路控制规程。

（3）扫描周期。PLC 按照用户程序从左到右，从上到下，不断循环扫描的工作方式。这种工作方式是在系统程序的控制下顺序扫描各输入点的状态，按用户程序进行运算处理，然后顺序向各输出点发出相应的控制信号。整个工作过程可分为输入采样、程序处理、输出刷新三个阶段。在 PLC 的实际工作过程中，每个扫描周期除了三个阶段外，还要进行自诊断、与外设（如编程器、上位计算机）通信等处理。即一个扫描周期还应包含自诊断及与外设通信等时间。一般同型号的 PLC，其自诊断所需的时间相同。通信时间的长短与连接的外设多少有关系，如果没有连接外设，则通信时间为 0。输入采样与输出刷新时间取决于其 I/O 点数，而扫描用户程序所用的时间则与扫描速度及用户程序的长短有关。对于基本逻辑指令组成的用户程序，二者的乘积即为扫描时间。如果程序中包含特殊功能指令，则还需根据用户手册查表计算执行这些特殊功能指令的时间。

3 故障分析处理

3.1 原因分析

由于该 LCU 具有保持型开出，所以在增加了通信点后，希望能在不掉电重启的情况下，完成 PLC 程序初始化。

通过将调用 INIT 程序段前的 M0036 变量改成 ALW_ON，以调用 INIT 程序段完成程序初始化。结果出现开出量除第一点外其他所有开出动作，如图 1 所示。

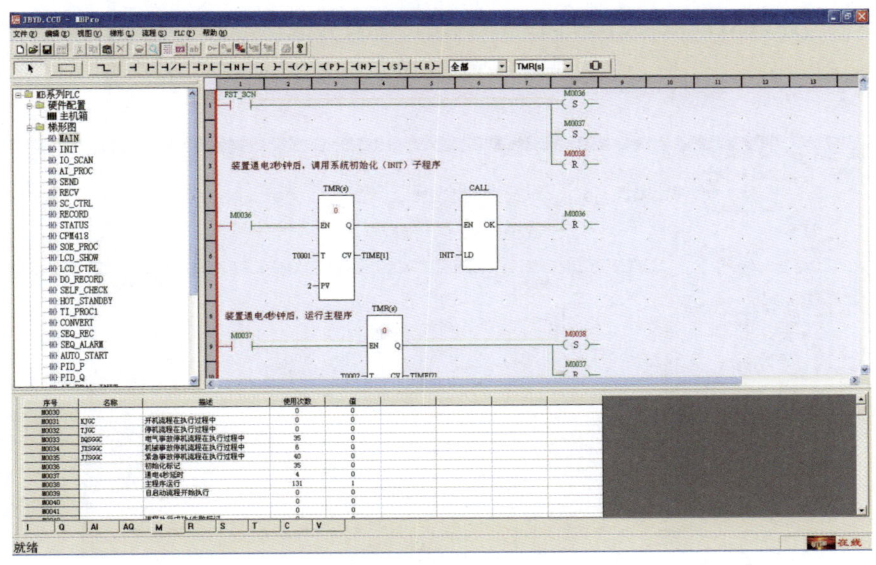

图 1　调用 INIT 程序段

在 INIT 程序段中，对在线点号进行了减 1 的处理，因为 Q0001 表示开出第一点，而 Q[1] 表示开出第二点，所以需要对在线点号减 1，以便后续程序直接调用变量，如图 2 所示。

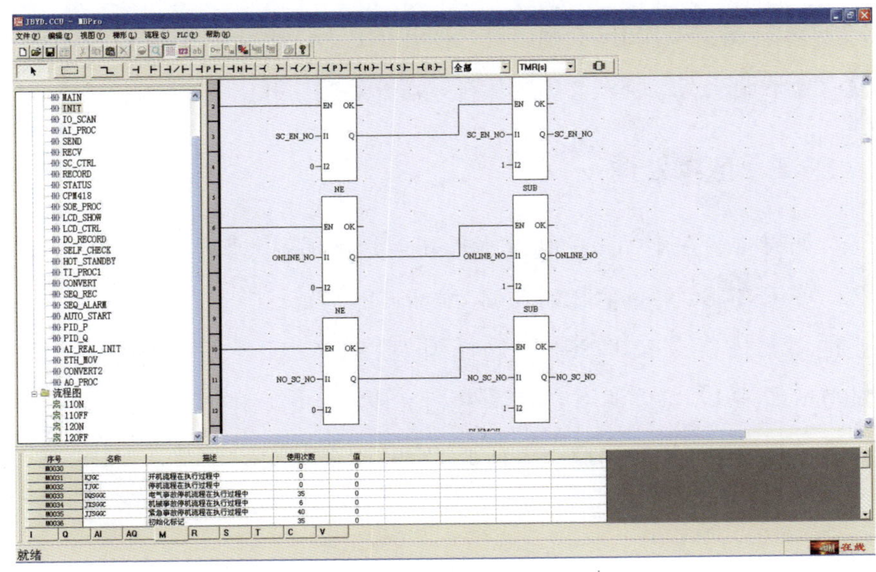

图 2　对在线点号进行减 1 处理

在 STATUS 程序段中，判断到调试键没有按下，就将在线点开出，如图 3 所示。

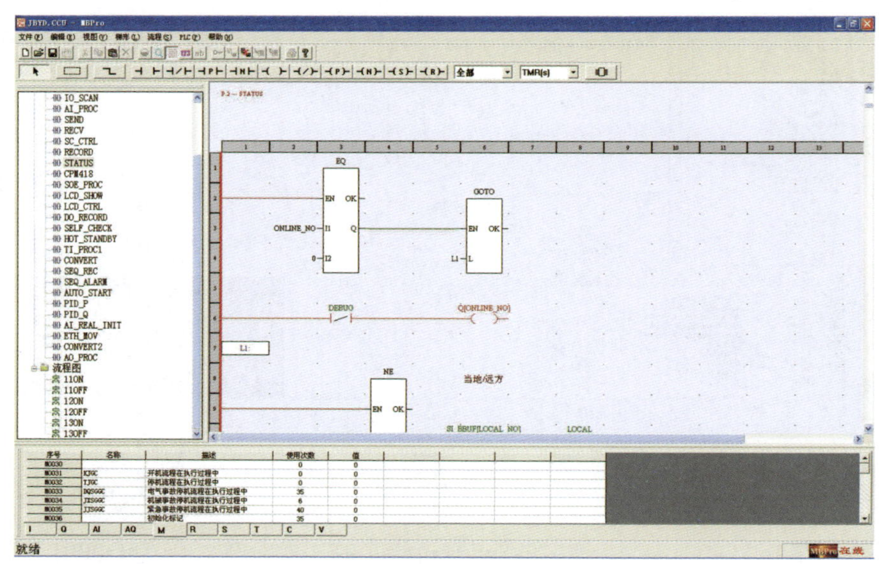

图 3　PLC 程序内在线点开出梯形图

综上所述，将调用 INIT 程序段前的 M0036 变量改成 ALW_ON 后，每 2s 就会调用一次 INIT 程序段，ONLINE_NO 也会依次减 1，又因为没有处于调试态，所以会导致从在线点开始倒序开出。

3.2　故障处理

如果希望在不掉电的情况下重新初始化程序，那么可采用以下方法：将 FST_SCN 变量临时改成 ALW_ON，待一个扫描周期后，迅速地将其恢复成 FST_SCN，这样因为 FST_SCN 变成 ALW_ON 后，M0036 置成 1，可以调用 INIT 程序段完成初始化，同时 M0037 置成 1，将跳过其他所有的程序段，就保证了开出不会动作。

4 经验总结及后期预防措施

（1）深入理解 PLC 程序，在不清楚修改 PLC 程序带来的后果的情况下，最好不要盲目修改，尤其是 LCU 运行的时候。

（2）PLC 程序要进一步完善，在 INIT 程序段中，所有行前都要加上 M0036 的判断，这样即使在运行中不小心调用了 INIT 程序也不会导致开出误动。

第二节　某电站监控系统对调速器分段关闭功能的处理分析

1　故障现象

某电站 2 号机组在进行空转至停机联动流程测试的时候，每次操作投入接力器锁锭和复归分段关闭阀的时候，都会引起事故配压阀动作，导致机组非正常停机；某电站 2 号机组在进行带负荷实验的时候，当负荷带到接近满负荷时，非事故原因出现事故配压阀动作，导致机组逆功率保护动作。

2　相关理论知识

（1）发电机逆功率保护：又称功率方向保护。一般而言，发电机的功率方向应该为由发电机流向母线，但是当发电机失磁或其他某种原因，发电机有可能变为电动机运行，即从系统中吸取有功功率。这就是逆功率。当逆功率达到一定值时，发电机的保护动作或动作于发信号或动作于跳闸。

（2）事故配压阀：是一种二位六通型换向阀，用于水电站水轮发电机组的过速保护系统中，当机组转速过高，调速器关闭导水机构操作失灵时，SGP 集成事故配压阀接受过速保护信号动作，其阀芯在差压作用下换向，将调速器切除，油系统中的压力油直接操作导水机构的接力器，紧急关闭导水机构，防止机组过速，为水轮发电机组的正常运行提供安全可靠的保护。

（3）水轮机导叶分段关闭装置：安装在导叶主接力器油缸液压管路中，由共阀体的两个插装阀组成，还具有一个换向阀，该换向阀的一端与第一个插装阀的控制腔连接，另一端与压力油进油管路连接。本装置先利用两个插装阀使油缸快速向关闭方向运动，当油缸关到一定程度时，再利用换向阀使第一个插装阀关闭，从而使油缸关闭速度减慢，实现以先快后慢的速度分段关闭水轮机导叶主接力器油缸。当油缸开启时，压力油反方向运行，不管换向阀处于何种状态，油缸均能快速开启。本装置采用插装阀结构，插装阀为标准件，可靠性高，反应速度快，结构简单，造价低，无须并联单向阀即可实现在任何位置的快速开启，所以在现场安装时配管简单，所需空间大为节省。

（4）水轮机接力器：是与水轮机导水机构的控制环采用摇杆连接，根据流量、出力情况、调节导水机构的开度大小的装置，通常分为单调节、双调节两种。

3 故障分析处理

3.1 原因分析

（1）在进行流程测试时，如果是分别操作接力器锁锭和分段关闭阀，则动作正常，但是如果同时操作这两个部件就会引起事故配压阀动作，由此可见并不是监控系统误开出或电气回路故障引起的。

（2）当机组带到接近满负荷时，此时导叶将由拐点位置以下进入拐点位置以上，根据设计逻辑，当导叶进入拐点位置以上时要复归分段关闭电磁阀，这种情况下并非每次都会引起事故配压阀的动作。

（3）接力器、分段关闭电磁阀和事故配压阀没有直接的电气连接，但是三者存在机械油路上的联系。三个装置的油路接在同一根油管上，而考察该电站的调速器油路设计，发现其油管非常小，当其中某个设备动作的时候就有可能引起油管上的油压波动，从而引起其他设备的误动作，这就很好地解释了上述现象：当单独动作分段关闭电磁阀的时候，有可能引起事故配压阀误动作，当同时动作接力器锁锭和分段关闭电磁阀的时候，事故配压阀必然动作。

3.2 故障处理

因为工期十分紧张，不可能把调速器油路重新设计安装，决定在监控系统上修改三者的动作逻辑，避免其中任意两者的同时动作，减少分段关闭电磁阀的动作次数。方案如下：

（1）停机流程中，投入接力器锁锭后延时 5s 再复归分段关闭电磁阀，这样就错开了两者动作的时间。

（2）对于分段关闭电磁阀只有在事故停机和甩负荷且导叶在分段关闭位置以下的时候才投入，当事故停机结束或甩负荷后 20s 复归分段关闭电磁阀，其他情况下不动作分段关闭电磁阀。对于事故停机采用电气、机械、紧急停机过程中这样的虚拟点来进行判断，对于甩负荷的判断，因为该电站只有一回出线，所以出现大网甩负荷的概率比较高，因此不能简单地采用以发电机出口断路器位置接点来判断的方式，而应采用 500ms 内负荷突然减少 20MW 的逻辑来判断。该方案在 2 号机组得到实现，从运行了快一个月的情况来看，机组运行正常。

4 经验总结及后期预防措施

（1）对分段关闭的理解。在水电站的工程实际中，由于其水工结构、引水管道、机组转动惯量等因素的影响，经过调节保证计算，要求调速器的接力器在紧急关闭时有导叶分段（一般为两段）关闭特性。即在导叶紧急关闭过程中，要求按拐点区分成关闭速度不同的两段（或多段）关闭特性，导叶分段关闭装置就是实现这种特性的，因此其不能简单地根据拐点位置来进行投退处理。

（2）调速器油路部分的设计相当重要，该电站的油路就是因为没有按照相关国标来进行设计，因此存在先天的缺陷。

（3）监控系统不是单纯地进行电气控制，现场调试人员一定要对被控对象有一定的了解，这样才能写出更安全可靠的流程逻辑。

第三节　某电站主机切换时调度通信数据跳变分析

1　故障现象

现场上位机系统采用 EC2000 系统，在切换主机时调度系统显示全厂总有功等数据出现跳变现象，现场一般用 op2 做主机，当切换到 op1 做主机时会跳变，再切回 op2 做主机则不会跳变。

2　相关理论知识

（1）有功功率：又叫平均功率。交流电的瞬时功率不是一个恒定值，功率在一个周期内的平均值叫作有功功率，它是指在电路中电阻部分所消耗的功率，有功功率的符号用 *P* 表示，单位有瓦（W）、千瓦（kW）、兆瓦（MW）。

有功功率是保持用电设备正常运行所需的电功率，也就是将电能转换为其他形式能量（机械能、光能、热能）的电功率。比如 5.5kW 的电动机就是把 5.5kW 的电能转换为机械能，带动水泵抽水或脱粒机脱粒；各种照明设备将电能转换为光能，供人们生活和工作照明。

（2）无功功率：在具有电感和电容的交流电路里，由于电感或电容的特性，造成电压和电流的相角不一致（电感元件电流滞后电压

90°，电容元件电流超前电压 90°），这些元件在半周期的时间里把电源能量变成磁场（或电场）的能量存起来，在另半周期的时间里将已存的磁场（或电场）能量送还给电源。它们只是与电源进行能量交换，并没有真正消耗能量。我们把与电源交换能量的速率的振幅值叫作无功功率。用字母 Q 表示，单位为乏（var）或千乏（kvar）。

无功功率是用于电路内电场与磁场的交换，并用来在电气设备中建立和维持磁场的电功率。它不对外做功，而是转变为其他形式的能量。凡是有电磁线圈的电气设备，要建立磁场，就要消耗无功功率。比如 40W 的日光灯，除需超过 40W 的有功功率（镇流器也需消耗一部分有功功率）来发光外，还需 80var 左右的无功功率供镇流器的线圈建立交变磁场用。由于它不对外做功，才被称为“无功”。

3 故障分析处理

3.1 原因分析

（1）主机切换过程中全厂总有功、总无功采样错误。

（2）双主机数据库可能不一致。

（3）上送调度无效值时未上送品质位。

3.2 故障处理

（1）在现场查看上位机主机数据库，数据库两台主机一致，而且两台主机的 CPU 使用率都在 10% 以下，数据刷新等都正常，切换主机数据跳变现象和主机系统没有关系。

（2）通过查看调度通信机全厂总有功在主机切换过程中，有时会出现数据变 0 或者变灰现象，经过多次切换试验，发现是在从机重新启动上位机软件或者重启电脑后，主机手动切换到从机时数据有跳变现象；正常切换一次后，再手动切换主机数据就不会跳变。此时是由于每次重新启动上位机软件后，作为从机的电脑 PLCDrv.exe 作为冷备用状态，当手动第一次切换时，备机的驱动会重新与下位机通信，但在这个过程中会有 1 ～ 2s 的时间，此时就会看到数据库数据品质变坏，然后再变为好，在此过程中数据会变为 0，然后在刷新成实际值，品质也变为好；第一次切换相当于激活驱动，然后驱动就一直处于热备用状态，再进行切换数据刷新正常。

（3）根据 101 规约中规定，子站上送数据是带品质上送的，经过查看上送调度遥测，在切换主机时，送调度遥测确实有变化，遥测信文应是带品质上送的，但经过查看发现只有全厂总有功和全厂总无功品质位送的 00，其他遥测点品质位为 80。经过查看全厂总有功和总无功连接测点，发现此两点连接的为上位机对象库测点，而且上位机此两点的品质在脚本里强制写为好，因此在计算过程中就默认为此点品质一直为好，就不会上送无效的品质给调度，此时调度就会认为此两点数据有效，进而会认为数据跳变。

（4）根据第（3）条检查结果，把上送调度全厂总有功和全厂总无功测点连接修改成数据库中带品质的虚拟点，此时上送调度数据时，当出现假数据时，品质位上送 80 无效的数据给调度，根据 101 规约此时调度把这个数据丢弃，保留上一次有效值，即不会发生跳变现象。

4 经验总结及后期预防措施

（1）投运调度通信时，要对主机切换试验会否出现数据跳变检查可对数。

（2）在添加遥信遥测点时，注意添加的测点选择有品质的点。

（3）要详细了解规约，以便出现问题时可即时分析处理。

第四节　140CRP93100 模件频繁报“error A”问题分析

1　故障现象

某电站的 LCU 使用施耐德 140CPU67160 模件，使用常规的远程头单通道模块 140CRP93100 模件和远程子站单通道模块 140CRA93100 模件组成 RIO 模式。在所内调试期间，正常连接完成 RIO 电缆并上电后发现 140CRP93100 模件频繁报“error A”，重新检查 RIO 电缆回路及 140CRA93100 模件地址无误后又上电，现象依然存在。

2　相关理论知识

140CRP93100 模件是施耐德 PLC 的模块之一，其中 CRP 是 RIO 主站控制器，CRA 是 RIO 从站适配器。当模块 Ready 时绿灯常亮，Com Act 时绿灯闪烁。如果出现 Error A 或 Error B 红灯亮，则说明有网络中断问题存在。

3 故障分析处理

3.1 原因分析

逐一排除原因：

（1）换 140CRP93100 模件，将工程上 14 块 140CRP93100 模件都试了一遍，发现只有 3 块是好的（另外两块不上电检查的原因是防止因为电源、接线等其他原因造成的设备不可逆变化，保证设备处于出厂状态），即没有报“error A”，其他依然频繁报“error A”，但又有所区别，有的模件“error A”闪烁慢些，有的闪烁快些。初步判断是 140CRP93100 模件的问题。

（2）鉴于如此大量的 140CRP93100 模件出现故障，为测试，故将本工程上 140CRP93100 模件拿到其他工程（某站 B）上试，试验结果出乎意料，在某站 A 工程上试出来是坏的 140CRP93100 模件居然工作正常，由此判断不全是 140CRP93100 模件的问题。

（3）施耐德电气技术人员来工程调试区进行测试，发现某站 A 工程上的 140CRA93100 模件和某站 B 工程上的 140CRA93100 模件又有所区别，前者的 PV 版本为 09，后者的 PV 版本为 08，故将某站 B 工程上的 140CRA93100 模件拆下来拿到某站 A 工程上用，试验结果是 140CRP93100 模件工作正常了，没有报“error A”，由此基本确定是某站 A 工程上的 140CRP93100 模件和 140CRA93100 模件不匹配造成 140CRP93100 模件频繁报“error A”（两工程模件版本见如下注释）。

（4）接下来联系施耐德 PLC 经销商，要求将某站 A 工程上用的 PV 版本为 09 的 140CRA93100 模件换成 PV 版本为 08 的 140CRA93100 模件，但从经销商处了解到，PV 版本为 08 的 140CRA93100 模件已经停产，所以只能考虑用其他办法来解决此问题。

注释：

某站 A 工程

140CPU67160 模件：PV:22，SV:2.70，RL:27

140CRP93100 模件：PV:07，SV:2.0，RL:89

140CRA93100 模件：PV:09，SV:2.0，RL:00

某站 B 工程

140CPU67160 模件：PV:22，SV:2.70，RL:27

140CRP93100 模件：PV:07，SV:2.0，RL:89

140CRA93100 模件：PV:08，SV:2.0，RL:93

* PV 版本更新说明模件内部硬件有重大更新；

* SV 版本更新说明模件内部软件有重大更新；

所以具体原因如下：本工程 140CRP93100 模件的 PV 版本为 07，140CRA93100 模件的 PV 版本为 09，140 CPU 671 60 模件所用的 Firmware 版本为 02.70，Unity Pro XL V2.3 软件下载程序时用的版本为 02.00，这些造成以上问题的出现，但是官方手册上并没有指出软件、硬件之间或硬件之间不兼容。

3.2 故障处理

施耐德电气技术人员来工程调试区进行测试，没有发现异常，但在一次偶然的程序下载过程中有了处理问题的新思路。

某站 A 工程用的 140 CPU 67160 模件的 System Info：

stop code：

0000

Firmware Info：

Rev Ldr：01.00

OS：02.70-00-27

Hardware Info：

HW Rev：0000

Copro Info

Copro Rev：V02.70

这其中 Firmware Info 很关键，Unity Pro XL V2.3 软件支持的最高版本为 02.30，本工程中用了 02.00（经过测试，实际上使用 02.30 编译的程序还是会出现以上问题），如图 1 所示。

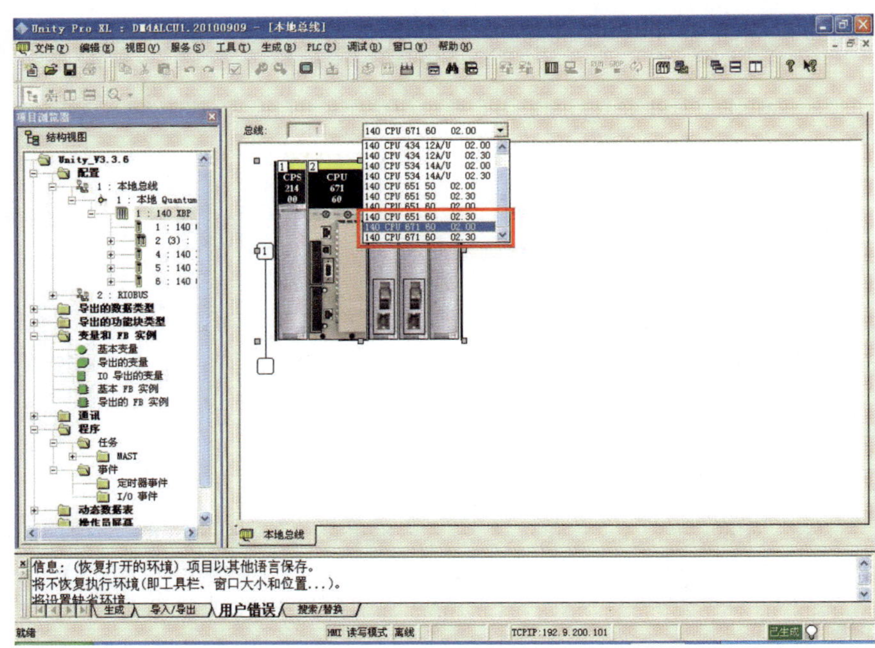

图 1　软件版本为 02.00

Unity Pro XL V4.1 软件支持的最高版本为 02.70，如图 2 所示。

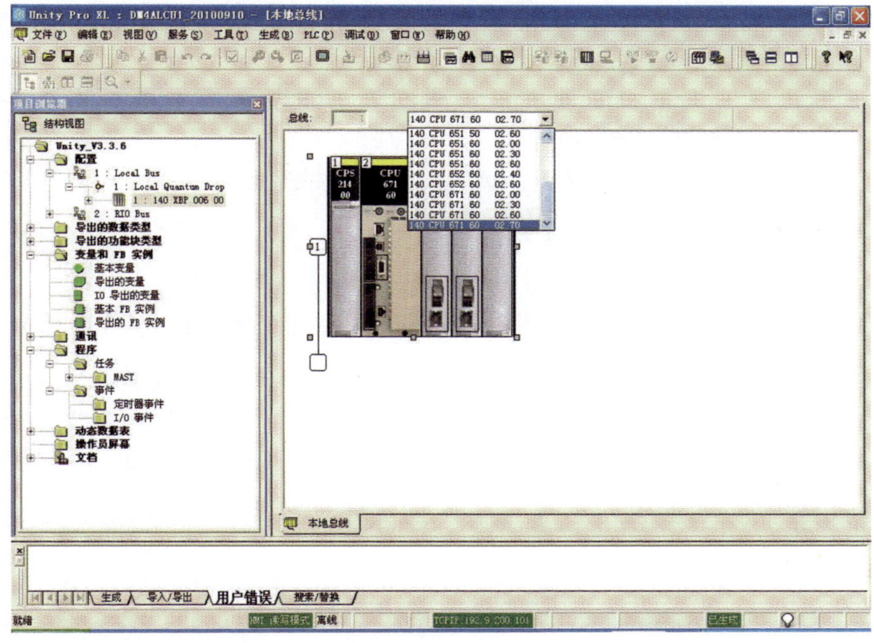

图 2　软件支持的最高版本为 02.70

将 PLC 编程软件升级到 Unity Pro XL V4.1，使用 02.70 编译程序后将程序下载到 PLC，运行后发现，140CRP93100 模件没有报“error A”。但是观察 %SW542（全局通信状态字）、%SW543（A 通道通信状态字）、%SW544（B 通道通信状态字）时，依然发现有错误计数信息，这说明问题依然存在，从上位机来看，由于 PLC 本身通信时好时坏，因此会循环刷简报窗口信息，只是不在模件上报“error A”。

经过分析，确定是 140CRP93100 模件和 140CRA93100 模件的匹配问题，后施耐德电气又从上海寄过来 PV 版本为 08 的 140CRP93100 模件，在使用 Unity Pro XL V4.1，以 02.70 编译程序后将程序下载到 PLC，运行后发现 140CRP93100 模件没有报“error A”，并且观察 %SW542（全局通信状态字）、%SW543（A 通道通信状态字）、%SW544（B 通道通信状态字）时，没有发现错误计数信息，经过几天的上电运行观察，发现 140CRP93100 模件工作正常，因此认为问题已得到解决。

4　经验总结及后期预防措施

工程调试期间，确实会出现一些非常规问题，此时要注意轻易判断原因，现针对本工程出现的问题总结如下：

（1）确保自身工作没有出错。

（2）在出现上述问题后，不要对所有 140CRP93100 模件进行上电检查，防止因为电源、接线等其他原因造成设备不可逆变化，保证设备处于出厂状态，留作厂家过来检测用。

（3）如果调试期间出现类似问题，在确定不是自身错误的情况下，不应花大量的时间探究检查问题产生的原因，应尽快取得厂家或经销商的联系方式并与之联系，以取得问题的解决方案。

（4）以后的工程尽量将 PLC 编程软件升级到 Unity Pro XL V4.1 或是最新版本，并使用最新的 Firmware 版本编译程序，以防止一些异常现象出现。

第五节　ACI 变送器与 Quantum ACI 模件配合后测值抖动问题

1　故障现象

ACI 变送器与 Unity ACI 模件配合后，ACI 变送器采集的模拟量测值抖动很大，不满足工程要求。单独测试 ACI 变送器和 Unity ACI 模件，它们都满足精度要求，且 ACI 变送器与 MB80 AI 模件配合后，ACI 变送器采集的模拟量测值抖动很小，满足工程要求。

2　相关理论知识

（1）MB80：南瑞 MB80 智能可编程逻辑控制器 CPU 模件采用符合国际标准 IEEE P996.1 的嵌入式技术，采用 64 位微处理器，支持 MMX 指令集扩展，主频 300MHz 以上；大容量的电子硬盘及内存；软件采用实时多任务的嵌入式操作系统。I/O 模件全部智能化，除完成数据采集任务外，还能够对采集的数据进行处理，同时具有自诊断功能。

（2）Tektronix：泰克公司全称是泰克科技有限公司，是一家全球领先的测试、测量和监测解决方案提供商。泰克公司成立于 1946 年，它在电子技术方面的革命可以追溯到 60 多年前。泰克公司创始人在

1946 年发明了世界上第一台触发式示波器，始于这个突破性的技术创新，如今的泰克公司已经崛起成为全球最大的测试、测量和监测设备供应商之一。

（3）隔离器：信号隔离器是一种信号隔离装置，将输入单路或双路电流或电压信号，变送输出隔离的单路或双路线性的电流或电压信号，并提高输入、输出、电源之间的电气隔离性能。

3　故障分析处理

3.1　原因分析

用 Tektronix 示波仪分别测试 ACI 变送器输出精度，ACI 变送器与 Unity ACI 模件配合精度和 ACI 变送器与 MB80 AI 模件配合精度，得到如下测试结果，见表 1。

表 1　测试结果

状态＼类型	模拟量信号发生器	ACI 变送器	ACI 与 Unity ACI	ACI 与 MB80 AI
不加电容	18mV	40mV	48 ～ 112mV	40 ～ 50mV
加电容	4mV	10mV	18 ～ 30mV	20 ～ 26mV
加隔离器			16mV	

从测试结果可以分析出如下结论：

（1）不加电容时，ACI 变送器直接输出的模拟量信号自身抖动也比较大，当 ACI 变送器与 Unity ACI 模件配合后抖动变得更大，而 ACI 变送器与 MB80 AI 模件配合后抖动基本保持不变，说明 ACI 变送器与 Unity ACI 模件配合存在问题。

（2）加电容后，ACI 变送器直接输出的模拟量信号自身抖动变得很小，同时 ACI 变送器与 Unity ACI 模件配合后的抖动与 ACI 变送器与 MB80 AI 模件配合后的抖动基本一致，并且配合后的抖动也大大消减，此时，观察 Unity PLC 的模拟量原始测值与不加电容时的模拟量原始测值基本一致，MB80 PLC 的模拟量原始测值与不加电容时的模拟量原始测值也基本一致，这说明：

1）加电容后，电容消减了环境中的高次谐波干扰，使得模拟量信号抖动减小。

2）Unity ACI 模件和 MB80 AI 模件中已有滤波电路，已对环境中的高次谐波干扰进行处理。

3）ACI 变送器与 MB80 AI 模件配合后的模拟量原始测值符合精度要求，而 ACI 变送器与 Unity ACI 模件配合后的模拟量原始测值不符合精度要求，可能与 Unity ACI 模件和 MB80 AI 模件的硬件处理方式及它们的底层软件滤波方式有关（其中 MB80 AI 模件硬件采用“电容飞渡”方式隔离滤波，底层软件中又采用多次采集去最大、最小平均方式进行软件滤波；Unity ACI 模件硬件采用低通滤波方式，底层软件如何处理不清楚；此外，MB80 AI 模件为 16 通道，而 Unity ACI 模件为 8 通道，这样采集速度也不一样，对采集测值的响应也不一样）。

（3）加隔离器后，ACI 变送器与 Unity ACI 配合后的抖动大大消减，说明隔离器可以解决 ACI 变送器与 Unity ACI 模件配合问题。隔离器的作用主要如下：①隔离器使 ACI 变送器的输出回路与 Unity ACI 的输入回路相隔离；②隔离器有硬件滤波功能；③隔离器有信号放大功能。隔离器这三个功能可以滤除谐波干扰，使 ACI 变送器的输出电流变得平稳。

通过测试分析，可以得出两种初步解决办法：

（1）在 ACI 变送器与 Unity ACI 模件之间增加隔离器，可以解决 ACI 变送器与 Unity ACI 配合后的抖动问题。

（2）在 Unity 标准程序中增加一段程序，实时采集 ACI 变送器的测值，然后进行软件滤波处理，实验测得：采用实时采集 5 次取平均值便可以解决 ACI 变送器与 Unity ACI 模件配合后的抖动问题，处理后的 ACI 变送器测值采集周期大概是 700 ~ 800ms。

3.2 故障处理

上述两种初步解决办法都可以解决 ACI 变送器与 Unity ACI 配合后的抖动问题。但第一种是硬件方式，实时响应速度快；第二种是软件方式，会增加 Unity 标准程序的负担，且实时响应速度慢。在光照工程中，由于机组与开关站 ACI 变送器测值参与重要控制，且实时响应要求高，故采用增加隔离器办法，而公用与坝区 ACI 变送器测值实时响应要求不高，参与的控制也仅是判断有无电压，故采用软件滤波办法。

4 经验总结及后期预防措施

ACI 变送器与 MB80 AI 模件配合后的模拟量原始测值符合精度要求，而 ACI 变送器与 Unity ACI 模件配合后的模拟量原始测值不符合精度要求，应该与 Unity ACI 模件和 MB80 AI 模件的硬件处理方式及它们的底层软件滤波方式有关，因此，仍需继续分析 Unity ACI 模件和 MB80 AI 模件的软、硬件处理方式的区别，从而找出更好的解决办法，这样也有利于 MB80 AI 模件的升级。

第六节　PMU 涉网信息误差问题

1　设备运行状态

某电厂同步相量测量装置（Phasor Measurement Unit，PMU）安装于 3 号机组、4 号机组单元控制室内，对各机组同步相量测量进行测量，用于电力系统的动态监测、系统保护和系统分析和预测。全年处于运行状态，对电网进行实时数据报送。

2　故障现象

2.1　1 号机组

PMU 采集到的励磁电压数值错误，显示为 0；PMU 采集到的一次调频修正前功率指令信号与监控系统存在 16MW 的误差；PMU 采集到的一次调频修正后功率指令信号与监控系统存在 9MW 的误差。

2.2　2 号机组

PMU 采集到的励磁电压数值显示为 0，PMU 采集到的一次调频修正前功率指令信号与监控系统存在 17MW 的误差，PMU 采集到的一次调频修正后功率指令信号与监控系统存在 9MW 的误差。

2.3 3 号机组

PMU 采集到的励磁电压数值显示为 0，PMU 采集到的一次调频修正前功率指令信号与监控系统存在 27MW 的误差， PMU 采集到的一次调频修正后功率指令信号与监控系统存在 25MW 的误差。

2.4 4 号机组

PMU 采集到的励磁电压数值显示正确，PMU 采集到的一次调频修正前功率指令信号与监控系统存在 30MW 的误差，PMU 采集到的一次调频修正后功率指令信号与监控系统存在 31MW 的误差。

3 相关理论知识

同步相量测量装置是利用全球定位系统（GPS）秒脉冲作为同步时钟构成的相量测量单元。可用于电力系统的动态监测、系统保护及系统分析和预测等领域，是保障电网安全运行的重要设备。

4 故障分析处理

4.1 原因分析

（1）1 ～ 4 号机组一次调频修正前功率指令，由调速器通过两个模拟量输出通道分别送至监控系统和 PMU，调速器模拟量输出通道的 4 ～ 20mA 对应量程为 0 ～ 332MW，监控系统主站数据库定义的一次调频修正前功率指令 4 ～ 20mA 对应量程为 0 ～ 332MW，与调速器一致。

PMU 程序定义一次调频修正前功率指令 4 ～ 20mA 对应量程为 0 ～ 300MW，因 PMU 程序定义一次调频修正前功率指令与调速器和主站定义存在偏差，导致监控主站和 PMU 1 ～ 4 号机一次调频修正前功率指令读数存在误差。另调速器送到监控系统和 PMU 一次调频修正前功率指令为不同通道，通道测值也有一定的误差。

（2） 1 ～ 4 号机调速器一次调频修正后功率指令，由调速器通过同一模拟量输出通道送至主站和 PMU， 调速器模拟量输出通道 4 ～ 20mA 对应量程为 0 ～ 332MW。监控系统主站数据库定义一次调频修正后功率指令 4 ～ 20mA 对应量程为 0 ～ 332MW，与调速器一致。

PMU 程序定义一次调频修正后功率指令 4 ～ 20mA 对应量程为 0 ～ 300MW，因 PMU 程序定义一次调频修正后功率指令与调速器和监控系统定义存在偏差，导致监控主站和 PMU 1 ～ 4 号机一次调频修正前功率指令读数存在误差。

（3） 1 ～ 3 号机励磁电压模拟量，由 ABB 励磁系统通过同一通道送至监控系统和 PMU，4 ～ 20mA 对应量程为 0 ～ 1200V，监控系统主站数据库定义励磁电压模拟量 4 ～ 20mA 对应量程为 0 ～ +1200V。

4 号机励磁电压模拟量，由 GE 励磁系统通过同一通道送至监控系统和 PMU， 4 ～ 20mA 对应量程为 -1200 ～ +1200V，监控系统主站数据库定义励磁电压模拟量 4 ～ 20mA 对应量程为 -1200 ～ +1200V。

1 ～ 4 号机 PMU 程序定义励磁电压模拟量 4 ～ 20mA 对应量程为 0 ～ 857V，因此 1 ～ 3 号机励磁电压模拟量在 PMU 上显示错误。由于 4 号机励磁电压模拟量在 PMU 上显示正确，我们认为 PMU 程序中定义的励磁电压模拟量 4 ～ 20mA 对应量程为 -1200 ～ +1200V。

4.2 故障处理

由 PMU 厂家修改一次调频修正前功率、一次调频修正后功率、励磁电压模拟量信号 4 ～ 20mA 对应量程与调速系统、监控系统、励磁系统一致，消除误差。

通过在调速器程序内强制一次调频修正前功率、一次调频修正后功率值，核对通道误差。

对励磁电压变送器输入端加电压量，检查电压变送器输出电流，核对 PMU 及主站励磁电压读数。

5　经验总结及后期预防措施

PMU 作为网公司对电站考核的重要设备，应定期进行检查和校验，发现问题和误差后，在解决问题前优先与网调自动化科取得联系，避免被长期考核相关指标。

第七节　某电厂调速器一级故障分析及处理

1　设备运行状态

某电厂 3 号机组调速器于 2011 年进行改造，新投运的调速器为安德里茨 TC1703 型调速器。该调速器采用功能块语言编程，由自动和手动两个控制单元组成。自动控制单元具有功率、转速、开度三种调节方式，机组开机未并网及进入孤网运行时采用转速调节方式，机组并网后默认选择开度调节方式，并网后若远方或现地选择功率方式则调速器进入功率运行方式。手动单元采用开度控制方式，当并网后自动方式出现一级故障则切换到手动方式运行，手动方式作为自动控制方式的后备控制及调试试验时使用。自动调节器输出的转速开关量信号用于水机后备保护回路，手动调节器输出的转速开关量信号用于机组监控系统。3 号机组调速器机调部分压油装置的控制系统于 2012 年完成了更换改造，改造后的油压控制系统采用的 PLC 型号为西门子 S7-300，系统共有 56 个数字量开入点，32 个数字量开出点，4 路模拟量输入，4 路模拟量输出，一个网络通信模块和一个液晶触摸显示屏，新的控制系统目前具备自动和手动两种控制方式，具备调速器系统油压控制及自动补气阀的控制功能。

2 故障现象

2月9号20:00，3号机组带210MW负荷运行，20:03AGC下发3号机组290MW负荷，4s后主站报“调速器一级故障”“调速器自动未运行”“调速器自动位置故障切手动”“3号机组调速器手动运行”，检查3号机组实际带210MW负荷运行，导叶开度65%，调速器未执行AGC下发的290MW设定值。

现场检查时发现3号机组调速器TP1盘一级故障指示灯亮，液晶屏主画面有一类故障开出，报警画面有残压测频故障及网频故障，事件记录显示20:03:04调速器收到负荷调节指令，20:03:08有一级故障和调速器自动位置故障切手动开出信号。

3 相关理论知识

齿盘测速装置是利用电子电路将水轮机的转速信号转换成与其成比例的电压信号的器件。通过整形、放大和脉冲频率—电压转换等电路将转速信号变换成规则的与水轮机转速成比例的方波脉冲数或脉冲时间宽度，经放大后将脉冲信号转换成与水轮机转速成比例的电压输出信号。

4 故障分析处理

4.1 原因分析

调速器一级故障原因关系逻辑如图1所示。

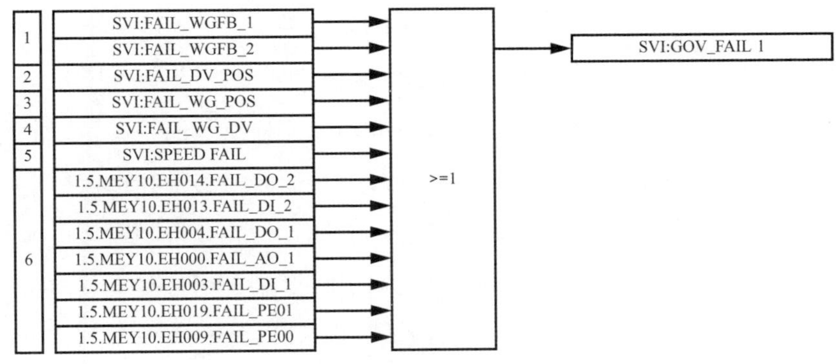

图 1 调速器一级故障原因关系逻辑

从图 1 中可以看出，调速器程序中导致一级故障的信号有以下几种情况：

（1）导叶位置硬件故障，1 号导叶位置硬件故障包含 WG-1 通道故障、AI-1 模块故障、PE00 模块故障；2 号导叶位置硬件故障包含 WG-2 通道故障、AI-2 模块故障、PE01 模块故障。当出现 1 号导叶位置和 2 号导叶位置硬件同时故障时，程序判断为一级故障，此故障未做延时处理。

（2）主配定位故障。若主配位置设定值与实际主配位置相差 30%，则于延时 1.2s 后程序判断为一级故障。

（3）导叶开度定位故障。若导叶开度设定值与实际反馈值相差 15%，延时 12s 后程序判断为一级故障。

（4）主配硬件故障。包含 MV-POS 通道故障、AI-1 模块故障、PE00 模块故障，若其中有一个故障，则程序判断为一级故障，此故障未做延时处理。

（5）转速故障，当调速器两路齿盘测速故障和残压故障同时出现时，程序判断为一级故障。

（6）重要模块故障，包含调速器自动单元两块开入模块 DI-1、DI-2 任一块故障；两块开出模块 DO-1、DO-2 任一块故障；模出模块

AO-1；两块数据采集模块 PE00、PE01 任一块故障，程序判断为一级故障，此故障未做延时处理。

从故障现象分析调速器收到监控下发的负荷调节指令，但 4s 后一级故障动作，故可排除导叶开度定位故障，另外从盘面报警信息看，除一级故障报警和残压测频报警外，未见其他故障信号和接点抖动现象，因而可基本排除模块硬件故障的可能性。由此分析判断，可能是调速器接收到负荷调节指令后，由于电液转换器零点略有偏移而主配定位故障延时时间参数很短导致一级故障报警。

4.2 故障处理

待 3 号机组停机后，接入调速器便携机终端通过 TOOLBOX II 软件在线查看信号逻辑图，如图 2 所示，检查发现程序中主配定位故障报警有输出，经确认，是该模块动作所致。修改主配设定值与主配位置反馈偏差限制参数 P_SVI:LIM_DV_SV 为 45%，延时时间参数 P_SVI:TIM_DV_SV 改为 2.2s。修改后经开机空转试验检查调速器运行正常，故障排除。

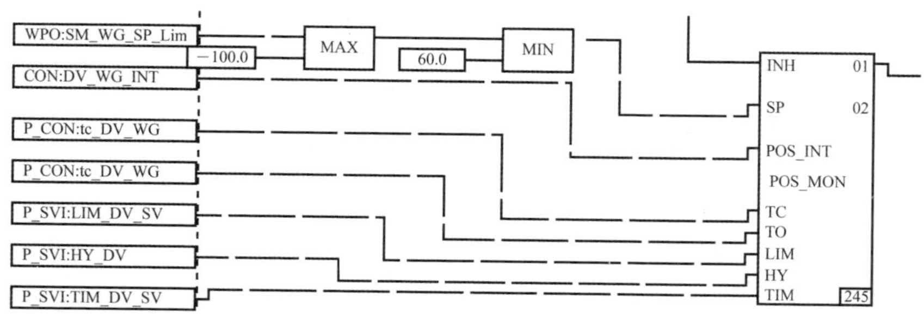

图 2 调速器便携机终端信号图

WPO:SM_WG_SP_Lim— 主配位置反馈设定值；CON:DV_WG_INT— 主配位置反馈测值；P_CON:tc_DV_WG— 关机时间参数；P_CON:tc_DV_WG— 开机时间参数；P_SVI:LIM_DV_SV— 主配位置反馈设定值与测值偏差限制参数；P_SVI:HY_DV— 迟滞参数；P_SVI:TIM_DV_SV— 延时时间参数

5 经验总结及后期预防措施

故障的判定偏差值和延时时间设定是一个长期优化的过程，设定得过缓会导致事故的发生及扩大，设定得过快容易导致误报警，而作为设备维护人员需要在这两者之间找到平衡点，这就需要有长期的、多种工况下的设备状态数据，所以建立设备工况大数据分析库是十分必要的。

第八节　某电厂 3 号机组励磁故障停机

1　设备运行状态

9 月 2 日 23:00 某电厂 3 号机组并网运行，有功负荷 75MW，无功负荷 -40Mvar，励磁系统 A 套主运，B 套备用。该电厂 1 号机、2 号机、4 号机备用。

550kV Ⅰ母、Ⅱ母联络运行，6021 开关带 6KV Ⅱ段、6052 开关带 6kV Ⅴ段，各段母线电压正常，备自投正常加用；400V 厂用电系统各段母线分段运行，电压正常，备自投正常加用。

2　故障现象

9 月 2 日 23:26:50，某电厂 3 号机组并网运行中，励磁系统 V/Hz 限制保护动作，跳灭磁开关，同时输出“励磁故障”信号给保护装置，保护装置接收到“励磁故障”信号后，启动全停，跳清 5003 开关，跳灭磁开关，跳厂变开关，同时输出“电气保护动作”信号给监控系统 LCU3，启动 MARK2 停机流程。甩有功负荷 75MW，无功负荷 -40Mvar，3 号机组 MARK2 停机正常。

主站报有“3 号机组励磁报警”“3 号机组励磁跳开关”“3 号机组灭磁开关分”“3 号机组电气保护动作”“3 号机组 5003 断路器分”。

3 相关理论知识

灭磁开关是指用于快速降低励磁回路中的电流的开关。灭磁开关是一种适用于分断电机励磁回路电流的电器。因为励磁回路感抗很大，切断电流是很困难的，所以要安装专用的灭磁开关。隔河岩电厂非线性电阻选用的材料为碳化硅。

4 故障分析处理

4.1 原因分析

4.1.1 励磁系统主回路原理

××电厂励磁系统主回路原理如图1所示，机端额定线电压为18kV，机端电压互感器二次侧额定线电压为100V，发电机运行各参数在励磁控制终端ECT显示，励磁系统由双通道热备控制，本事件中，A套主用，B套备用。机端2PT二次侧测量信号同时送至励磁系统A套中CCM1模件和同步相量采集装置（PMU），机端3PT二次侧测量信号送至B套中CCM2模件。

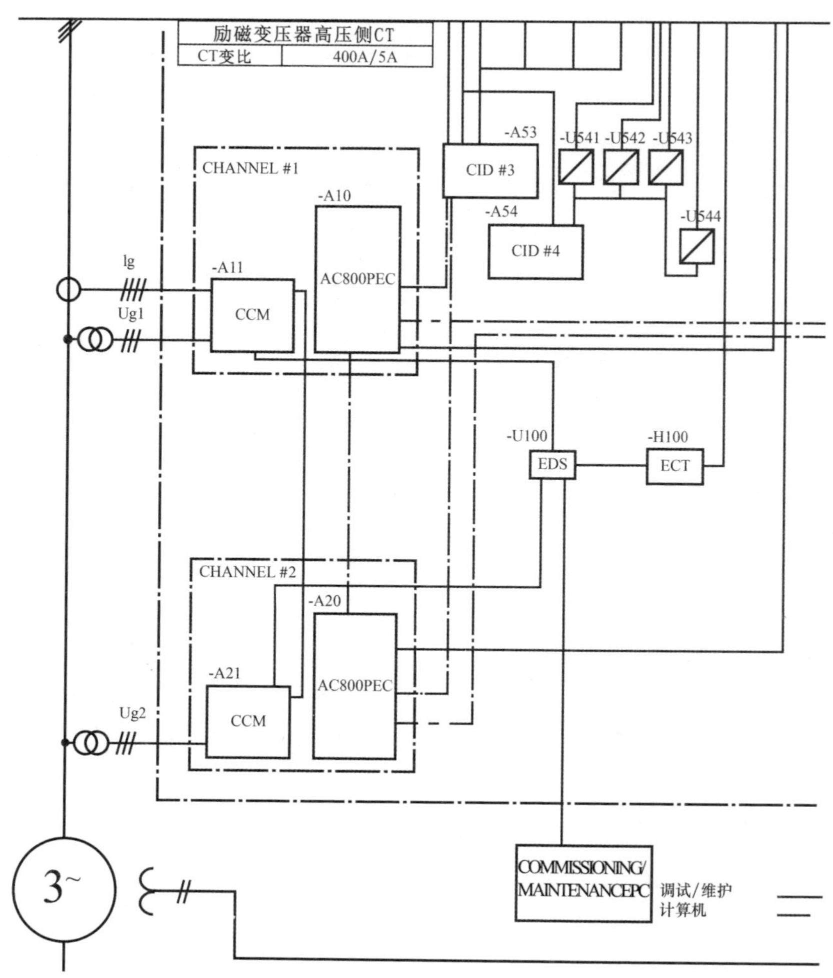

图 1　隔河岩电厂励磁系统原理图

4.1.2　励磁控制终端 ECT 记录分析

依据事件发生时励磁控制终端 ECT 信息记录，励磁 B 套首先产生 V/Hz 限制保护（V/HzProtFlt）故障，启动灭磁开关跳 1（Trip1）指令；励磁 A 套监测到 B 套有灭磁开关跳 1（Trip1）故障，发出备用通道跳开关（PassiveCHTrip）信号，启动 A 套跳灭磁开关跳 1（Trip1）指令。励磁控制终端中 A/B 套 ExternalTrip（外部跳开关）信号，来自机组保护装置的跳开关指令。

4.1.3 励磁 A 套动作情况分析

在同步相量采集装置（PMU）、励磁控制终端 ECT 查询 3 号机组故障记录数据。

4.1.4 励磁 B 套动作情况分析

针对励磁运行过程中 B 套，获取机端电压及频率 fEp 故障录波图。机端电压 Ug 于 21:11:25（监控系统时间为 23:26:06，因为励磁系统 ECT 没有进行 GPS 对时，时间标签有误）从 0.9744pu 突升至 1.813pu，频率 fEp 未变化，为 1.0 pu。计算后超过 V/Hz 保护的整定值（1.35），持续 2s 后，满足 V/Hz 动作时间设置，励磁 Trip1 跳灭磁开关，机组停机。励磁系统跳开关后，B 套的机端电压 Ug 还维持 1.813pu 显示不变。

根据励磁系统暂态记录、事件、参数等信息，结合相关系统的原理、历史数据，认为此次机组停机事件的原因为：3 号机组励磁系统 B 套调节器通信控制模件 CCM2 突发内部装置故障，造成机端电压经 CCM2 采样通道运算后产生突变（从 0.9746pu 突升至 1.813pu，其中机端电压显示值为 32.64kV），超过励磁 V/Hz 限制保护动作跳灭磁开关定值（跳灭磁开关整定值 1.35pu）后，启动全停保护，跳清 5003 开关，跳灭磁开关，跳厂变开关，同时输出“电气保护动作”信号给监控系统 LCU3 启动 MARK2 停机流程。

4.2 故障处理

机组停机后，电厂对所辖设备进行了检查，机组保护、线路保护正常、清 5003 开关正常、GIS、发电机定子绕组上下端、中性点无异常、机械部分等相关设备正常，自动班检查发现励磁装置励磁控制终端（ECT）记录中有“CH2V/Hz 保护动作”“CH2Trip1 跳开关动作”“CH1 备用通道跳开关动作”信号。

经对励磁系统励磁控制终端（ECT）记录、励磁跳灭磁开关时刻的暂态记录等进一步检查后发现：励磁 A 套机端电压显示正常，励磁

B 套机端电压 Ug，在跳灭磁开关前 2s，从 0.9746pu 突升至 1.813pu（机端电压显示值 32.64kV），励磁 V/Hz 限制保护的实时计算值，超出预设的跳灭磁开关整定值 1.35pu，2s 后，励磁 B 套发出 Trip1 跳灭磁开关指令，3 号机组 MARK2 事件停机。在机组停机后，B 套的机端电压 Ug 仍维持 1.813pu 不变。

用继电保护测试仪对励磁系统 A/B 套电压采集通道分别加量测试，励磁 A 套的通信控制模件 CCM1 采集机端 2PT 电压，励磁 B 套的通信控制模件 CCM2 采集机端 3PT 电压。通过测试发现，A 套测值经 CCM1 模件，随电压调整正确显示，对比同步相量采集装置（PMU）采样数据，测值一致；B 套测值经 CCM2 模件采集，机端电压 Ug 始终保持 32.64kV（顶值）不变。判断为励磁 B 套 CCM2 模件故障，对励磁系统 B 套断电重启后，重新进行电压采集通道测试，B 套测值恢复正常。

经设备供应商确认，励磁系统为双通道热备控制，备用通道检测到机端电压异常，V/Hz 限制保护动作，跳灭磁开关为正确动作。根据现场情况，确定励磁故障引起清 5003 开关跳闸原因为励磁调节器 B 套通信控制模件 CCM2 装置内部故障，造成通道电压异常突变。

9 月 3 日 3:01，停用励磁系统 B 套后，3 号机开机至第七步建压，检查励磁系统运行正常，3 号机组恢复备用。

9 月 6 日，更换励磁 B 套 CCM2 模件备品，对机端电压和电流采样环节进行校验，并对励磁 A/B 套进行了全面检查，CCM2 模件采样数据满足要求。投入 B 套电源，在 B 套主运方式下起励以及并网，对比 A 套和 B 套的机端电压和机端电流，两者显示一致，励磁系统恢复 A/B 套双通道热备运行方式。

5　经验总结及后期预防措施

5.1　经验总结

（1）若 CCM 模件故障且无备件更换的情况下可以采取如下措施：因发变组保护含有过激磁保护（V/Hz），可暂时取消励磁系统的 V/Hz 保护，即设置 EnableVHzMon 为 False。

（2）ABB 的 Unity6000 励磁主备用设计与部分厂家不同：机组运行时，主用通道主控，备用通道进行跟踪。当出现保护动作时，备用通道跳闸能直接出口，同时会发给主通道“PassiveCH trip”信号。跳闸矩阵的设置同时作用于主用和备用通道而且是相互独立的。

（3）可通过软件升级的方式对故障进行规避。目前可升级至 3.0.17 版本，该版本对 CCM 板卡的数字量输入进行了滤波处理，且升级过程不会改变励磁系统的设置参数。

（4）励磁系统的采样环节，对采样数据设置了通道运放顶值报警闭锁参数（PTEnaOpAmpCeilMon=1），但本次故障中，备用通道未发生报警、闭锁的原因是：报警闭锁功能逻辑为“21057 PTMonOpampCeil”报警触发的条件是 Ug、Ug_RS、Ug_ST 以及 Ug_TR 同时超过顶值电压的 95%，持续 20ms。

Ug_RS、Ug_ST 及 Ug_TR 即为 3PT 三相机端电压（UAB、UBC、UCA）实时采样值波形，通过采样数据转换，得到机端电压 Ug 的换算后有效值（以 pu 为单位）。Ug_RS、Ug_ST 以及 Ug_TR 的峰值没有超过 1pu，只有 Ug 达到了顶值 1.813 pu，这导致顶值闭锁的功能并未启动。

5.2　预防措施

（1）更换励磁 B 套 CCM2 模件，对机端电压和电流采样环节进行校验，并对励磁 A/B 套进行了全面检查，恢复励磁系统 A/B 套双通道热备运行方式。

（2）继续与设备供应商沟通，督促查找机端电压经 CCM2 采样通道运算后产生突变的原因。

（3）升级四台机组励磁系统 A/B 套控制器软件至最新版本，进行通道测试及校验，保持与厂家的沟通，及时了解新发现的设备漏洞。

（4）加强对事故备品备件的管理，对事故备品备件清单进行清理并补充完善。

第九节　机组水机保护 PLC 与调试电脑无法连接故障分析

1　故障现象

现场使用的水机保护 PLC 型号是 Micro 系列 TSX3721，软件用的是 PL7 4.4，调试线是 USB 编程电缆 TSX PCX 3030-C。

现场用笔记本电脑备份文件中与机器里已有的完全一样的程序联机时，始终连接不上，点击“connect”，出现如下对话框。

报“不能通过 UNTLW01 驱动在 SYS 地址上建立与 PLC 的物理连接”，强制下载 PC 机里的程序至 PLC，选择“Transfer Program”，弹出以下对话框。

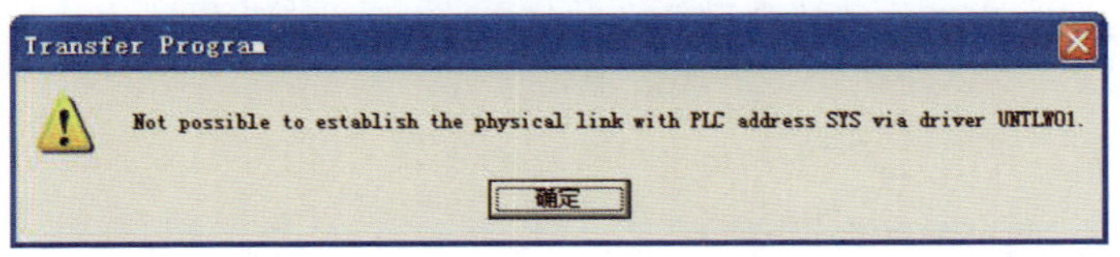

报同样的内容：“不能通过 UNTLW01 驱动在 SYS 地址上建立与 PLC 的物理连接”，还是连不上。

2　相关理论知识

（1）奇偶校验位：偶数或者奇数甚至对一个数字的性质，多被应用于计算机硬件的错误检测中。奇偶校验通常用在数据通信中来保证数据的有效性。每个设备必须决定它是否被用为偶校验、奇校验或非校验。发送设备添加 1s 在每个它发送的每条串上决定这个数是偶数还是奇数。然后，它添加一个额外的位（叫作校验位）到这个串上。如果偶校验在使用，校验位将这些位置为偶数；如果奇校验在使用，校验位将这些位置为奇数。

（2）错误检测：如果传输过程中包括校验位在内的奇数个数据位发生改变，那么奇偶校验位将出错，表示传输过程有错误发生。因此，奇偶校验位是一种错误检测码，但是由于没有办法确定哪一位出错，所以它不能进行错误校正。发生错误时必须扔掉全部的数据，然后从头开始传输数据。在噪声很多的媒介上成功传输数据可能要花费很长的时间，甚至根本无法实现。但是奇偶校验位也有它的优点，它是使用一位数据能够达到的最好的校验码，并且它仅仅需要一些异或门就能够生成。

3　故障分析处理

3.1　原因分析

备份里面是出所时调试好的程序，而且与机器里已经加载的程序完全一致，所以连接不上的原因值得探究。

首先，弄清楚用 PL7 连接时跟哪些设置有关。

（1）调试线的驱动要装。

（2）程序中驱动设置的选择，PL7 软件驱动常用的有两个，分别为 UNI-TELWAY LINK 与 MODBUS LINK，驱动设置的选择在

“Tool>Configuration”里面设置。

（3）调试软件中串口参数的设置应与调试机默认 COM 口设置成一样。

弄清楚了连接与哪些设置有关后，再逐一进行检查。确定已经安装了调试线驱动与 UNI-TELWAY 驱动，并且程序里也是选择的 UNI-TELWAY 驱动，检查 COM 口设置是否一致。方法如下：将 USB 调试线与 PC 机连好后，在“我的电脑”－“属性”－“硬件”－“设备管理器”－“端口”里，查看 USB 调试线在 PC 系统里默认的是哪个 COM 口，查看这个 COM 的具体参数，包括波特率、数据位、校验位、停止位等信息。然后在 PL7 调试软件里“PLC”－“Define PLC Address”选择 UNTLW01，地址是 SYS，再选择“Options”－“configure of the drive”－“UNITELWAY Driver”－“Configuration”里查看调试环境 PL7 中 COM 口设置的参数，包括 Port 号，确定此 Port 口下的具体参数与刚才在“我的电脑”里查询的参数是否一致，如果不一致，将其与“我的电脑”里的参数保持一致，重启驱动。

经过检查，参数完全一致，设置也完全匹配，还是连接不上，进行了如下探索：①首先怀疑是调试线的问题，辅机厂家用的也是 PL7，将线给厂家试，连接他们设备的 PLC，能连上，排除线的问题；②在笔记本电脑上安装了 MODBUS 驱动也连接不上，删除原来的驱动，借其他的驱动安装程序盘，重新安装两个驱动后还是连接不上，排除驱动软件问题；③更换调试 PC 连接，也连接不上，排除笔记本电脑的问题；④怀疑是水机保护 PLC 自身的问题，再次换了新带来的一台 3721PLC，相同问题仍然存在，排除 PLC 自身的故障；⑤由于从硬件方法上初始化这款 PLC 不能彻底地删除原来 PLC 里面的程序，所以想通过清空原来的程序，重新下载程序，但还是不行。

通过电话渠道获得了施耐德的技术支持，厂家建议可以试试将 PL7 中 COM 口的参数用“default”态（即默认态）。使用“默认”态后，参数中“奇偶校验位”变成了“奇校验”，而 COM 口是“无校验位”，再次尝试连接，这时能连接上，但提示要重新下载程序，下载程序后，又连接不上，将奇偶校验改回到“无校验位”后，尝试重新联机，能连上，至此水机保护 PLC 能正常使用。

3.2 故障处理

将 PL7 中 COM 口参数使用“默认”参数，连机，系统提示需重新下载程序，重新下载后，再将 PL7 COM 口参数改成和调试笔记本 COM 参数一致，重新联机，能连上，并能正常使用。

4 经验总结及后期预防措施

（1）厂内调试时使用的调试机 COM 口设置可能与现场用的 COM 参数不一样，导致机器里的程序内容虽然和备份的是一样的，但硬件配置却是和所内调试的机器 COM 参数一致。

（2）经过询问施耐德技术人员，得知 PL7 与电脑的连接设置与程序自身的内容没有任何关系，需要关注的就是调试环境、调试软件自身的软硬件设置。

（3）遇到类似问题时，仔细分析，尝试所有可能的方法，也可与非供货厂家沟通，有的厂家经常使用 PL7，能帮助解决很多问题。

第十节　某电站 AGC 无法投入

1　故障现象

某电站 AGC 投运过程中在正常升级主机和各个节点 AGC 程序（advapp.V3.0.2）相关文件后，按照正常方式进行了组态。在做厂内模拟试验过程中使用一台模拟主机进行模拟。可是发现试验过程中 AGC 相关的报警信息不能正常报出，只有在全厂虚拟点中输入源为高级运算的点时才能够相应变位报警。如：全厂开关量中第 2 点 0-1 描述为全厂 AGC 功能（AGC 反馈）投入，其输入源为全厂—高级运算—某电站—全厂 AGC 投入。可是当在画面中投入全厂 AGC 后，简报窗口只能报全厂 AGC 功能（AGC 反馈）投入，而 AGC 报警信息“某电站：全厂 AGC 投入”并不能报出。

2　相关理论知识

自动发电控制 (Automatic Generation Control，AGC)，是能量管理系统 EMS 中的一项重要功能，它控制着调频机组的出力，以满足不断变化的用户电力需求，并使系统处于经济的运行状态。在联合电力系统中，AGC 是以区域系统为单位，各自对本区内的发电机的出力进行控制。它的任务可以归纳为如下三项。

（1）维持系统频率为额定值，在正常稳态运行工况下，其允许频率偏差在允许范围内，视系统容量大小而定。

（2）控制本地区与其他区间联络线上的交换功率为协议规定的数值。

（3）在满足系统安全性约束条件下，对发电量实行经济调度控制。

3 故障分析处理

3.1 原因分析

杀掉 agcdrv 和 agcavc 后手启程序，程序并没有报错。

经过检查发现某电站为集控下某一电厂，而在做数据库时其节点定义并不是默认的 1，如图 1 所示。

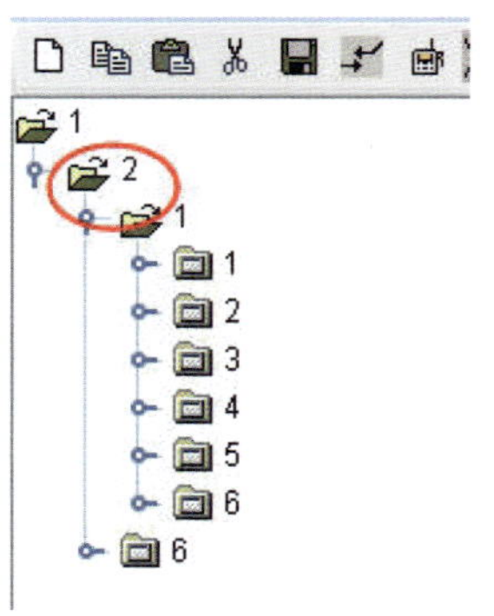

图 1　节点定义

projects.blk/userinfo 下的 defaultagcavc.properties 文件内容为 module1=××× 电站，blk。这就可能造成当 AGC 程序启动时读取该配置文件取得厂站名为某电站，别名为 blk，默认的节点号为 1，从而导致 AGC 程序和 NC 侧程序配合时不正常而使得报警信息不能正常显示。手动打开文件更改其中的参数为 module1=××× 电站，blk,1,2 。重启机器后发现 agcdrv 不能正常启动，手启 agcdrv 发现程序报错退出。报错信文如下：

Init_Tag_Index : agc_name0 is ××× 电站 -- blk,1,2

get_GEN_num:

open file /home/nari/projects.blk/db/blk,1,2_plant_arg.properties

Error[libagc.get_GEN_num]: /home/nari/projects.blk/db/blk,1,2_plant_arg.properties file open failed.

发现是因为打开 db/blk,1,2_plant_arg.properties 文件失败，可是 db 下并没有这个文件。而类似这种的文件只有 agc 相关组态文件。

全厂组态文件为工程英文名称 _plant_arg.properties、工程英文名称 _agc_plant_input_arg.properties。机组组态文件为工程英文名称 _1_jz_arg.properties、工程英文名称 _1_jz_input_arg.properties。

照这样来看，读取失败的文件应该为组态文件，只是 agcdrv 程序在读取工程英文名称时发生错误，而工程英文名应该包含在先前修改的 userinfo 下的 defaultagcavc.properties 中。修改之前启程序正常，修改后就不再正常，问题应该就是 agcdrv 程序解析这个文件错误导致的。检查 agcdrv 程序版本 :agcdrv –v

main1:/export/home/nari/exe> agcdrv.old0524 -v

agcdrv.old0524's cvs infomation : Ver2.0.0

libncdb : ver2.0.7

libagc : ver2.0.2

libipc : ver2.0.0

其中的 agcdrv.old0524 为系统安装时原来的版本，文件时间为 2007-8-3。

在其他电站看到 defaultagcavc.properties 的文件中也是集控下电站的写法：module1=××× 水电厂，gpt,1,8 。打开其他电站的 exe tar 备份发现 agcdrv 时间为 2009-1-12，明显比其他文件的时间靠后，应该是后来替换过。因为两厂的主机系统相同，故使用其他电站的 agcdrv 试了一下，下文 agcdrv.new0524 为其他电站 exe 备份：

```
main1:/export/home/nari/exe> agcdrv.new0524 -v
 agcdrv.new0524's cvs infomation : Ver2.0.0
                    libncdb : ver2.0.7
                    libagc  : ver2.0.3
                    libipc  : ver2.0.0
```

可见 libagc 库文件版本升级了。手启 agcdrv，程序启动正常。

同时使用在其他电站主机备份的 libagc.a、kernel.jar、lb.jar 文件更新现场相应文件，升级 java 版本为 Ver2.0.0.5.2。这边升级 Java 版本是因为更改了 defaultagcavc.properties 文件后重新打开数据库中的 AGC 组态界面时，发现找不到已经组态的某电站，需要升级 Java 后才能正常显示。重新编译 agcavc 程序后继续做 AGC 模拟试验，这时候发现虽然 AGC 报警信息已正常，但是在全厂中所做的输入源为高级运算的点都取不到值，输入源取自高级运算的虚拟开关量也不能正常变位报警。经过询问，有人认为输入源不能取高级运算，但是可以引到通信接口中，也有人认为没问题，都可以引，说法不一。

在做对象脚本进行中转后，在测点索引中的相应对象中，发现输入源为高级运算的点值也不能取到，于是猜测原因是 NC2000 的 C 侧程序未进行升级。

3.2 故障处理

为了避免遗漏和全部更新的不必要麻烦，经过检查 exe 下所有主机需要启动的 C 侧程序文件版本，发现只有 lsdmn 和 ooexpr 用到了 libagc.a 库文件

```
main1:/export/home/nari/exe> lsdmn -v
lsdmn's cvs infomation : Ver2.0.1
libncdb : ver2.0.7
libagc  : ver2.0.2
```

libipc : ver2.0.0

main1:/export/home/nari/exe> ooexpr -v

ooexpr's cvs infomation : Ver2.0.3

libncdb : ver2.0.7

libagc : ver2.0.2

libipc : ver2.0.0

由于版本都比较低，于是找到比较新的程序备份，重新更新相关文件，发现数据库中能够得到输入源为高级运算的值，功能恢复正常。

更新后版本：

main1:/export/home/nari/exe> lsdmn -v

lsdmn's cvs infomation : Ver2.0.2

libncdb : ver2.0.9

libagc : ver2.0.7a

libipc : ver2.0.0

main1:/export/home/nari/exe> ooexpr.cyd -v

ooexpr.cyd's cvs infomation : Ver2.0.3

libncdb : ver2.0.9

libagc : ver2.0.7a

libipc : ver2.0.0

其中lsdmn为逻辑源管理程序，负责各测点的逻辑源引用关系管理。

ooexpr为对象管理程序，负责对对象的脚本进行处理。

agcdrv进程负责更新NC2000用AGVC实时数据库。该进程接收主机agcavc进程发来的组播信息并更新本机AGVC实时数据库（即更新~/agcavc目录下的相关文件）；该实时库用于NC2000的C侧程序使用，例如远动通信程序、对象输入属性引入的高级运算逻辑源。agcdrv进程并不负责agcavc进程本身的计算。

当以上文件版本比较低或者编译环境库文件版本不匹配时就会导致以上问题的发生，需要升级编译环境库文件版本后重新编译相应的

C 侧程序，对于某些不能得到源程序的程序需要领取同一系统环境下编译好的较高版本的程序替换旧版本程序，由此解决问题。Linux 下查询机器系统类型的命令为 uname –a 。unix 下查询机器系统类型的命令为 isainfo –kv。

4 经验总结及后期预防措施

遇到问题要善于结合之前的经验进行联想，对于南瑞上位机程序文件的升级最好能够同时有版本升级说明文件，对每次升级原因有所记录，也便于查询。

第十一节　某电站 AGC 甩负荷事故分析

1　故障现象

某电站监控系统进行更新数据库和 AGC 标准化程序工作。main1 保持旧数据库运行，main2 更新新数据库后重启。main2 转从机后 6min 主从切换，准备更新 main1 数据库。切换时发生 AGC 甩负荷事故，简报报“重大事故退 AGC 信号，AGC 退出”；由从机升为主机的 main2 远方负荷设定值由 300MW 变为 0MW（由历史曲线可查知）。

2　相关理论知识

因为电厂内部的原因，供网出口断路器突然跳闸，水轮发电机负荷突然掉到基本为零，发电厂的这些执行动作就叫甩负荷。

3　故障分析处理

3.1　原因分析

3.1.1　首先从简报“重大事故退 AGC 信号，AGC 退出”查找事故发生源

数据库的全厂对象“全厂总事故”中定义如下脚本（简称脚本一）：

/**/

if (($220KV915AB 母差事故 $==1 && $220KV915AB 母差事故试验位置 $==0) ||((($ 某水电厂网调或省调全厂总有功给定值 $- $ 全厂总有功 $) > 100)&& $ 某水电厂 AGC 负荷远方给定 $==1 && $ 省调投入 AGC 信号 $==1) || ((($ 全厂总有功 $- $ 某水电厂网调或省调全厂总有功给定值 $) > 100) && $ 某水电厂 AGC 负荷远方给定 $== 1 && $ 省调投入 AGC 信号 $== 1)) { $ 全厂总事故 $= 1; }

else {$ 全厂总事故 $= 0; }

注：上文中 $ 某水电厂网调或省调全厂总有功给定值 $ 简称“省调设定值”，$ 全厂总有功 $ 简称“全厂总有功”。

/**/

（1）由于母差事故的相关信号未变位（简报未见开关量报警），可判断是由于“全厂总有功”和“省调设定值”之差大于 100MW 触发的事故源，从而导致 AGC 退出。

（2）查询历史曲线：当时“全厂总有功”测值为 312MW；投入单机 AGC 的 6 台机组 PLC 有功设定值全部变为 0。由此推断“省调设定值”应该为 0，因为只有设定值为 0，单机的 AGC 设定值才会为 0。由此“全厂总有功”和“省调设定值”之差为 312MW – 0MW = 312MW > 100MW，所以 AGC 退出，负荷降至 0MW。

（3）“省调设定值”的逻辑源输入为 AGC 高级运算的“网调或省调全厂总有功给定值”(PSET_REMOTE_SRC)。由此可推断主从切换时 main2 的 AGC 实时数据库中 PSET_REMOTE_SRC 为 0，也就是说当时～ /agcavc 目录下的 zx_plant_args 中的 PSET_REMOTE_SRC 为 0。

3.1.2 查找“PSET_REMOTE_SRC”测值为 0 的原因

（1）PSET_REMOTE_SRC 参数值的数据源为 agcdrv 进程接收主机 (main2)agcavc 进程的组播数据，即主机 main2 的 pAGCAVC->Pset_Remote 值为 0。由于该值有两个数据来源：本身计算和主机组播，所以依次检查两个数据源的正确性。

（2）编写一个测试实时数据的脚本和满足 AGC 运行状态的测试脚本，搭建主从冗余型的主机测试环境，模拟事故发生时的情景。

（3）首先检查主机的组播数据是否正常。启动 agcdrv 进程 10s 后停止进程，保证对象运算的输入属性测值保持不变，从而保证 agcavc 用逻辑源数据保持不变，那么 agcavc 实时数据应该只接收组播过来的数据。测试结果发现主机 AGC 数据变化时从机 agcavc 数据未绝对加载（即仍然是 WRITE2），说明组播数据未直接写入从机的 agcavc 实时库中，仍然需要进行闭锁关系的逻辑判断，主从同步未成功。检查程序发现主从同步绝对加载数据的宏定义 M_A_SYNC 定义错误，同 WRITE2 一致。需要修改 agcavc.h 中 M_A_SYNC 的值为 3。但是测试过程中发现主机组播的数据和从机收到的数据是一致的，为非 0 值，M_A_SYNC 的错误定义并不影响数据传输的正确性。那么基本判断是本身计算数据得出了 0 值。

（4）其次检查本身计算数据是否正确。agcavc 进程中 pAGCAVC - > Pset _ Remote 的值是由“AGC/AVC 输入 / 输出属性”的逻辑源计算得出。检查得知逻辑源输入为全厂对象“AGC 闭环控制”的“远方全厂有功总设定值”。相关脚本（简称脚本二）如下：

```
/*******************************************/
if ( $AGC 远方控制 $== 0 )
{ $ 远方全厂总有功设定值 $= $ 全厂总有功实发值 $; }
if ( $AGC 远方控制 $== 1 )
{ $ 远方全厂总有功设定值 $= $ 省调全厂总有功设定值 $; }
```

注：$ 全厂总有功实发值 $、$AGC 远方控制 $ 的逻辑源输入为 AGC 高级运算得出；$ 省调全厂总有功设定值 $ 的逻辑源输入为实际 I/O 测点。

```
/*******************************************/
```

也就是说：pAGCAVC->Pset_Remote 的逻辑源是由对象计算得出。

推断有以下三种情况能导致对象的计算结果 $ 远方全厂总有功设定值 $ 为 0：

可能性 1：逻辑源输入 $ 省调全厂总有功设定值 $ 等于 0。

可能性 2：经 ooexpr 计算后 $ 远方全厂总有功设定值 $ 错误地计算成为 0。

可能性 3：agcavc 程序将正确的逻辑源值引入后错误地计算成 0。

经多次模拟，数次重现了当时情景。由测试实时数据的脚本输出文件查知：

可能性 1：$ 省调全厂总有功设定值 $ 始终为正常值，不为 0，可以排除。

可能性 2：$ 远方全厂总有功设定值 $ 有等于 0 的情况，但同时 $AGC 远方控制 $、$ 全厂总有功实发值 $ 这两个 AGC 高级运算的测值也同时为 0。当 $AGC 远方控制 $ = 1 时 $ 远方全厂总有功设定值 $ 始终等于 $ 省调全厂总有功设定值 $，不等于 0。这表明 ooexpr 进程的运算是正确的，但是出现了 $ 全厂总有功实发值 $ 等于 0 的情况。

可能性 3：在测试过程中通过 agcavc 进程打印的相关报文未发现逻辑源输入 $ 远方全厂总有功设定值 $ 测值正确而接收（GetDataFromApp）到错误值的情况。由此可以排除可能性 3。

经分析三种可能性后，推断就是可能性 2 造成的 $ 远方全厂总有功设定值 $ 为 0，但并不是 ooexpr 进程运算错误，而是满足了 $AGC 远方控制 $、$ 全厂总有功实发值 $ 这两个 AGC 高级运算的测值同时为 0 的条件造成了最终测值为 0。

（5）$AGC 远方控制 $、$ 全厂总有功实发值 $ 这两个参数均是由 agcdrv 进程接收主机 agcavc 组播计算得出的。但当时切换前 main1 的 AGC 程序运行是正常的，组播出来的 $AGC 远方控制 $、$ 全厂总有功实发值 $ 数据应该是正确的。那么有三种可能：main2 的 agcdrv 进程并没有接收到 main1 的组播数据；接到了组播数据但没有设置 $AGC 远方控制 $；$ 全厂总有功实发值 $ 参数成功，程序初始化的

0 值。

在程序中增加相关打印信息进行测试，agcdrv 可以收到正确的 agcavc 组播数据并设值成功。那么唯一的一种可能就是 agcdrv 初始化的 0 值造成了事故源。

3.1.3 检查 AGC 相关程序，查找导致问题出现的真正原因

（1）AGC 相关进程说明。

agcdrv 进程负责更新 NC2000 用 AGVC 实时数据库。该进程接收主机 agcavc 进程发来的组播信息并更新本机 AGVC 实时数据库（即更新 ~/agcavc 目录下的相关文件）；该实时库用于 NC2000 的 C 侧程序使用，例如远动通信程序、对象输入属性引入的高级运算逻辑源。agcdrv 进程并不负责 agcavc 进程本身的计算。

agcavc 负责 agvc 功能运算，若为主机则需要组播 AGC 数据，若为从机需要接收主机的组播数据并同步本机 agcavc 用实时数据库，但从机仍然会进行 agvc 功能计算。agcavc 计算用实时数据全部从逻辑源读取和 db 目录下的 properties 文件中读取。组播数据除了供主从机的 agcavc 进程使用外，还被 Java 侧的进程（例如画面前景请求）使用。

特殊说明：由于目前 AGC 功能的设计架构，从机 agcavc 用实时数据库的测值有 2 个输入来源，即主机 agcavc 的组播数据（M_A_SYNC）和本机逻辑源的计算数据（WRITE2），当从机切换为主机后才能唯一使用逻辑源的计算数据。

（2）经多次测试发现 agcdrv 进程启动时，agcavc 程序的 pAGCAVC->Pset_Remote 有时会读取到 0 值，而在一定条件下不会恢复为正常值，从而保持 0 值，一旦当从机切换为主机后，将发生全厂设定值为 0 的情况。

（3）检查 startmain 自启动文件：ooexpr 进程先启动、agcdrv 进程后启动、sleep 1s 后 agcavc 进程启动。

（4）agcdrv 程序启动时需要进行初始化（load_agc_db），AGVC 实时库所有参数会被初始化为 0。主机的 agcavc 程序组播周期

是 4s（组播周期＝ AGVC_SACN ＋机组台数 *150ms + 100ms），agcdrv 收到全厂组播数据时会把每项参数逐步写入实时库。agcdrv 启动时首先初始化全部参数为 0，若此时主机的 agcavc 进程未组播实时数据（未到规定的组播周期）或组播过来的数据尚未写入参数时，$AGC 远方控制 $、$ 全厂总有功实发值 $ 等参数的值均为 0。由于 ooexpr 进程先于 agcdrv 进程启动，那么对象“AGC 闭环控制”会将 $AGC 远方控制 $、$ 全厂总有功实发值 $ 的 0 值代入脚本进行运算，计算结果如下：

if ($AGC 远方控制 $== 0)

{ $ 远方全厂总有功设定值 $= $ 全厂总有功实发值 $; }

*** 此时 $ 远方全厂总有功设定值 $ ＝ 0，满足了可能性 2 的分析 ***

（5）1s 之后，agcavc 进程启动。若 agcdrv 仍然未更新正确的 $AGC 远方控制 $、$ 全厂总有功实发值 $，就会将逻辑源数据的 0 值带入程序中运算，这样 pAGCAVC->Pset_Remote 会变为 0。接下来会有两种情况：

情况 1：在一个 AGC 扫描周期后主机 agcavc 对从机进行了数据加载，数据值为正确的（312MW）。但是由于原程序中 M_A_SYNC 的定义错误，数据仍然需要进行数据有效性的判断（WRITE2），由于大于负荷差设定（100MW），正确的数据设值无效，程序中 pAGCAVC - > Pset_Remote，仍然为 0。

情况 2：在一个 AGC 扫描周期后，agcdrv 进程接收到了主机的 agcavc 组播数据，生成正确的“负荷远方设定”“全厂总有功实发值”等 agc 用参数，对象“AGC 闭环控制”计算出了正确的 $ 远方全厂总有功设定值 $。在 agcavc 进程引入逻辑源数据进行判断时，由于大于负荷差设定（100MW），正确的数据设值无效，程序中 pAGCAVC - > Pset_Remote 仍然为 0。

上述两种情况的后果均是 pAGCAVC->Pset_Remote 的测值为 0，并且不随时间的变化而改变（除非设定值满足小于 100MW 的条件），当从机切换为主机后就产生了负荷设定为 0 的情况。

由于每次 agcdrv 进程启动后到能接收到主机正确的组播数据时间是随机的，时间与主机的 AGC 运行周期有关系，所以在 agcdrv 启动后 1s 内 agcavc 能读取到正确的数据的概率是随机的。在随后的多次模拟实验中，也验证了这种推断。最终推断发生“PSET_REMOTE_SRC”测值为 0 的原因为 agcdrv 进程启动时间与 agcavc 进程运行时间间隔太短，不能保证有足够的时间间隔来同步主机数据。

3.2 故障处理

（1）为了保证 agcdrv 和 agcavc 的时间配合满足组播要求，在 agcdrv 进程启动后需要 sleep 一段时间，建议修改为 10s。

（2）为了消除原因分析中的可能性 2 的隐患，需要增加 AGVC 实时数据库的主从同步绝对加载模式 M_A_SYNC，并且与 WRITE2 严格区别和定义，这样只要主机是正常的那么从机的数据肯定是正常的。

（3）宜在 AGVC 数据库组态的输入属性中尽量少用对象脚本计算，例如脚本二。因为涉及 AGC 的脚本计算一旦出现异常将会产生很严重的后果。例如在 AGVC 组态时直接引入虚拟 I/O 测点作为“省调设定值”，由于虚拟 I/O 的高可靠性，所以大大降低了 AGC 数据出错的风险。

4 经验总结及后期预防措施

（1）虽然脚本运算中具备了 AGC 数据的高级运算功能，但是由于 AGC 实时数据库的读写不可控性（存在同时读写的情况），建议脚本计算中少用 AGC 高级数据；特别是对象的输入逻辑源为 AGC 高级数据，而经过计算后又将计算属性引入了 AGC 功能配置中。这样会增大数据处理错误的风险。

（2）碰到一些复杂的问题，可以多向有经验的专家请教，集思广益，这样可以加快处理问题的速度，提高解决方案的可靠性与实用性。

（3）在升级重要程序后，要进行全面的测试工作，特别是异常状态下的功能测试。

（4）近期数个电站由于AGC发生了溜负荷现象，建议增加以下保护措施：

1）AGC参数组态时，“远方设定有功与实发值差限”“远方设定有功梯度限值”尽量不要填写最大值，建议填写为全厂总负荷的1/5（可与用户协商确定），以保证负荷设定值不会出现大的波动。

2）Agcdrv启动后sleep 10s再启动agcavc。

3）以后工程尽量采用标准化程序（当前最新版本V2.1.4）。最新版本增加了绝对加载、负荷分配出口处再加判设定值与实发值之差等保护措施，可以有效减少负荷设定值的波动。

4）在脚本中对“省调设定值”对“全厂实发值”的跟踪进行保护处理。例如可以判“负荷远方给定”“全厂AGC投入”等。

投运AGC时一定要和调度协商沟通好AGC投运规范。先投什么再投什么、什么时候省调设值、什么时候跟踪实发值等最好形成书面文件，因为投入和设值的顺序不一致，操作规范和AGC保护措施也就要发生相应的变化。

第十二节　某电厂监控系统网络故障处理

1　设备运行状态

某电站监控系统拥有 5 套 PLC，分别是 PLC1（1 号机组）、PLC2（2 号机组）、PLC3（3 号机组）、PLC4（公用）、PLC5（开关站）。采用双环网结构，每个网段有一个主交换机（MS4128），5 个光纤收发器（RS20）。

2　故障现象

当切掉 1 号机组的 PLC 电源后上位机报：“OP:PLC3 网 2 故障”“OP: 成功连接 PLC1”、连续报“OP:PLC3 连接切换到 PLC1”（无法恢复正常情况），上位机的 PLC3 数据显示都是正常的，但是下发令比如调节使能投入或者开停机令都不能下发。另外，之前也会出现这种情况，若把 3 号机组的电源断掉，然后上电，有时会恢复，有时同样会出现以上问题。

3　相关理论知识

（1）PLC 控制系统：可编程逻辑控制器（Programmable Logic

Controller，PLC）是专为工业生产设计的一种数字运算操作的电子装置，它采用一类可编程的存储器，用于其内部存储程序、执行逻辑运算、顺序控制、定时、计数与算术操作等面向用户的指令，并通过数字或模拟式输入 / 输出控制各种类型的机械或生产过程。其是工业控制的核心部分。

（2）104 规约：104 规约是 IEC 60870 标准协议集的第 5-104 部分，采用标准传输协议子集的 IEC 60870-5-101 网络访问。我国的电力行业的标准号为 DL/T 634.5104-2002。传输机制为平衡方式，TCP/IP 网络可靠传输。目前该规约是我国电站与调度系统通信的主流通信规约。规约报文结构为 1 个应用规约数据单元 APDU = 6 字节 APCI 报文头 + 最大 249 字节 ASDU 报文体，所以每封报文最大字节数为 255。6 字节 APCI = 68H + 报文长度（最大 253） + 4 字节控制域。根据控制域的不同，分为三种控制格式：I 格式、S 格式、U 格式。

（3） PLC 信箱的 4 个信文区：PLC 为上位机上行信文区，PLC 为下行信文区，PLC 为事件记录信文区、SJ30 为事件记录信文区。其中下行信文区，信箱长度为 100 字，最后两个字为 0。起始地址接上送实时数据区之后，由下行标记，正文内容组成。下行标志 1 字，PLC 根据下行标志，对下行信文缓冲区进行解释，执行相应的动作。

4　故障分析处理

4.1　原因分析

故障可能原因：一是环网问题，网络中断；二是 PLC 本身有原因，内部自切换有问题。

4.2 故障处理

1. 考虑环网问题

在出现上述情况的时候，PING 3 号机组网 2（95 段），确实无法PING 通，该电站使用的是双环网结构，即使在 1 号机组断电的情况下，环网中只有一个断点，也应该能 PING 通 3 号机组网 2，所以环网有问题。但是此时 PING 网 1（94 段）是能够 PING 通的，而上位机却一直报“OP:PLC3 连接切换到 PLC1”，不停刷屏，说明这不单是环网问题，还应该有其他原因。

现场环网的物理连接如下：

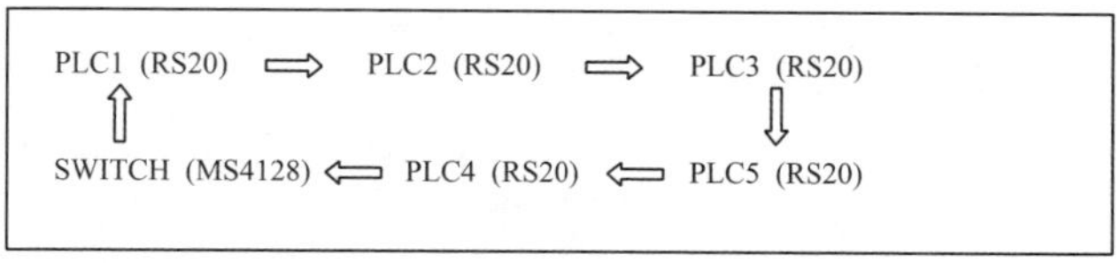

PLC1（RS20）⇨ PLC2（RS20）⇨ PLC3（RS20）
⇧ ⇩
SWITCH（MS4128）⇦ PLC4（RS20）⇦ PLC5（RS20）

其中主交换机使用的是赫兹曼交换机 MS4128，其他 PLC 使用的是 RS20，上位机连接在主交换机上。查找相关说明，配置交换机环网，配置好后，用笔记本连接上交换机后查看网环运行状态，交换机的指示灯和网络一切运行正常，在上位机上用 PING 命令 PING 两个网段的任何一个 PLC 的 IP 都能 PING 通，说明网络已经运行正常了。但是，此时拔掉主交换机 2 上的上位机主机的网线后，3 号机组断电重启后，上位机仍然报“OP:PLC3 网 2 故障”“OP: 成功连接 PLC1”、连续报“OP:PLC3 连接切换到 PLC1”（无法恢复正常情况）。

2. 分析以上情况

连接 3 号机组的 PLC 程序后，观察程序段 HOT_STANDBY 的第二页程序，程序里面写的主要内容如下：①双网全部中断停止切换；② CPU1 为主并且主从备份正常，网络中断时切换 CPU；③ CPU2 为主并且主从备份正常，网络中断时切换 CPU。也就是只有这三种情况时 CPU 才会自动切换。此时，观察 PLC 运行指示灯，指示 PLC2 为主的，因为此时网 1 是好的，应属于第三种情况，观察 S 寄存器 S0010 为主从备份正常，NET_INTRP2 为 CPU2 网络中断判断点，分析以下梯形图：

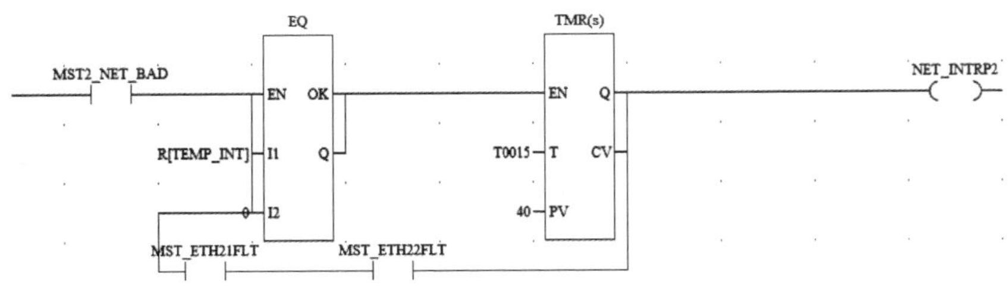

此时，MST2_NET_BAD 测值是 1，而 R[TEMP_INT] 一直为 0，按理说此时程序是没有问题的，应该可以切回 PLC1 运行的，实际上观察以下梯形图：

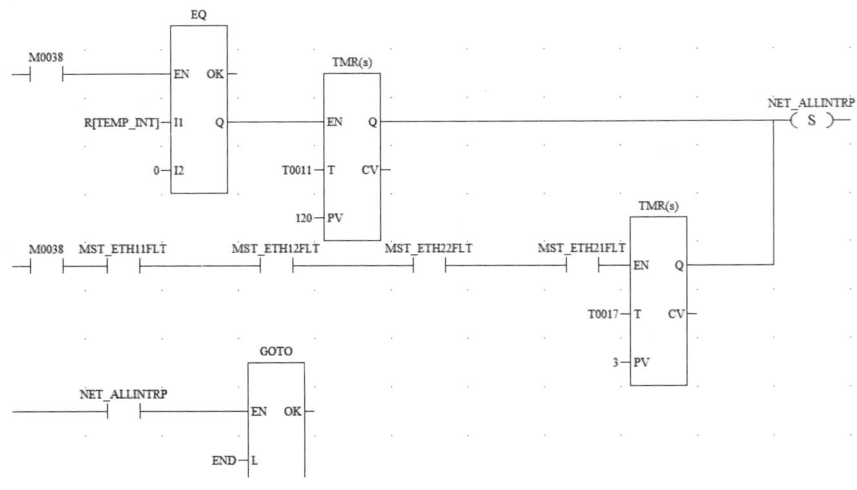

以上说明在 120s 内如果没有收到下行信文的话，认为双网全部中断，那么就把中间部分的程序全部屏蔽了，就无法执行 CPU2 为主网络中断切换 CPU1 的程序了，此时网 1 是好的，所以上行信文在上位机是可以收到的，上位机的数据显示是有的，下行信文是下发到 CPU1 里面，而此时 CPU2 是为主的，那么 PLC 认为 R[TEMP_INT] 是一直为 0 的，程序就认为双网是全部中断的，无法完成切换功能，

上位机的 PLCDrv 就一直报“OP:PLC3 连接切换到 PLC1”，也就解释了以上现象。

3. 解决办法

修改 HOT_STANDBY 的第二页程序，如下：

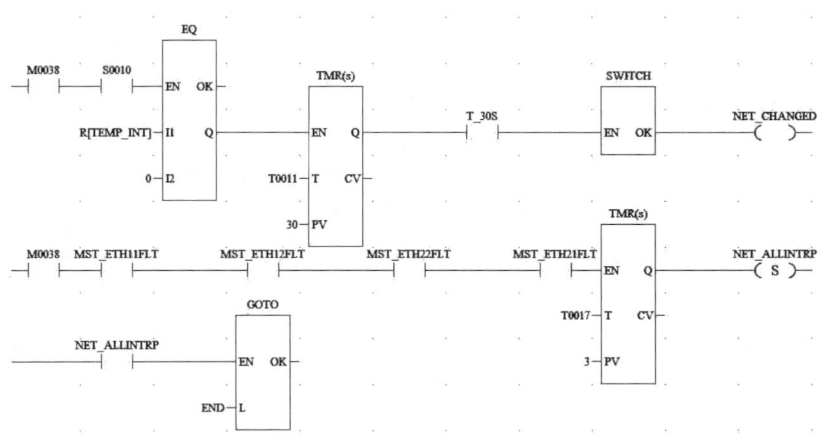

解释为下位机在 30s 内没有收到上位机信文后，在以后的时间里每 30s 主从 PLC 切换一次；若 30s 内收到了上位机信文就不进行切换。观察运行，一切正常。

5 经验总结及后期预防措施

若把以下图里的 120s 改得再长一点，就是让程序有足够的时间去完成自动切换，但是这也会遇到一种情况，那就是：如果机组交换机断电后或者主交换机重启后，再加上一个条件，即其中一个网络是坏的，而此时的 PLC 运行在坏的网络的 CUP 为主的，就又会出现以上情况，上位机也会连续报“OP:PLC3 连接切换到 PLC1”之类，就会不断刷屏，而且如果时间再长的话（也就是说 2min 以上），一直连不上下位机的话这样也影响电厂的正常运行。

改过的程序在上位机全部死掉的情况下或者主机断电而下位机在

运行的情况下，下位机 PLC 就会在每 30s 内切换一次，但是这种情况应该是很少的，即使有，也没关系，只是 30s 内切换一次，综合考虑，程序改过后（如下梯形图）更合理些。

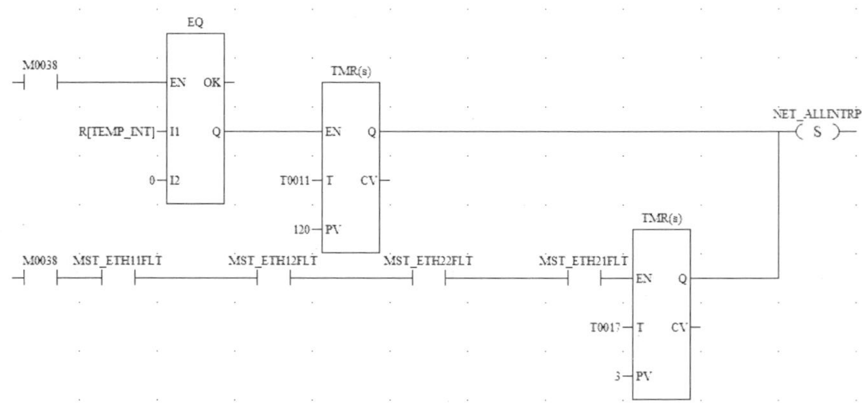

第十三节　电制动投入失败故障分析

1　设备运行状态

1 号机组处于停机过程中。

2　故障现象

某电厂 1 号机组多次出现停机投电制动失败，现象均是停机投电制动时，励磁系统 Q08 开关无合闸报文，监控系统主站报电制动投入失败，停机流程报警，励磁故障。现地检查投电制动过程中，Q07 开关分开后，Q08 开关没有正确合上，导致电制动投入失败。

3　相关理论知识

机组电制动是利用电磁感应产生电磁力的原理实现的。带有励磁电流的转子旋转时，在定子绕组产生交变的磁场，定子感生有电势，通过用电制动开关把定子三相短路，在定子线圈有电流，旋转的磁场中就感应出电磁力，该电磁力阻碍转子的旋转，达到制动的目的。

某电厂停机时，机组转速下降至 60% 时，需要投入电气制动，以便于转子转速快速下降。该过程中，接收到监控系统发出的投电制动令后，励磁系统中的 Q07 和 Q08 两个开关需进行倒换，Q07 开关断开后 Q08 开关要迅速合上，以投入电制动电源。

4　故障分析及处理

4.1　检查 Q07、Q08 开关本体、储能机构、控制线圈以及互锁机构

因两个开关曾经出现过开关互锁线配合不好、储能机构故障、线圈故障导致开关拒动的情况，因此电制动投入失败后，维护人员现地打开 Q07、Q08 的控制面板检查控制线圈与储能机构，未发现明显异常（接线无松动，线圈电阻正常，机构无裂纹）；检查 Q07、Q08 的互锁线位置正常，相应控制回路全部接线端子无松动。断电复归故障后，多次现地模拟投退电制动开关倒换正常，多次开机至空载后停机均无异常。

每次故障时 Q07 均能自动分合一次，Q07 本体工作正常。为排除线圈可能存在的问题，5 月 2 日机组正常停机后，现场对 Q07 、Q08 的线圈进行互换，后现地模拟投退电制动均正常，开机到空载至后再停机，电制动投入正常。但之后仍出现相同故障，说明故障与开关本体线圈无关。

4.2　Q08 的合闸控制指令及控制流程检查

正常情况下，Q07、Q08 两个开关是禁止同时合的。为此两个开关之间增加了互锁线，Q07 合位时，会闭锁 Q08 合。为排除 Q07 动作时互锁线机械位置不合适，导致开关倒换配合不好，考虑延长 Q08 合闸指令。

（1）控制指令的时长检查调整。

励磁控制流程中 Q08 的合闸控制指令为 2s 脉冲。4 月 25 日故障后，将原先 Q07 的分闸指令由原先的 3s 变成 5s，相应地 Q08 的合闸指令

自动地由原先的 2s 变为 4s，多次模拟投退电制动均正常。但指令时间调整后仍多次出现电制动失败。

（2）Q08 控制逻辑相关信号时序检查。

在机组停机时对相关信号录波，其相关信号正确，输出指令正确，控制流程正常。

1 号机组正常停机时，电制动正常投入，机组正常停机，观测到 Q08 的合闸继电器 K66 正确动作，Q07 、Q08 开关倒换正常。现地观察 Q07 开关分闸成功，且 K66 正确动作（线圈动作时间为 3 ～ 4s，和软件设定相符合），但 Q08 开关合闸失败，电制动投入失败。同时录波波形显示控制流程正常。

4.3 Q08 控制回路检查

（1）检查并更换 Q08 的合闸继电器 K66。

自出现该故障后，更换过两次 Q08 的合闸继电器 K66，更换完成后，开机到空载之后再停机，电制动投入正常，但此后仍出现电制动投入失败现象。

（2）信号回路接线情况检查。

该故障开始出现时，维护人员对回路进行检查，端子均无松动、虚接现象。同时对 Q08 线圈的控制回路进行摇绝缘，未发现异常，确认该控制回路无异常。

拆卸控制柜的后面板，对 ES 和 EG1 柜内的转接端子排 X08（30 、31 、32 、33）、X08（30 、31 、32 、33）进行检查，未发现端子松动情况。

在停机时，Q07 开关分闸成功，观测到 K66 正确动作，但 Q08 开关合闸失败，电制动投入失败。

初步确认问题出在 Q08 控制线圈的合闸回路或 Q08 开关本体。通过强制继电器 K66，测量 W15：7-1 至 Q08：C1 回路电阻正常；W15：17-1 至 Q08：C2 回路电阻正常（均为 0.3Ω）。同时对 Q08 线圈的整个控制回路进行摇绝缘（电压等级 500V，绝缘值＞ 500MΩ），未发现异常，确认该控制回路无异常。

（3）控制回路信号监视。

机组正常停机，K66 动作成功，开关倒换正常，停机完毕后，微调互锁线及 Q08 线圈的顶起行程。

为缩小故障查找范围，将 Q08 的控制线圈 C1-C2 的电压信号（220V DC）使用继电器进行监视，监视信号接入监控 LCU1:DI367，开机到空载后停机，停机过程正常，K66 动作，接入到监控的监视信号动作正确。

5 经验总结及后期预防措施

5.1 经验总结

在电气维护中控制回路故障、动作回路故障都经常出现，在很多情况下两种故障在监控系统内的报文现象是无法区分的。此时最直观的处理方式就是条件允许的情况下维护人员对设备进行隔离，然后进行分段动作试验。依据分段动作试验的信号或设备动作反馈，判断故障点的位置。

5.2 预防措施

若再次出现 1 号机组停机问题，则应注意继续监视接入到监控的信号 DI367。当电制动未正常投入，而接入到监控的信号 DI367 正常动作，则需要对 Q08 开关的本体进行检查更换，否则为控制信号回路问题。

第十四节　某电厂 4 号机组并网后无功波动故障

1　设备运行状态

某电厂 500kV Ⅰ、Ⅱ母线分段运行，2 号机组并网运行，2 号机组单机 AGC、AVC 均投入，带 100MW 负荷，带 -30Mvar 无功，1 号机组、3 号机组、4 号机组停机备用。全厂调节权在集控中心，控制权在电厂侧。

2　故障现象

4 号机组于 15:15 开始做励磁建模试验，16:10 时 4 号机组并网前的空载试验完成，试验正常。16:19 申请 4 号机组并网做带负荷试验，集控中心侧 4 号机组单机 AGC、AVC 均未投。

16:38:27　4 号机组并网，并网后机组有功值约为 20MW，无功值约为 -32Mvar。

16:38:34　4 号机组过励限制器、V/H 限制器均动作。

16:38:35　4 号机组无功测值波动过大动作，无功调节退出；无功稳定在约 72Mvar。

16:38:55　电厂运行人员手动投入 4 号机组无功调节；4 号机组过励限制器、V/H 限制器均动作均复归。

16:38:56 4 号机组无功测值波动过大动作，无功调节退出；无功稳定在约 −64 Mvar。

16:40:25 集控中心手动设置 4 号机组无功 10Mvar。

16:40:35 电厂运行人员手动投入 4 号机组无功调节。

16:40:36 4 号机组无功测值波动过大动作，无功调节退出；无功稳定在约 56 Mvar。

16:40:55 电厂运行人员手动投入 4 号机组无功调节。

16:40:58 4 号机组无功测值波动过大动作，无功调节退出；无功稳定在约 −106 Mvar。低励限制器动作。

考虑 4 号机组无功波动过大，且远方不能控制，将励磁切至现地控制，并将无功调整至 0，停机检查。

3 相关理论知识

（1）过励限制器：一种电压调节器的附加单元或功能，当发电机运行在滞相工况时，为防止励磁电流过度增大，通过减小励磁电流，将发电机运行点限制在发电机 P-Q 曲线范围内的限制器，目的是防止发电机定子、转子过热。

（2）V/H 限制器：一种电压调节器的附加单元或功能，当发电机频率降低到一预定值后，根据频率减少而使被调电压按比例减少，目的是防止同步电机或与其相连的变压器过磁通。

4 故障分析处理

4.1 原因分析

4.1.1 “无功测值波动过大动作，无功调节退出动作”原因

某电厂机组现地控制单元 LCU 程序中关于无功调节闭锁条件

如下：

（1）机组频率偏差过大闭锁无功调节。

当机组频率超过频率上限值 50.5Hz，低于机组下限值 49.5Hz 时，将闭锁机组的无功调节。

（2）无功负荷波动过大保护闭锁机组无功调节。

机组 LCU 程序中对无功调节投退条件中设有“无功负荷差保护”，当机组并网后，无功功率测值差的绝对值在 5s 内大于 44Mvar 时，监控 LCU 程序认为无功测值波动过大，将无功调节退出。

（3）无功测值无变化闭锁无功调节。

调节过程中，连续 10 个扫描周期的测值与设定值的差值均大于无功调节死区，且无变化，将闭锁机组的无功调节。

本次试验过程中，造成机组并网后无功调节退出的原因是机组无功负荷波动过大，且在 5s 内无功测值偏差绝对值大于 44Mvar。根据试验期间的无功负荷曲线分析，无功调节退出后，运行人员手动投入无功调节，5s 内无功测值波动量均大于 44Mvar，造成机组无功调节自动退出。

4.1.2　过励 / 低励限制器动作原因

机组励磁系统过励限制器动作值为 104%，低励限制器动作值为 -105Mvar。试验过程无功在 72 ～ -106Mvar 波动，达到限制值，动作正常。

4.2　故障处理

为查找机组并网后，出现无功波动原因，进行如下检查：

4.2.1　重做机组空载下试验

（1）检查所有接线、端子无异常。

（2）检查励磁程序参数无异常。

（3）重做机组空载状态下相关试验，试验数据正常。

4.2.2 并网试验

（1）拆除试验设备外接线，并检查相应端子正常。

（2）恢复励磁程序参数，即由单通道恢复双通道运行。

（3）检查监控系统“增励磁”“减励磁”开出继电器接点无黏合现象。

（4）申请4号机组并网后，有功初始值20 MW，无功初始值-47Mvar，无功稳定运行无波动。电厂侧有功设置50MW，调节正常，对无功分别设置-40 Mvar、0、10 Mvar调节均正常，稳定运行。集控远方对无功分别设置0、-30 Mvar调节均正常，稳定运行。

（5）4号机组经长时间运行观察，有功、无功均无波动，稳定运行。

综合以上分析，初步分析为外部信号干扰导致机组无功异常波动。

5 经验总结及后期预防措施

5.1 经验总结

由于励磁系统调节对象为机端电压，励磁控制系统对外部应激响应较快，对于励磁系统的试验应充分考虑试验的风险及影响，提前安排好应急处置措施。对使用的试验装置，在开展试验前应校验装置性能完好。

5.2 预防措施

（1）试验时临时修改励磁相关限制定值：进相最大值修改为-50Mvar（暂定）。

（2）励磁系统监视发电机电压、发电机电流、励磁电压、励磁电流及监控系统增/减励磁脉冲命令，检查励磁系统能正确接收监控系统LCU无功调节脉冲，能正确处理无功调节脉冲，并调节机组无功。

（3）监控系统监视下位机无功设定值、无功实发值、上位机无功设定值，检查监控系统上位机无功下发值与监控系统LCU接收值一致。

（4）监控系统监视“增磁开出”“减磁开出”动作，检查监控系统能正确向励磁系统发送无功调节命令。

（5）监控系统监视发电机出口三相电流、无功交采表测值、无功变送器测值，检查各测量值正确。

第十五节　某电厂与省调通信周期性中断并恢复

1　设备运行状态

某电厂现场使用的远动104通信子站程序版本号是2.0.20a，无多主站转发等特殊配置。厂站配备有两台远动通信工作站，两台工作站独立运行。厂站上位机处于正常运行模式。

2　故障现象

电厂与省调104通信程序每隔大约30min即报通信中断，1～2min后又自动恢复。

3　故障分析处理

3.1　原因分析

重新启动厂站运动程序，记录报文，通过记录几小时报文分析，发现中断时间非常有规律，约30min必定出现。

-------------Warning: sendseri-acki : 127 - 26 = 101

SendSeriNo is out of range, 101 > 100. Now I will cancel pthread!
com1b 与 REMOTE 省调网络连接通道关闭！

记录报文显示，主站未发送确认 S 帧，导致发送序列号超过设定限值，厂站子站主动切断链路。

联系省调主站，调出同一时间调度主站的发送报文，检查主站报文发现主站正常发送了 S 帧，但没有收到厂站在断链之前发送的遥信报文，经过设定时间，主站发送了中断链路报文，随后切断了链接。

据此推测，每隔 30min，主站子站失去相互间的网络通信链路。

接着通过 traceroute 命令，在通信机上显示了通信机至调度主站的路由信息如下（基于保密及安全防护原因相关 IP 地址用 A.A.A.A、B.B.B.B、C.C.C.C、D.D.D.D 代替）：

traceroute to A.A.A.A (A.A.A.A), 30 hops max, 38 byte packets

1 B.B.B.B(B.B.B.B) 2.415 ms 1.606 ms 1.531 ms

2 C.C.C.C(C.C.C.C) 0.445 ms 0.372 ms 0.336 ms

3 D.D.D.D(D.D.D.D) 10.136 ms 9.917 ms 9.923 ms

4 A.A.A.A(A.A.A.A) 10.086 ms 9.946 ms 9.933 ms

可见，数据包之间通过了 3 次路由最后到达 A.A.A.A 主站地址。在通信机上分别 ping 以上 4 个地址，追踪是哪一个节点导致网络定时故障。

记录显示 C.C.C.C 地址异常，随着 104 报文显示 SendSeriNo 数字变大，ping C.C.C.C 也变得不可达。联系电站维护人员，定位到该 IP 地址是 H3C MSR30-40 路由器。随后，在该路由器发现 E1 口的 Active 灯和 Link 灯伴随 104 通信故障，周期性出现全部熄灭的现象，证明了 104 通信异常由该装置引起。

在 H3C 网站查到技术支持电话，联系客户，获取如下消息：H3C 的路由器分 Basic 版和 Standard 版，一般采购到的是 Basic 版，通过升级可以到 Standard 版，但是升级后的 Standard 版需要购买 Licence，否则经过 1 个月的试用期，装置会自动定期重启。

3.2 故障处理

与路由器管理人员联系，联系更新 Licence。

4 经验总结及后期预防措施

现场工控设备如无特殊情况，一般不建议升级固件。如必须升级务必联系设备制造公司，以了解升级的全部影响，升级后必须经过完整的拷机检验。

第十六节　某电厂 4 号机组逆功率保护跳机故障

1　故障现象

16:55 接到调度指令，令电厂 4 号机组发电带负荷 180MW，监控系统开机流程正确无误。

17:01:33，导叶开启，从此刻开始调速器进入非正常运行状态，导叶开启过程前 8s，导叶没有遵循内部 8% 一级开度限制，而是直接快速开启，此时转速迅速上升至 16.3%。

17:01:41，导叶开度达到 21.06%，至此最高值后导叶开度瞬间关闭，于 17:02:19，同步导叶全关，但是此过程中机组转速依旧继续上升，此时转速上升至 80%，并且非同步导叶已经开启，导致始终有水流通过转轮，在机组的惯性作用下机组转速并没有下降，而是继续上升并保持在 90% 转速。同步导叶全关状态持续时间长达 119s。

17:04:20，导叶再度开启，机组转速正常上升至 100%，17:05:16，4 号机组并网成功，监控系统给定初始并网负荷 160MW， 17:07:17，机组负荷上升至 70MW 便不再上升，此时导叶开度维持在 20% 左右，此段时间运行人员使用通信模拟量调节负荷，给定值 180MW，调速器没有做出响应，负荷保持不变；运行人员迅速切换负荷给定模式，通过硬线脉冲量调节负荷依旧失败，调速器并没有做出响应；机组在此 4

分 25 秒时间内负荷始终在 67 ～ 80MW 间浮动。

17:11:45，4 号机组出现逆功率现象，并且逆功率值迅速增至 -131MW，17:11:59，发电机保护 B 屏 B 套保护逆功率跳闸。17:12:03，导叶开始关闭，由于是电气事故跳机，导叶延时关闭机构动作，11s 之后，导叶继续关闭直至机组停机流程结束。

2 故障分析处理

（1）调速器从开启导叶开始程序就处于紊乱状态，没有起到应有的调节作用，导致功率在 67 ～ 80MW 间浮动，但 75MW 是 25% 负荷量，4 号机组调试过程中在此负荷下完成机械事故停机和电气事故停机实验，实验过程中机组并没有发生逆功率跳机，所以之后逆功率保护动作跳机，并不是因为负荷值过小的问题。根据监控系统时间记录，逆功率保护跳机动作后导叶才开始关闭，所以排除因为调速器误关导叶，导致水轮机动力失去造成逆功率。综上两点此次调速器虽然不在正常工作状态，但逆功率跳机事件并非调速器故障导致。

（2）开机时机组转速上升到 50% 时非同步导叶打开，10s 后调速器必须收到全开反馈信号，才可以继续执行流程，如果无法接收，就会有事故停机令发给监控，整个过程中没有收到非同步导叶全开不成功的信号，说明即使非同步导叶漏油，也不会影响非同步导叶正常打开（即使管路漏油，油泵始终启动打压足够开关导叶，并且漏油点在关闭侧，不影响其打开），所以在非同步导叶打开的情况下，即使机组在导叶开度在 14% ～ 24% 这个不稳定区域下运行，也不会进入不稳定态，即不会出现“反水泵”现象，所以逆功率停机也不是由非同步导叶导致的。

（3）通过监控记录可以看到，逆功率之前压力钢管压力和尾水管压力虽有压力脉动，但始终趋向一个稳定值，即压力钢管压力在 3.99MPa 左右，尾水压力在 0.6MPa 左右，均属于正常范围，并且转轮和导叶之间压力也始终稳定在3.7MPa左右，如果出现“反水泵”状态，转轮的压力会有明显下降。通过压力判断也可以证明此时逆功率现象并不是由“反水泵”导致的。

（4）经过核实导叶，球阀关闭时刻均晚于逆功率发生时刻，因此排除因为球阀和导叶关闭导致水流阻断造成逆功率，并且根据同一时刻压力钢管，尾水管和蜗壳压力值均为稳定，也可以排除球阀和导叶关闭但信号值有错误的可能性，所以排除球阀和导叶关闭的原因。经过检查，上库闸门、尾水闸门和下库闸门均没有下落，综上排除自身设备误动导致水流中断。

（5）监控所记录导叶开度为实际反馈值，并非调速器内部设定值，由于没有事故发生时调速器软件的曲线，所以无法确认调速器给定值是否正常。假设调速器给定值正常，但由于机械执行机构油路异物卡死造成导叶无法正常开关，如果出现卡死最容易出现的位置是在电液转换器的阀芯内部，因为与电液转换器相比主配压阀管路相对粗大，4号集油箱通过滤油机过滤很充分，所以不应该出现过大的异物。此点只做理论分析实际发油路卡死可能性很小。

（6）ALSTOM调试工程师检查后怀疑调速器UPC模块不正常，导致调速器的一系列错误。其主张更换4号机调速器UPC主通道模块。更换UPC后机组运行稳定，没有再次出现调节过程紊乱现象，现在可以初步认为原4号机主通道UPC模件本身存在问题。

第十七节　某电厂远动数据突变及 AGC 运行异常

1　设备运行状态

某电厂计算机监控系统上位机为国产计算机监控系统，异常发生前各设备运行稳定，运行方式无变化。

2　故障现象

监控系统出现数次简报漏报现象，将信息管理工作站（主机）主从切换后，观察一段时间，发现 AGC 功能不能正常使用，AGC 功能不能切换至调度侧，此时 agcdrv、agcavc 进程均在运行，但是有严重的压信现象，将两台信息管理站的 agcdrv、agcavc 进程杀掉并重启，又手动清除了压信的队列，发现上位机操作员站简报窗口无简报，遂将从机重启，发现主机也跟着重启，数分钟后，两台信息管理工作站重启完成，数据恢复正常。随后，市调电话反映，在之前电站侧重启主机时的约 2min 的时间段内，调度侧接收到的电站全厂总有功远动数据异常波动（842MW ～ 0 ～ 1528MW ～ 842MW），影响到电网总有功的计算及分配。

3 故障分析处理

3.1 原因分析

通过事故过程，发现了如下两个主要问题：

（1）两台主机均在重启过程中，调度侧接收到的电站全厂总有功远动数据为什么会异常波动？

（2）agcdrv 和 agcavc 进程运行正常，为什么会产生压信现象？为什么会存在 core 文件？

带着上面的问题进行了如下分析和试验：

针对问题（1），对事故前后的 104 和 101 报文进行分析，将所有遥测数据的事故前、事故中和事故后的码值、工程值、品质等情况进行统计分析，形成以下结论：

全厂总有功测点，为全厂模拟量中的虚拟点，输入属性为全厂对象中的计算属性的值，其脚本计算为 5 台机组模拟量有功测值的累加，8 月 16 日 15:29:29 ～ 15:31:56，全厂总有功数据不刷新，测值为 842.00；15:32:00，全厂总有功测值突变，为 0；15:32:7，全厂总有功测值突变，为 1527.98；15:32:12，全厂总有功数据恢复正常。

经过数据库全厂对象计算的数据（全厂总有功，全厂总无功，全厂调节上限，全厂调节下限，全厂目标负荷反馈），事故前数据正常，事故中出现了数据归零现象，发生在两台主机均重启的时候，其余数据，如机组的实发有功、无功，线路的电流、频率等数据，均无归零现象，且品质均为好。

经过数据库全厂对象计算的数据（全厂总有功，全厂总无功，全厂调节上限，全厂调节下限，成组调节有功功率，成组调节无功功率，全厂目标负荷反馈），在事故中出现了数据归零现象之后（7s 左右），出现了数据向上跳变现象，测值均高于归零前的实际值，跳变后的测值大约为跳变前实际值的 2 倍，也是发生在两台主机均重启的时候，其余数据，如机组的实发有功、无功，线路的电流、频率等数据，均无跳变现象，且品质均为好。

全厂模拟量中的 5 台机组的 AGC 调节上下限测点，输入属性为各台机组的 AGVC 高级运算的值，在远动信息经过了部分数据归零和跳变这两个过程后，出现了归零现象，之后（2s 左右），恢复正常值，考虑是由 AGVC 程序初始化造成的。

在厂家测试环境内用 sloaris9 系统作主机、用笔记本作操作员站，重现全厂总有功跳变现象。

首先检查自启动脚本 startmain，各进程启动顺序为 dbload→client→server→red_m→red_a→redsw→diag_alarm→drvman→lsdmn→mam→ooexpr→engine→seqman→agcdrv→agcavc→dbtrace→start_svc start。

在模拟时将每个进程启动后的 sleep 时间延长，观察重现数值跳变的过程，发现主机重起时，dbload、 client、server 等进程均起来后，在操作员站上看到有功数值一直为 842MW，主机上 mam 进程起来后，有功数值即跳变到 0，而后 ooexpr 进程起来后，有功数值又跳变到 1528MW，并且一直保持。

由于模拟时没有上下位机驱动来刷新，因此有功数值没有最后回复到 842MW。

如厂家模拟所述，现场有功由 842MW 跳变到 0，是由于两台主机同时重启，而 mam 进程在 ooexpr 进程之前启动，在对象还没有计算全厂总有功之前，lsdmn 就将 0 值刷到全厂虚拟模拟量中，然后由 mam 进程发送到远动通信机，远动通信机则将 0 值传送到调度端。

有功数值随后由 0 跳变到 1528MW，是因为现场数据库的全厂总有功计算对象的计算属性中，残留了一个不合法的初值 1528。

之后，有功数值又从 1528MW 恢复到 842MW，是因为现场各机组有功开始刷新后，通过上下位机驱动使全厂总有功对象脚本重算。

上面分析过程可以解释其他对象计算的数据出现的跳变现象。

针对问题（2），做如下分析：

将现场的 core 文件发给厂家分析，发现是由于数组越界将部分内容清掉，厂家在测试环境中将故障现象重现。

3.2 故障处理

对于数值跳变，杀掉各节点 Java 界面后，升级现场环境后，重新编译、同步数据库，消除残留值的影响。然后更改 startmain 中各进程启动顺序，如下所示：

dbload→client→server→red_m→red_a→redsw→diag_alarm→drvman→lsdmn→ooexpr→engine→seqman→mam→agcdrv→agcavc→dbtrace→start_svc start

对于 agcavc 程序产生 core 文件（程序崩溃事件），由设备厂家完善 agcavc 程序，消除 bug。

第十八节　某电厂调速器故障开机失败

1　设备运行状态

集控中心远方发 4 号机组步六开机令，开调速器失败，流程退出；后将控制权切至电厂侧发开机步五令，开调速器失败，流程退出。

2　故障现象

电厂监控系统主站报 4 号机组开调速器失败，流程退出。中控室电话通知自动班人员检查。在机组停机态下通道切换过程中导叶突然全开，导致机组过速紧急停机。

3　相关理论知识

某电厂调速器采用 PFWT-100-6.3/YZ-6.0-6.3 型调速器，调速器功率控制采用以下两种信号控制：功率脉冲控制方式和功率模拟量控制方式。调速器工作在功率脉冲控制方式时，监控系统接收到的功率指令信号经监控系统经 PID 运算后以数字脉冲量信号作为调速器开度控制指令下发至调速器，调速器执行该开度指令控制导叶调节机组功率，此控制方式下功率闭环由监控系统实现，调速器以导叶开度完成闭环调节。功率模拟量控制方式下，监控系统将接收的功率指令信号直接转换为 4 ～ 20mA 模拟量信号下发至调速器，调速器接收该模拟量信号后在调速器完成功率调节，此控制方式下功率调节闭环在调速器完成，监控系统只下发指令不参与调节。因模拟量信号易受到干扰，水布垭电厂各机组自投运以来一直采用功率脉冲调节，不建议切换至功率模拟量控制方式运行。

电网出现事故导致电网频率大幅波动的特殊情况下，调速器会切换至孤立网模式运行。调速器进入孤立网模式频率阈值为 50±(1.5 ～ 10Hz)，即电网频率范围在 51.5 ～ 60Hz 或者 40 ～ 48.5Hz 之后延时 100ms 后自动切换为孤网模式运行。此时调速器为频率控制方式，以调节机组频率（即电网频率）50Hz 为控制目标，调节为 PID 调节，调节速率与电网频率大小有关。

调速器在功率脉冲调节方式下导叶开度调节速率为每个 PLC 扫描周期调节 ±0.05%。功率模拟量控制方式下调速器功率调节速率实行分段调节，具体如下：实发值与指令值差值 $\Delta P \geqslant$ 100MW 时导叶开度调节速率为每个 PLC 扫描周期调节 ±0.01%；100MW $\geqslant \Delta P \geqslant$ 8MW 时导叶开度调节速率为每个 PLC 扫描周期调节 ±0.005%；8MW $\geqslant \Delta P \geqslant$ 2.5MW 时导叶开度调节速率为每个 PLC 扫描周期调节 ±0.001%；$\Delta P <$ 2.5MW 时为调节死区。

关于调节速率的说明：上述调节幅度只作为程序调节计算的主要部分，不同调节方式采用的 PID 算法存在差别，且调速器控制还涉及前向增益和比例放大等其他控制环节，具体速率以调速器控制模型和实际调节效果为准。

4　故障分析处理

4.1　原因分析

电气柜控制信号回路检查：将调速器切 C 套控制，手动将导叶开至 5% 进行压力钢管排水。

在调速器机械端子箱测量比例阀控制电源端子 XJ0-4 与 XJ0-6 之间电压为 24.43V，电压正常；检查调速器电调柜 A、B 套比例阀控制继电器 KA5 工作正常，触点无氧化或黏连。排除比例阀控制电压异常或比例阀控制继电器故障的可能。

调速器仍在 C 套控制，将导叶全关后切至 B 套，切换前后无异常。由 B 套切至 A 套时导叶全开，此时 A 套 PID 给定为 0，导叶不受控，切换后数据记录见表 1。

表 1　由 B 套切换至 A 套后数据记录

4 号机组调速器	A 套	B 套	C 套
开度	99.82	99.84	99.82
PID 给定	0	20	99.84
开限	0	20	99.9

由 A 套切至 B 套，调速器此时判定进入空载态 PID 给定为 9.6%，切换后数据记录见表 2。

表 2　由 A 套切换至 B 套后数据记录

4 号机组调速器	A 套	B 套	C 套
开度	99.82	99.84	99.82
PID 给定	0	9.6	99.84
开限	0	9.6	99.9

维持当前状态不变，测量 A、B 套比例阀位置反馈信号电流为 13mA，比例阀反馈信号异常（比例阀控制及反馈信号电流定义为

12mA 为中间位，小于 12mA 为关方向，大于 12mA 为开方向）。

在上述情况下，断开 A、B 套比例阀控制信号线，导叶开度无变化，测量 A、B 套比例阀控制信号为 4.01mA，位置反馈信号为 13mA，由此判定自动比例阀不受电气信号控制，自动比例阀保持在开位。

4.2 比例阀本体检查

调速器切至 C 套，手动全关导叶，动作正常。导叶开度为 0，由 C 套切至 A 套时，导叶再次自动全开。由上判定故障点不在调速器电气柜，怀疑自动比例阀或比例阀放大板故障。机械班更换自动通道比例阀；A、B、C 三套通道切换正常，A、B、C 三套全开全关导叶正常；机械班人员将拆下旧比例阀解体检查，阀芯动作顺畅且无损伤，未发现异物；进行静特性试验，A、B 套数据都合格。

为排除放大板故障，将清洗后的旧比例阀接入电气自动通道，断开主配放大板信号（用堵头封住），不接入油路。在 B 套下，强制 B 套比例阀输出信号，各测点对应的比例阀阀芯反馈信号均正常，数据记录见表 3。

表 3 各测点对应的旧比例阀反馈信号

强制码值	5065	6000	7000	8000	9000	10000	4000	3000	2000	1000	55
旧比例阀反馈信号（mA）	12	13.51	15.12	16.74	18.34	19.95	10.29	8.68	7.07	5.46	3.94

将旧自动比例阀接入油路，断开主配放大板信号（用堵头封住）。C 套工作，导叶在全关位，测量自动比例阀反馈信号为 10.8mA，处于偏关位，动作正确。手动开导叶至 50%，测量自动比例阀反馈信号为 12.08mA，处于中间位，跟随动作正确。手动全关导叶，执行正常。由 C 套切至 B 套，执行正常。由 B 套切至 A 套，导叶失控全开。多次在 A、B、C 三套之间进行通道切换，导叶维持在全开位置。切至 B 套主用，强制自动比例阀控制信号码值为 2500，测量反馈信号为 12.73mA，而

此时正确的反馈信号应该是8mA。据此排除放大板干扰的情况下，自动比例阀依然是不受电气信号控制，这也就排除了放大板故障引起导叶失控。重新装回新比例阀，在A、B、C三套之间进行20余次通道切换及各通道导叶操作试验，调速器均正常。初步判断为自动通道比例阀异常。

4.3 双精滤油器检查

检查双精滤油器滤芯无异常，发现过滤器底部有微小片状杂质，将过滤器清洗和滤网更换后回装。

5 经验总结及后期预防措施

（1）修改四台机组调速器程序，增加防过速控制功能。

（2）优化四台机组LCU程序监视流程，增加调速器导叶失控事故作为启动源，导叶失控由调速器事故信号开出至监控。

（3）全面清洗四台机组调速器液压系统（回油箱、滤网、各类阀组、主配、接力器、控制油路、操作油路）。

（4）改变静电滤油器运行方式，加长运行时间。

（5）机组检修期间检查比例阀及切换阀。

（6）对直接影响机组安全的重要操作，进行风险评估并制订防范措施。

第十九节　某电厂 176.5 高程排水系统异常

1　设备运行状态

某电厂 176.5 高程厂外排水系统共计安装三台潜水泵，三台泵由“启一台泵水位”“启两台台泵水位”“启三台泵水位”控制，每次停泵后进行一次主用泵标记轮换。

2　故障现象

22:41:42 启一台泵水位动作，23:07:09 启两台泵水位动作，23:39:27 启三台泵水位动作。

22:41:40，运行人员执行厂用电倒闸操作，见表 1。

表 1　厂用电倒闸操作信号一览表

序号	信号	动作时间	备注
1	1001 分闸位置	25 日 22:41:43	
2	1012 合闸位置	25 日 22:42:32	用时 49 秒

9 月 26 日 176.5 排水系统全天无运行。

9 月 27 日现场检查发现，水位较高，水泵没有启动，自动班人员将控制权把手由“自动”切到“检修”位，随后切至“自动”位，三台泵同时启动，直至水池水位降低到停泵水位时停止，见表 2。

表 2　水泵运行信号一览表

序号	信号	动作时间	复归时间	备注
1	1# 泵运行	27 日 17:18:19	27 日 17:58:25	复位死循环后，三台泵自动启动和停止
2	2# 泵运行	27 日 17:18:19	27 日 17:58:25	
3	3# 泵运行	27 日 17:18:19	27 日 17:58:25	

3　故障分析处理

3.1　原因分析

结合运行情况及处理过程，初步认定为系统死循环保护动作，导致系统无法自动启泵，必须手动复位该保护信号才能使系统满足自动启泵运行。

死循环定义为，以 A（A={1、2、3}）泵启动不成功为起点，依次轮换切至下一台泵运行皆不成功时，再次切回 A 泵且其启动不成功为终点，定义为死循环。此时程序置死循环标志，闭锁启泵开出令。

分析如下：

根据该电厂机电图册所示，1# 泵和 2# 泵动力电源由 10kV Ⅱ母提供，3# 泵动力电源由 10kV Ⅲ母提供。9 月 25 日 22:41:42，启一台泵水位信号动作，系统自动启动水泵时，运行人员在同一时刻执行倒闸操作，Ⅱ母失电，导致 1# 泵和 2# 泵动力电源消失，水泵无法启动。此时程序发启动 3# 泵令，但 3# 泵接触器控制电源取自 1# 泵和 2# 泵开关出线侧，Ⅱ母失电时，接触器无法吸合，程序判定 3# 泵启动不成功（表 1 与表 2）。至此系统程序认定启动 1#、2#、3# 水泵均失败，激活死循环保护，置“死循环标志”，闭锁启泵功能，造成 26 日排水系统全天无运行。

9 月 25 日 22:42:32，开关 1012 合闸，II 母恢复供电。（表 3）

27 日 17:18:19 自动班复位“死循环标志”（表 3），此时集水井水位较高，启动三台泵水位动作，因此三台泵同时启动（表 4）。17:58:25 停泵水位动作，三台泵停止运行（表 4）。

表 3　176.5 启泵水位信号一览表

序号	信号	动作时间	复归时间	备注
1	启一台泵水位	25 日 22:41:42	27 日 17:56:03	与倒闸时间吻合
2	启两台泵水位	25 日 23:07:09	27 日 17:55:36	
3	启三台泵水位	25 日 23:39:27	27 日 17:54:58	
4	停泵水位	27 日 17:58:25	25 日 20:59:24	

表 4　控制权把手信号一览表

序号	信号	动作时间	复归时间	备注
1	自动运行	27 日 17:18:19	27 日 17:12:29	复位死循环标志

3.2　故障处理

复位死循环标志，使系统恢复正常。优化动力柜控制电源，针对动力柜控制电源取自 1# 泵与 2# 泵开关出线侧，一旦 II 母失电，控制电源消失。对动力柜进行改造，将III母引入控制电源，即控制电源由 1# 泵和 3# 泵开关出线侧提供。

4　经验总结及后期预防措施

电厂监控系统目前缺少对 176.5 排水控制系统一些重要设备的故障信号及报警信号，如水泵动力电源消失、开出电源消失、水泵死循环标志等。为解决上述问题，可以对监控系统增设该监控点，以便于设备隐患或故障早发现早处理，保障 176.5 排水系统安全稳定运行。

第二十节 某电厂部分远动链路不稳定故障分析

1 设备运行状态

其电厂 500kV Ⅰ、Ⅱ母线分段运行，四台机组并网运行，集控中心侧 AGC、AVC 均投入。全厂调节权在集控中心，控制权在电厂侧。

2 故障现象

接电网相关部门电话通知，电厂湖北接入网远动链路不稳，链路时好时坏。运维人员现场检查发现，华中接入网远动链路建立在网省调通信机 sbycom 上，湖北接入网远动链路建立在网省调通信机 sbycom2 上，链路未发现明显异常，远动 104 通信进程也无异常，sbycom 可以 ping 通网调侧远动主机，但 sbycom2 无法 ping 通网调侧远动主机。通过 router 命令检查发现 sbycom2 路由丢失。

3　故障分析处理

3.1　原因分析

查看系统配置，远动路由表正确配置，咨询厂家意见后判断为网卡服务异常重启导致路由表丢失，需重启服务器重新加载路由表。查询相关资料得知：网卡有故障或使运行中相关系统进程非正常启动，从而导致网卡服务异常。

本次通信链路异常时现场检查网卡未发现异常，但电厂新改造的监控系统 NC3.0 在进行数据库修改后重启过相关服务和进程（新监控系统 NC3.0 与以前旧监控系统 NC2000 相比数据库修改后只需要重启相关服务和进程而不用再重启主机），因此分析异常原因为数据库修改后服务器相关服务重启导致网卡服务不稳定。

3.2　故障处理

经电网相关部门同意后维护人员对 sbycom2 进行重启。重启后检查路由信息正确，网省调通信链路正确，各通信进程执行正常，系统恢复正常运行。

4　经验总结及后期预防措施

4.1　经验总结

对于工业控制软件，由于其应用范围较小，设备厂家无法进行涵盖所有操作系统的大规模测试，无法验证各种操作系统下各应用进程之间的依赖关系。故对于工业控制软件，对其应用进程的操作在没有特别限制条件时应采取重启操作系统的方式进行，让所有进程按照既定顺序依次启动。

4.2 预防措施

（1）要求厂家人员分析网卡服务与监控系统各服务及进程之间的依附关系，优化监控系统服务及进程启动顺序。

（2）在该问题未得到彻底解决之前，监控系统涉及数据库修改后的操作一律采取重启服务器操作，不得采用仅重启相关服务和进程操作的方式。

第二十一节　某电厂主站“03B主变冷却器全停告警”故障分析处理

1　设备运行状态

某电厂有三台发电机组，单机装机容量为84MW，发电机出线接入220kV系统。发生该故障时，A电厂三台机组均在并网运行状态，设备所在区域范围内天气为晴且温度较高。

2　故障现象

3号机组出口开关合闸，3号机并网运行，主站显示工作冷却器、辅助冷却器正常投入，发电机、变压器等设备运行正常。3号机组停机后，运行值班人员巡检3号发变组保护PP2盘显示“主变冷却器全停”报警信号，电厂主站无相关信号。现地检查变压器等设备，发现电源及控制把手均在正常位置，将3号机冷却器控制把手切至试验位置，工作冷却器运行正常，切回工作位置时，电厂主站“主变冷却器全停保护动作”报警。

3 相关理论知识

3.1 变压器冷却器

冷却器由热交换器、风扇、电动机、气道、油泵油流指示器等组成。冷却风扇是用于排出热交换器中所发射出来的热空气。油泵装在冷却器的下部，使热交换器的顶部油向下部循环。油流指示装在冷却器下部较明显的位置，以利于运行人员观察油泵的运行状态。

3.2 冷却器工作模式

（1）工作模式：冷却器处于正常运行状态，变压器在运行时，冷却器处于工作模式。

（2）辅助模式：当变压器运行在一定负荷时，冷却器处于辅助模式，此时处于工作模式的冷却器单独工作，无法降低变压器温度，需要另外一台冷却器进行辅助。

（3）备用模式：当处于工作模式或者辅助模式的冷却器发生故障后，备用的冷却器投入工作。

4 故障分析处理

4.1 故障分析

现场检查三号机机组保护 PP2 盘报文发现“主变冷却器全停”信号为冷却器全停二段告警，是在三号机开机并网瞬间报出，60ms 后复归，检查主变冷却器控制柜“冷却器全停跳闸回路”无异常；检查机组保护盘冷却器全停二段动作延时继电器 KT1 时发现其时间模块损坏。在 KT1 没有时间模块的条件下模拟三号机开机时冷却器启动，发现 PP2 盘报“变冷却器全停”信号（共模拟四次均有报警信号）。对机组保护装置中的 KT1（冷却器全停二段动作继电器）、K108（跳闸出口继电器）、光隔（机组保护装置开入）以及主变冷却器控制柜内的 KM1（冷却器控制冷却器风扇动作接触器）、KMM1（冷却器控制箱电源投入接触器）等进行了校验，结果见表 1。

表 1　对机组包含装置校验结果

编号	动作电压 /V	继电器动作时间 /ms	继电器返回时间 /ms	结论
KT1	127	14.1	60	合格
K108	143	9.0	45	合格
光隔	170	12.7	—	合格
KM1	—	16	—	合格
KMM1	—	15	—	合格

由表 1 的校验结果分析可知，主变冷却器控制柜“主变冷却器全停跳闸回路”K5 与 KM1、KMM1 接点动作存在约 31ms 的时间差，这 31ms 的延时会将“主变冷却器全停”信号送入机组保护装置 KT1 继电器的线圈，KT1 在没有时间模块的情况下只需要 14ms 即可动作出口。冷却器全停二段保护动作出口的必要条件是负荷电流达到 0.1A，并延时 30s，在三号机并网瞬间时负荷电流未达到该定值，且延时未到达前 KT1 已迅速返回，故未导致“冷却器全停二段延时出口跳闸”动作。

由此分析结果如下：正常情况下“主变冷却器全停保护”应通过“上层油温 75℃、延时 20min”或“延时 60min”两个条件与 KT1 延时继电器配合，同时满足负荷电流达到 0.1A，并延时 30s 才能出口动作。因为主变冷却器中 K5 与 KM1、KMM1 接点动作配合不当，造成 31ms 左右的时间差，而机组保护中的 KT1 延时继电器模块损坏，已无延时功能，相当于一个中间继电器，其动作时间仅需 14ms，最终导致该信号的误报警。

4.2 故障处理

为防止类似事件再次发生，对机组保护装置中主变冷却器全停回路先进行如下更改：

（1）校验并更换三号机组保护装置中 KT1 延时继电器时间模块。

（2）对三台机“主变冷却器全停延时跳闸回路”进行临时修改，将“主变油温 75℃”条件串在 KT1 延时继电器之前，作为“冷却器全停二段延时出口跳闸”的一个必要条件（目前一号、三号机已修改，二号机因主变在网运行暂不处理）。

（3）将机组保护装置中 KT1、KT2 中间继电器加延时模块的结构更换为独立的西门子时间继电器。

对主站中该信号的报警进行检查并试验，解除主站该报警中关于发电态的闭锁条件，即满足 LCU 中只要有 SOE 的变位即进入告警事件，以确保中控室值班人员能第一时间获取告警信息并及时采取相应措施。

为解决主变冷却器控制柜“主变冷却器全停跳闸回路”K5 与 KM1、KMM1 接点动作配合不当的问题，可在冷却器控制柜中增加一个防抖动时间继电器 KT，主变冷却器全停后将信号先送入 KT，其延时可整定为 1 ～ 60s 均可，再将 KT 接点接入原机组保护中 KT1、KT2 回路。

查看最新的《电力变压器运行规程》（DL/T 572-2010）的规定：“强油循环风冷和强油循环水冷变压器，在运行中，当冷却系统故障切除全部冷却器时，变压器在额定负载下允许运行时间不小于 20min。如 20min 后当顶层油温尚未达到 75℃，则允许上升到 75℃，但在这种状态下冷却器全停的最长运行时间不得超过 1h。”制订方案优化本厂的控制回路。初步方案如下：

（1）机组保护装置“主变带负荷”判据的电流定值 .

计算主变高压侧二次额定电流 $I_n=\dfrac{100000}{\sqrt{3}\times 242}\div 800=0.2982\text{A}$，该额定电流整定值为 0.1A，相当于约 30% 的额定负载，考虑到可靠性，应将定值整定为 0.95×0.2982=0.28A。

（2）机组保护装置中原冷却器全停保护控制回路原理示意图如下：

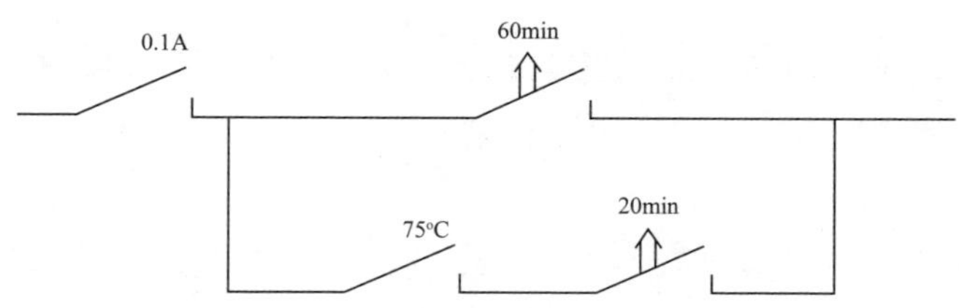

更新后的原理示意图如下：

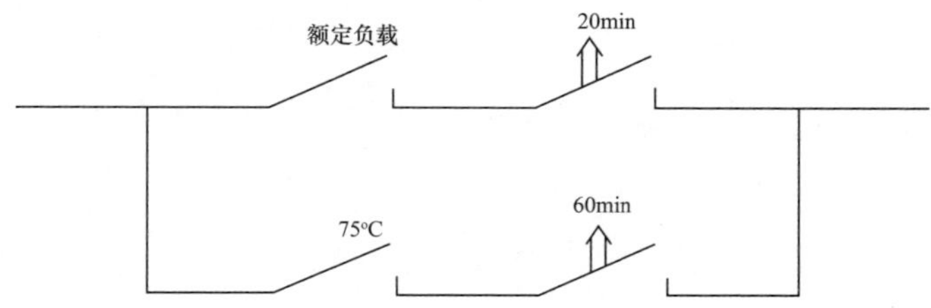

上图中，额定负载为机组保护装置整定的电流值 0.28A，75℃接点为主变油温度计的接点。

第二十二节　机组水导冷却水流量频繁越限报警

1　设备运行状态

A 电厂三台机组技术供水设备配置均相同，主要配置如下：每台机组设备均采用自流及水泵加压混合供水方式。供水水源主要采用坝前取水和蜗壳取水。为除去水中杂质，技术干管上设有两台转动式滤水器。在离心水泵和滤水器，前后均有自动切换阀门。在滤水器出口并联管后设有四个自动切换阀门。机组用水方式采用正（反）向两路供水。机组技术供水系统主要是提供发电机空气冷却器、上导轴承、推力轴承、水导轴承冷却器和作为主轴密封用水备用水源。在水温为27℃时一台机发满出力时，所需冷却水总水量为950m^3/h，冷却水工作水压范围是 0.2 ～ 0.4MPa。

2　故障现象

近期 3 号机组多次出现水导冷却水模拟量抖动、开关量中断等问题（开、停机状态下都出现过类似问题），查阅记录发现三台机组均多次出现类似情况，见表 1。在开机过程中出现冷却水流量越限报警并且未复归、冷却水开关量中断，会导致开机第三步不成功，从而导致无法正常开机。在开机并网后出现冷却水流量越限报警并且未复归、冷却水开关量中断，超过规定时间后会自动停机。

表 1　三台机组水导冷却水流量变送器等相关故障统计

序号	名称	次数
1	上导轴承冷却水	44
2	空冷冷却水	8
3	推力轴承冷却水	39
4	水导轴承冷却水	61

3　相关理论知识

A 电厂使用的是德国图尔克 TURCK 流量计。TURCK 流量计是基于热导式的原理设计的，其内部采用了两个热敏电阻（与 RTD 相似，但不是标准的 RTD）组成一个慧斯通电桥，其中一个电阻受被测流体介质温度影响，另一个连接到加热元件上。

当设备上电后，加热元件将电能转化为热能。如果管道内没有介质流动，两个热敏电阻反映的阻值偏差是一个定值。当管道内有介质流动时，加热线圈产生的热量被带走一部分（取决于介质流速），从而使加热装置的温度相对降低，同时使两个热敏电阻的偏差值改变，最终使得电桥输出的电压值改变。通过测量、比较桥路输出的电压值，就可以掌握管道内介质流动的状态。

热导式流量计工作原理是利用探测头温度变化的原理设计的。在探头内置发热传感器及感热传感器，并与介质接触。测量时，发热传感器发出恒定的热量，当管道内没有介质流动时，感热传感器接收到的热量是一个恒定值，当有介质流动时，感热传感器所接收到的热量将随介质的流速变化而变化，感热传感器将这温差信号转化成电信号，再经过电路转换为对应的接点信号或模拟量信号。

热导式流量计可对管道中的液体流动情况进行实时监控，提供数字信号或模拟信号输出，并采用 LED 实时显示流体流速状态。其可实现下列监控功能：介质流动，降低、提高流速；介质存在、不存在；介质流动、静止；可用于监控管道内流体流速大小、断流监测。广泛应用于各行业需要对管道内流体流速监控或在液体流量故障时保护重要设备的场合。

热导式流量计的优点有抗污能力强，适用于多种介质，耐压高，防护等级（IP）高，安装简单。热导式流量计的不足是响应时间稍长。

4 故障分析处理

4.1 环境温度、冷却水温度的影响

三台机组水导轴承冷却水流量计安装水车室内，技术供水层内温度相对恒定，夏季与冬季温度相差不大，且流量计在每个季节都出现过问题，故水车室环境温度对流量计在管道外部设备的影响不是导致流量计频繁故障的原因。

上导冷却水、空冷冷却水、推力冷却水、水导冷却水流量计安装位置不同。上导冷却水、空冷冷却水、推力冷却水流量计安装处环境温度高于水导冷却水流量计安装位置，但通过统计可以看出只有空冷冷却水流量计出现问题较少，其他流量计出现的问题相差不大。因此可以认为环境温度对流量计的影响较小。

技术供水取水口高程为 48m，坝顶高程 83m，技术供水取水口在水面以下 30m 左右，在水面以下 30m 左右的温度趋于恒定，冬夏季温度相差较小。经过查询冷却水进水口温度 RTD 发现，冷却水常年温度变化在 5℃以内，温度对水的密度、粘度的影响较小，而且热导式流量计是利用探测头温度变化的原理设计的（TURCK 流量计安装要求水温变化小于 4℃），故水温对流量计的影响较小。

4.2 介质粘度对流量计的影响

现代工业发展要求流量计的测量精度非常高，介质粘度变化影响也成为影响流量计测量精度的一个重要因素。流量计的测量探头的灵敏度会随着介质雷诺系数（测量管内流体流量时往往必须了解其流动状态、流速分布等。流体流动时的惯性力 F_g 和粘性力，即内摩擦力 F_m 之比称为雷诺系数。用符号 Re 表示，Re 是一个无因次量）的大小发生变化。雷诺系数的大小与管径和流速大小成正比，与介质的粘度大小成反比，所以粘度对流量计的影响主要发生在小管径、低流速和高粘度的介质流体情况下。

A 电厂使用的是热导式流量计，对介质流体的粘度要求较小，而且水的粘度较小，水导冷却水流速也相对较大，故粘度对流量计不会产生影响。

4.3 正反向技术供水对流量变送器的影响

A 电厂技术供水每次检修时会进行正反向倒换，正反向供水水流的方向不同（即原来的冷却水进水口变为出水口，冷却水出水口变为进水口），但技术供水进水口、出水口位置不变，通过分析、研究流体力学的相关知识，得出的结论为技术供水正反向供水对冷却水的流速、流量不产生影响。

A 电厂使用的热导式流量计，是检测两个探头的温度差，从而转化成模拟量来显示流量，只要介质（即冷却水）的流速、流量未发生变化，则对该类型的流量计的使用就不会产生影响。故技术供水正反向倒换对流量计的正常运行没有影响。

4.4 流量计安装在管道拐弯附近处的影响

三台机组的水导冷却水流量计安装在水车室内的水轮机顶盖、两个拐臂之间，位于管道拐弯处，由于水导冷却水流量较小，故该管道直径也较小。

流体力学中，管道拐弯处产生的紊流会影响到管道拐弯后方一部分管道内的水流状态，产生的紊流的影响力取决于介质流速等原因，但是流量计安装处与管道拐弯处有一定的距离（该距离大于管径4倍以上），产生的影响也相对较小。

查看TURCK流量计的安装说明发现，安装时要特别注意：流量计安装处与管道拐弯处或者管道交叉处的距离要大于4倍管径。高坝洲电厂的流量计安装位置符合上述要求，故水导冷却水流量计安装在管道拐弯处不会产生相关的影响。

4.5 振动对流量变送器的影响

振动会对一部分流量计测量的准确度产生影响。流量计正常工作时，测量管处于振动状态，对外来振动非常敏感，如果在流量计安装区域存在其他振动源，振动源的振动频率会影响流量计测量管的振动频率，引起流量计的异常振动和零点漂移，造成计量误差。

A电厂的水导冷却水流量计安装在水轮机顶盖上方，机组开机时会产生很大的振动，尤其是开、停机过程中，振动会加大。冷却水中断多次出现在开机过程中（在开机状态下很少出现），冷却水流量越限在机组各种状态下均有发生，由此发现冷却水中断与机组振动有很大关系。热导式流量计的测量原理是温度差，但是振动会影响测量管道的振动频率，从而影响流量计的测量准确度。故振动对水导冷却水流量计会产生一定的影响。

较大的振动对流量计探头以外的设备产生影响，外部设备的端子接线也会随着振动而松动。因此，振动对流量计的使用存在一定的影响。

4.6 冷却水实际流量对流量变送器的影响

A电厂技术供水各用水部位实际流量相差很大，以空冷冷却水流量最大，其次是推力轴承冷却水，主轴密封用水量最小。从统计资料上发现，空冷冷却水流量计出现相关问题的次数最少，其他部位相差不大。但是，主轴密封处流量计出现相关问题的次数也非常少。

热导式流量计是利用探测头温度变化的原理设计的，有流体流动，就会在探头上产生温度差，对流体流量没有特殊要求，但是空冷冷却水流量计在实际运行中发生问题的次数明显少于其他部位，故实际流体流量大小可能会对流量计产生影响。

4.7 冷却水流速对流量计的影响

由热导式流量计的设计原理可知，流速对流量计的使用不会产生较大影响（流体流速较小，造成感温探头不明显，会造成测量精度较差）。A 电厂技术供水流速满足流量计的使用要求，且流速对超声波流量计的使用产生的影响很大，对其他种类的流量计的使用影响较小。

4.8 电磁干扰对流量变送器的影响

由于电磁对传感器的使用会造成很大的影响，因此如果流量计工作区域附近有较大的磁场干扰，就会对流量计测量结果产生影响。

综合统计分析，各流量计安装处均受到一定的电磁干扰，但是有的流量计的使用相对正常，故该因素也不是造成流量计长期出现故障的原因。电磁干扰对电磁流量计的影响较大，对其他类型流量计会产生影响，但是影响效果相对较小。

4.9 安装应力对流量计的影响

在流量计安装过程中，如果流量计的传感器与管道的中心轴不对称，管道所产生的应力会作用到流量计的测量管上，从而引起检测探头的不对称或者变形，最终导致零点漂移，造成计量误差。

A 电厂使用的热导式流量计，安装说明中有明确的安装要求，在流量计安装时会按照标准进行安装，不会产生安装错误问题。故安装应力不是导致流量计故障的原因。

4.10 管道压力对流量计的影响

当压力升高时，测量管的材料会变得越来越坚硬，使流量管的振动减弱。在介质流速不变的条件下，单方面的增加压力，可使流量管的偏移变小，造成流量计的显示值比真实的流速要低，反之压力降低时，造成流量计的显示值比真实的流速要高。

A电厂技术供水各阀门都在常开状态（YM1、YM2在开机时全开），且技术供水取水口在水面以下，在技术供水设备正常运行时，压力是不变的，故管道压力对流量计的运行不产生影响。

4.11 测量管损坏或腐蚀对流量计的影响

流体腐蚀、杂质进入等会对测量管直接造成损坏或者腐蚀，影响测量管的性能，导致测量不准确。

A电厂的技术供水管道内只有锰矿污染物的附着，未发现较为明显的管道腐蚀处。故该因素不会影响流量计的运行。

4.12 管道内壁附着物对流量计的影响

如果被测量流体含较多杂质，就容易在管道内壁上产生附着物或者沉淀，如果附着物质的电导率高于流体或者附着物有较好的传热性等因素，就会对流量计的测量结果产生影响。如果流体内杂质长期附着在流量计探头上，就会影响流量计的正常使用。

A电厂技术供水较为清洁，不足之处就是上游锰矿排放的废水内含有杂质，检修时发现有水流过的管道或者设备上都附着有一层较厚的黑色的物质，以滤水器和冷却器的环管较为严重。由此可知，流量计安装管道内壁肯定有此附着物，流量计的探头也可能附着此物质。如果附着物较多，就会对流量计的正常使用产生影响。.

A电厂除主轴密封主用水源取自清洁用水之外，其他均取自坝前取水，水源是一样的，由统计结果分析可知，空冷冷却水流量计相关故障明显少于其他部分冷却水流量计故障。但是目前由于高坝洲库区内锰矿污染严重，在管道内壁及其他部位都会有较多的污染物质附着，会对流量计的探头产生很大影响。

4.13 流体混入气泡或者流体未能占满流过的管道

当流体混入均匀的气泡时，不会对流量计产生较大的影响，但是气泡不均匀时，会对流量计的测量结果产生影响。水导冷却水流量计安装在管道拐弯附近，水流经此处会产生一些气泡，但是对流量计的影响不大。技术供水管道上装有复合排气阀，所以管道内部不会有较大的气泡。

流体未能占满流过的管道会对流量计测量结果产生很大的影响。高坝洲电厂机组开、停机状态下，技术供水管道内都是充满水的，所以不会受该种情况的影响。

4.14 尾水波动对流量计的影响

流量计出现在停机状态下的问题就是流量越限，且频繁报警。该问题发生在每个月份，且每台机组都会出现该问题。该问题在停机状态下不影响机组备用，但是会造成监控系统刷屏，影响运行人员的监屏。

A 电厂技术供水排水阀在常开状态，停机时 YM1、YM2 阀会全关，YM7/9、YM8/10 两个阀门可能会全开，可能会一个在开一个在关，也可能两个阀门都在全关，且一个阀门在开一个阀门在关的状态下会出现在关的那个阀门未全关。此时，尾水的波动会造成技术供水管道内的水的流动，热导式流量计的设计原理就是利用流体的流动来产生探头上的温度差，故尾水波动会对流量计的使用产生影响（#1 机组开机状态下，#2、#3 机组停机状态下，可能产生的结果就是 #2 机组技术供水流量越限且频繁报警，#3 机组该类情况较少）。

由上述原因分析可知，振动、管道内壁及探头附着物、尾水波动是造成 A 电厂流量计出现问题的较重要原因。

针对以上原因的分析，应采取相应措施再观察流量计使用效果。

（1）关于振动的影响，应定期检查流量计信号处理器及探头的安装是否稳定、端子是否紧固等。

（2）关于附着物问题，因无法及时处理管道内壁附着物，故应及时检查、处理探头上的附着物。

（3）关于尾水波动问题，产生尾水波动是无法避免的，该因素影响流量计多发生在停机状态下，不影响机组的正常运行，如果停机时YM7/9、YM8/10全关频繁越限报警应该会减少。

第二十三节　发电机组频繁穿越振动区

1　故障现象

B 电厂机组在 2019 年 1 至 5 月穿越振动区的次数为 4674 次，接近于 2018 年全年的穿越振动区次数 5562 次，从 2019 年开始，B 电厂机组穿越振动区次数明显增加，见表 1。运行值班人员在当班期间采取各种有效措施，例如人工干预 AGC 调整、增开机组、申请停机、合理分配单机负荷、进行站间转移负荷等，这些措施有效地减少了机组穿越振动区的次数，但是由于电网调整时间间隔短、调整幅度较大等原因，B 电厂机组在 2019 年穿越振动区次数明显增加。

表 1　B 电厂机组穿越震动区次数统计表　　单位：次

月份	1 号机组	2 号机组	3 号机组	4 号机组	合计	单机日最大
2018 年 1 月	352	546	489	382	1769	74
2018 年 2 月	103	244	236	185	768	48
2018 年 3 月	102	161	126	137	526	34
2018 年 4 月	153	61	146	107	467	54
2018 年 5 月	192	109	199	142	642	26
2018 年 6 月	70	72	136	73	351	19
2018 年 7 月	124	84	109	143	460	23
2018 年 8 月	16	59	99	40	214	15
2018 年 9 月	114	16	44	24	198	17
2018 年 10 月	8	43	5	6	62	9
2018 年 11 月	6	15	18	0	39	6

续表

月份	1 号机组	2 号机组	3 号机组	4 号机组	合计	单机日最大
2018 年 12 月	11	0	2	53	66	14
合计	1251	1410	1609	1292	5562	74
2019 年 1 月	134	54	50	206	444	78
2019 年 2 月	265	101	193	224	783	50
2019 年 3 月	222	295	446	123	1086	51
2019 年 4 月	296	350	346	392	1384	45
2019 年 5 月	267	243	251	216	977	32
合计	1184	1043	1286	1161	4674	78

2 相关理论知识

（1）振动区：水轮机在某个负荷区间内运行时，机组振动较大，影响设备正常运行，严重时可能使整个设备和厂房毁坏，该负荷区间称为振动区。

（2）水轮机振动的危害：①引起机组零部件金属和焊缝中疲劳破坏区的形成和扩大，从而使之发生裂纹，甚至损坏而报废。②使机组各部位紧密连接部件松动，不仅会导致这些紧固件本身的断裂，而且加剧了被其连接部分的振动，使它们迅速损坏。③加速机组转动部分的相互磨损，如大轴的剧烈摆动可使轴与轴瓦的温度升高，使轴承烧毁；发电机转子的过大振动会增加滑环与电刷的磨损程度，并使电刷冒火花。④尾水管中的水流脉动压力可使尾水管壁产生裂缝，严重的可使整块钢板剥落。⑤共振所引起的后果更严重，如机组设备和厂房的共振可使整个设备和厂房毁坏。

3 故障分析处理

3.1 负荷调整频繁

自 2019 年 1 月份开始，水厂负荷调整频繁，调整时间主要集中在

4：00 ～ 10：00、17：00 ～ 23：00，频繁调整时间较长，且其他时间段也有不同程度的负荷调整，值班人员在当班期间通过人工干预负荷分配的措施，大量减少了穿越振动区的次数，但由于调整过于频繁，仍无法有效控制机组穿越振动区次数。

3.2 负荷调整幅度过大

自 2019 年开始，B 电厂负荷调整幅度大幅增加，幅度最大时是在 400 ～ 1400MW 之间调整，同时负荷调整又频繁，即使调度员人工干预 AGC 分配负荷，也无法避免机组穿越振动区。遇到此种情况，调度员已及时与华中电网调度员沟通，申请降低调整幅度，但由于电网需求，水厂机组仍然处于大幅度负荷调整状态下运行。

3.3 电网线路检修等工作引起的机组穿越振动区

2019 年 1 ～ 5 月，由于华中电网内部线路检修等工作，需 B 电厂机组旋转备用、调整联络线负荷、限制出力、调整负荷等，这造成水厂实际出力偏离 96 点发电计划较大，从而导致了机组频繁穿越振动区。

3.4 调整联络线

自 B 电厂机组参与调整电网间联络线后，B 电厂负荷调整频繁、幅度增加且负荷调整时间占据机组发电运行的大部分时间（严重情况下，机组从开机起直至停机都处于负荷调整状态），如此大范围、大幅度的负荷调整，即使调度员充分、合理干预 AGC 负荷分配也无法有效避免机组穿越振动区。

3.5 AGC 分配策略与电厂实际发电情况不匹配

AGC 分配的主要原则是机组避震，但是由于 AGC 始终按原则分配，因此无法顾及实际发电情况。例如：B 电厂 4 台机运行，负荷在 1150MW 时，一台机带 140MW 负荷，其他三台机平分剩余负荷，当 B

电厂发电计划增至1250MW时，AGC会自动分配至4台机组平分该负荷，这导致机组穿越一次振动区，此时，人工干预AGC分配，使一台机固定带140MW负荷，其他三台机平分剩余负荷，可有效避免该机组穿越振动区。调度员在当班期间大部分时间内可做到人工干预AGC，但由于负荷调整频繁等原因，有时无法及时采取人工干预等措施。

3.6 调整频繁时人工干预AGC负荷分配

负荷调整时，为控制小出力的不良运行指标，调度员人工干预AGC负荷分配，但由于负荷调整频繁，在人工干预负荷分配后负荷随即调整，导致机组穿越振动区。投入全厂AGC后，由于负荷频繁调整的原因，导致机组多次穿越振动区。此时，再进行人工干预AGC负荷分配会加剧机组穿越振动区的情况。

3.7 提高经济运行指标造成的机组穿越振动区

B电厂机组安全经济运行指标主要是机组小出力运行时间及穿越振动区次数。为控制机组小出力，调度员需退出该机组AGC，手动调整负荷，但有时刚调整好负荷后就遇到负荷调整情况，导致机组频繁穿越振动区。由于无法得知B电厂负荷何时调整，又需要控制机组小出力时间，所以在此期间的一些优化调度措施导致了小部分的机组穿越振动区。

3.8 系统需要较多备用（多开机组）

由于不同时间段、不同天气等原因，系统需要机组备用等情况也不相同，在小负荷、多台机组运行时，电网调整负荷，导致机组多次穿越振动区。此种情况下调度员采取相应控制措施后，控制机组穿越振动区的效果也不明显。

第二十四节　机组无功突变故障分析

1　设备运行状态

A 电厂安装三台单机 84MW 的水轮发电机组，故障发生时，1 号机组、2 号机组并网运行，带有 84MW 负荷，1 号机组无功功率为 18Mvar，机端电压为 13.74kV，2 号机组无功功率为 17.8Mvar，机端电压为 13.77kV，3 号机组处于备用状态。

2　故障现象

1 号机组正常运行，运行值班人员监屏发现 1 号机组无功功率由 18Mvar 突变至 42.2Mvar，机端电压由 13.74kV 突变至 14.24kV。运行值班人员立即检查监控系统报警情况，发现无任何相关报警。

3　相关理论知识

（1）无功功率：许多用电设备均是根据电磁感应原理工作的，如配电变压器、电动机等，它们都是依靠建立交变磁场才能进行能量的转换和传递。为建立交变磁场和感应磁通而需要的电功率称为无功功率，因此，所谓“无功”并不是“无用”的电功率，只不过它的功率并不转化为机械能、热能而已，因此在供用电系统中除了需要有功电源外，还需要无功电源，两者缺一不可。在正常情况下，用电设备不但要从电源取得有功功率，还需要从电源取得无功功率。如果电网中的无功功率供不应求，用电设备就没有足够的无功功率来建立正常的电磁场，那么这些用电设备就不能维持在额定情况下工作，用电设备的端电压就要下降，从而影响用电设备的正常运行。

无功功率对供、用电也会产生一定的不良影响，主要表现如下：①降低发电机有功功率的输出；②视在功率一定时，增加无功功率就要降低输、变电设备的供电能力；③电网内无功功率的流动会造成线路电压损失增大和电能损耗的增加；④系统缺乏无功功率时就会造成低功率因数运行和电压下降，使电气设备容量得不到充分发挥。

（2）机端电压：发电机机端电压是指发电机运行时在发电机出线端子上的实际电压。

4　故障分析处理

手动设置 1 号机组无功 Qset 为 16Mvar，1 号机组无功恢复为 17.5Mvar、机端电压恢复至 13.72kV。机组运行一段时间后，无功及机端电压再次发生较大突变，手动设值后恢复正常。为防止对机组产生较大影响，申请将 3 号机组开机并网运行并停 1 号机组进行检查。

现地检查 1 号机组励磁调节器及功率柜，励磁电流在 750 ～ 900A 之间浮动，将 1 号机组励磁调节器切至 B 套运行后，机组无功及励磁电流恢复正常状态。判断为励磁调节器 A 套电压采样板或脉冲调理模块异常，更换 1 号机组励磁调节器内电压测量板，经零起升压试验和自动开机至空载态试验，励磁系统运行正常，机组并网后观察运行情况正常。

第二十五节　机组失磁故障分析处理

1　设备运行状态

A 电厂安装三台单机 84MW 的发电机组，2 号机组处于备用状态，3 号机组处于并网运行状态，带 84MW 负荷。1 号机组处于备用状态，并准备开机并网运行。

2　故障现象

A 电厂 1 号机组开机过程中，投励磁失败报警，开机流程停止，检查相关运行数据，1 号机组机机端电压为 15.8kV，重发开机令，开机并网成功，有功带 82MW，无功带 17Mvar，机端电压为 13.8kV，运行 1h 后，1 号机组无功由 20Mvar 突然降到 -8Mvar，现地检查励磁调节器 A 套 1PT，AB 相电压 70V，AC 相 80V，BC 相 97V，将励磁由 A 套切换到 B 套运行后，机组失磁保护动作 1 号机组解列跳灭磁开关，甩负荷停机。

3　相关理论知识

同步发电机在运行过程中由于失去励磁而造成正常运行状态的破

坏。同步发电机失磁后将转入异步发电机运行，从原来发出无功功率（感性的）转变为吸收无功功率。大型发电机组广泛采用静态励磁，虽然减少了旋转直流电机，但由于励磁系统复杂和元器件质量问题，大中型发电机组故障总次数的半数以上由低励（励磁不足）或失磁引起。对于无功功率储备容量较小的电力系统，大型机组失磁故障将首先反映为系统无功功率不足、电压下降，严重时将造成系统的电压崩溃，使一台发电机的失磁故障扩大为系统性事故。在这种情况下，必须尽快将失磁机组从系统中断开，以保持系统的正常运行。为了彻底消除发电机失磁故障可能给系统造成的严重后果，首先必须使系统中每台机组的单机容量小于系统总容量的 5%。单机容量过大将形成两难局面：切除失磁机组，系统将因有功功率不足而崩溃；不切失磁机组，系统将因无功功率不足而崩溃。此外，所有发电机组的励磁调节器不应随意停用，值班人员不应在发生失磁故障时减少非失磁机组的励磁。失磁保护只是防范失磁故障扩大和检测失磁机组的最后防线。

4　故障分析处理

1 号机组停机后立即向电网值班人员汇报，按照调度指令进行相关操作。

查看相关数据，发现开机时励磁给定电压为 13.8kV，机端电压陡升至 15.8kV，电压升高到 15.8/13.8=115%，即比正常高出 15%。同期并网时为了满足 4PT 和 20PT 电压相等的要求，同期装置将电压给定值降到 13.8−13.8×15%=11.73kV 左右，这样机端电压达到 13.8kV 左右，满足并网的条件，机组并网成功，此时 A 套调节器在给定电压 11.73kV 和测量电压偏低的情况下处于动态平衡状态，B 套跟踪 A 套电压给定值也为 11.73kV。A 套切换到 B 套后，因电压给定值为 11.73kV，返回值 13.8 kV，在这一极低的电压给定值下导致机组已经进入失磁的范围。所以 B 套调节器励磁欠励限制还未来得及动作，机组已经失磁。

现地检查发现1号机组1PT A相一次保险熔断。紧固1PT、2PT、3PT二次端子及插把，1号机组开机，用励磁调节器A套做零起升压试验，测量1PT、2PT电压正常，A/B套切换正常，并网运行成功。向电网调度员申请停1号机组，停机后详细检查发现：①A/B套调节器电源工作正常；②调节器到LCU的报警回路正常，接线无异常；③检查调节器A/B插件板工作正常；④做开机试验，启励建压正常，A/B套切换正常，增减磁正常。故导致事故停机的主要原因是一次1PT保险熔断。

5 防范措施

（1）对此类事故要举一反三，并对三台机组的PT保险进行一次普查，确保发电期间的设备安全。

（2）对PT保险等一些备品、备件的产品质量要严把关，在购置时要跟进监督，避免使用的产品不合格。

第二十六节　瓦温上升故障分析处理

1　设备运行状态

A 电厂安装有三台单机 84MW 的发电机组，一般情况下，正常运行发电机均满负荷运行。正常运行时，1 号机组上导轴承摆度偏大，但在允许范围内，2 号机组、3 号机组无此现象。

2　故障现象

A 电厂运行人员在发电机组并网运行带 84MW 负荷时，会记录发电机相关运行参数，在 1 号机组检修完毕后，巡检发现其相关部分温度上升明显。

3　故障分析处理

检修前，环境平均在 21℃，上导油槽油位稳定值为 513mm，冷却水流量 21m³/s，上导摆度 x 稳定值为 110μm，上导摆度 y 稳定值为 110μm；检修后，环境温度平均为 16℃，上导油槽油位稳定值为 505mm，冷却水流量 24m³/s，上导摆度 x 稳定值为 41μm，上导摆度 y 稳定值为 42 μm。

RTD4 对应 1 号膨胀型温度计的上导瓦温，RTD11 对应 2 号膨胀型温度计的上导瓦温（膨胀型温度计温度值比 RTD 型温度计高 7℃左右），RTD3 对应上导油槽油温，如图 1、图 2、图 3 所示。

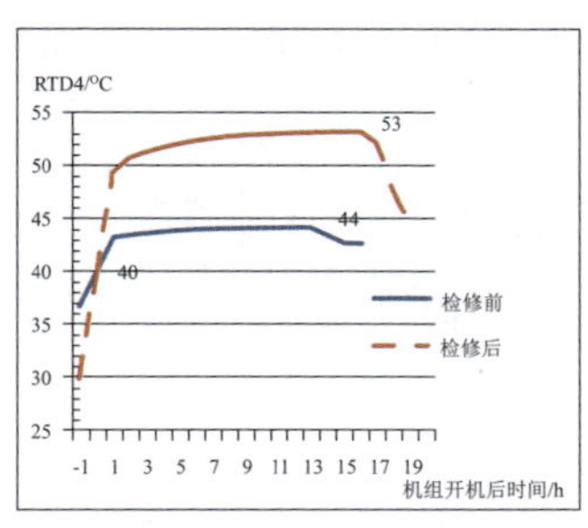

图 1　RTD4 平均值

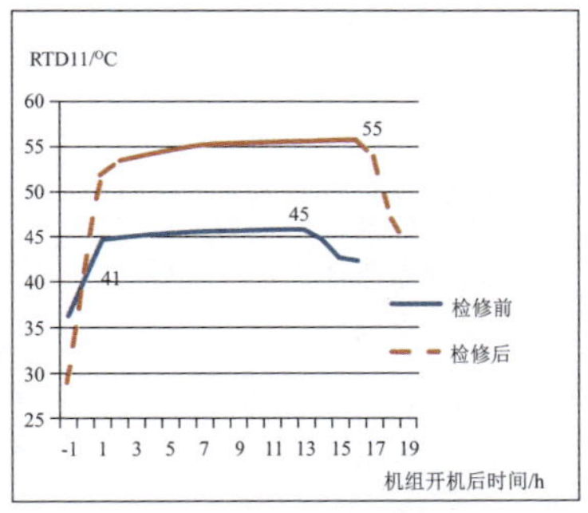

图 2　RTD11 平均值

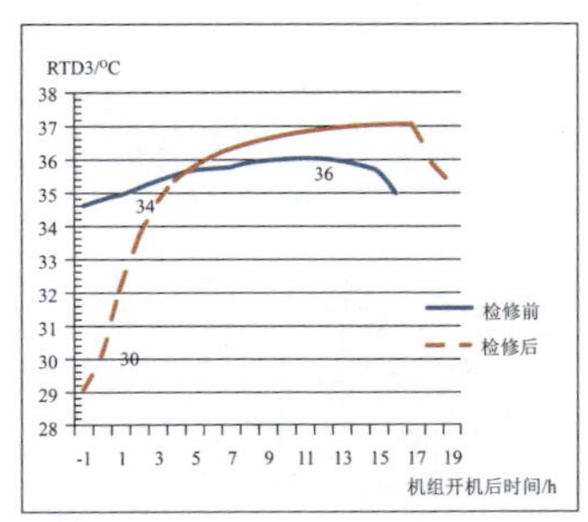

图 3　RTD3 平均值

机组开机后约 16h 期间，满负荷（84MW）稳定运行时，对比 1 号机组检修前后的上导 RTD 瓦温数据，在环境温度降低 5℃的情况下，发现1号机组上导瓦温在开机后上升速度明显偏快，温度也比检修前高10℃左右。检修前后相比，上导油槽油位、上导冷却水流量、上导油槽油温无明显变化。上导轴承摆度有明显降低，检修前上导摆度为110μm左右，检修后上导摆度为70μm左右。初步分析1号机组检修后上导轴承瓦间隙过小，影响油膜建立，增加摩擦，导致上导瓦温上升过快及温度偏高。

1号机组停机后，现地检查发现上导轴承瓦间隙偏小，调整该间隙后，待1号机组开机运行后检查发现，上导瓦温恢复正常。

第二十七节　主变压力释放动作故障分析处理

1　设备运行状态

A 电厂范围内天气状况：持续降雨、打雷。

A 电厂安装有三台单机 84MW 的发电机组，此时，1 号机组、2 号机组、3 号机组均处于并网运行状态，均带有 84MW 负荷。

2　故障现象

A 电厂计算机监控系统显示 1 号发变组保护盘主变压力释放保护动作，1 号机组发电机出口开关 21 开关跳闸。运行人员现地检查 21 开关在分闸位置，1 号机组停机。21 开关跳闸前，1 号机组有功 84MW、无功 11Mvar，开关跳闸后，机组过速达 135% Ne，机组过速保护停机。

3　处理过程

事故发生后，维护、操作班人员迅速赶达现场，立即对主变、保护装置、机组机械部分进行检查。维护人员在单控室检查发现 1 号发变组保护盘上主变压力释放动作信号灯点亮；在 1 号主变检查发现 C

相主变压力释放阀黄色动作指示杆向上凸出约 8mm（目测），压力释放接点动作接通， A 相主变压力释放阀未动作；开关站保护室检查发现 21 断路器控制盘除跳闸出口灯外无其他信号，线路 CSL101A 保护 SF600 收发信机面板有高频启动、立即停信信号；故障录波装置检查发现 24 开关 A 相电流越限启动故障录波、21 断路器保护动作开关量启动故障录波（主变压力释放保护没有接入故障录波）。机组上下风洞和水车室检查机械设备正常。

再次检查 1 号主变压力释放器，发现压力释放阀黄色动作指示杆已自动回至正常位置，压力释放器接点已断开。同时了解到故障发生时有强雷击。

复归 1 号机主变压力释放保护动作信号，申请拉开 212 刀闸，模拟 1 号机主变压力释放保护动作。经试验，确认 1 号机组因主变压力释放保护动作跳闸。1 号机组开机零起升压，试验检查机组及主变无异常。维护人员对 1 号主变变压器油样进行了化验，化验结果合格。

通过检查、试验、事故原因初步分析，认为本次事件由于区外故障引发 01B 主变 C 相压力释放保护动作，造成 1 号机组解列停机。申请 1 号机组并网带负荷 71MW，检查各部分均正常。

事故原因分析如下：①由于强雷击致电厂保护区外电气故障，造成线路电气量发生很大变化，在发生故障时间段，三相电流、三相电压均不平衡，持续时间超过 1s。②从 PMU 记录曲线看，线路 A 相电流有效值的最大值为 1265A（正常值 600A），1 号机组 C 相电流有效值达最大值 7210A（额定值为 4016A），致使 1 号主变压器内的油急剧膨胀，油压增大。③与主变厂家（天威保变电气公司）联系，厂家确认主变压力释放阀存在开启压力整定值、动作灵敏度等特性差异。以上多种因素综合导致 1 号主变的 C 相压力释放阀动作。C 相压力释放阀动作后，通过 1 号发变组保护盘，解列灭磁，跳开 21 开关，机组过速保护停机。

第二十八节　线路故障跳闸

1　设备运行状态

B 电厂装有 4 台单机 300MW 的混流式发电机组。故障发生时电厂范围内天气情况为狂风、暴雨、雷电。

故障前运行方式如下：1 号机组停机、2 号机组带负荷 189MW、3 号机组带负荷 30MW、4 号机组带负荷 30MW； 500kV Ⅰ母、Ⅱ母联络运行；线路保护正常投运。

2　故障现象

B 电厂监控系统主站报 500kV 线路保护动作，5051 开关、5003 开关、5004 开关先后跳闸，B 电厂 3 号机组和 4 号机组各甩 30MW 负荷后空载运行。

3　故障分析处理

3.1　现场检查情况及处理过程

现场检查情况：5051、5003、5004 开关位置为三相在分；RCS-

901 高频方向保护装置有“跳 C”动作信号，CSC-103B 光纤差动保护装置有“跳 A”“跳 B”“跳 C”动作信号，RCS-921 重合闸装置有“跳 A、B、C”动作信号，SCS-500 安稳装置有 “PT 断线、动作、装置闭锁告警”动作信号；3F、4F 机组保护 A、B 柜上有“失灵保护启动、线路远切动作、主变零序过流”动作信号，励磁、调速器控制柜无异常告警。

现场处理过程：对 500kV 故障录波装置录波图和两套主保护装置的故障信息进行了检查分析发现，录波装置和高频方向保护的三相电流、三相电压以及零序电压、电流一致，CSC-103B 光纤差动保护的三相电流、零序电流与录波装置不一致。针对此现象，把 CSC-103B 光纤差动保护所用的 CT 回路，包括 RCS-921 重合闸装置、CSC-103B 光纤差动保护装置、线路 SCS-500 安稳装置 CT 回路的端子进行了检查，并对端子进行了紧固，然后在开关站 AC3 汇控柜 CT 安装处分别加入 A、B、C 单相电流，在以上保护盘柜中分别检查 CT 的 A、B、C 相及 N 线的电流读值均正常，加量模拟故障，CSC-103B 光纤差动保护装置动作正常，零序电流显示也正常。

3.2 原因分析

（1）RCS-901G 高频方向保护柜有“跳 C”动作信号，液晶显示屏报“纵联变化量方向、纵联零序方向保护动作，故障相别 C 相，测距 27.2km；故障相电流 0.93A，零序电流 1.30A，故障相电压 6.34V”。正确动作出口跳闸。

（2）CSC-103B 光纤差动保护柜有“跳 A、跳 B、跳 C”动作信号，液晶显示屏报“光纤差动保护动作，故障电压：V_A=63.75V，V_B=66.0V，V_C=6.063V；电流：I_A=0.2266A，I_B=0.2695A，I_C=0.4805A，测距阻抗 R=17.63Ω，X=24.38Ω”。

在图 1 中，设流过两端光纤差动保护的电流 $\dot{I}_M$、$\dot{I}_N$ 以母线流向被保护线路的方向规定为正方向，如图中箭头方向所示。以两端电流相量和作为继电器的动作电流 I_d，以两端电流的相量差作为继电器的制

动电流 I_r。得出以下公式：

$$I_d = |\dot{I}_M + \dot{I}_N| \qquad I_r = |\dot{I}_M - \dot{I}_N|$$

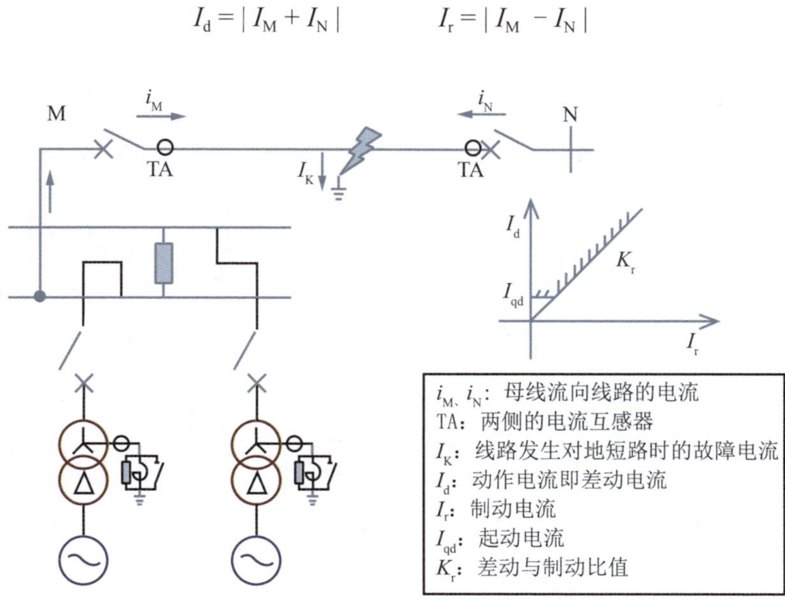

图 1　线路系统示意图

纵联电流差动继电器的动作特性如图 1 的比率制动特性所示，阴影区为动作区，非阴影区为制动区即不动作区。图中 I_{qd} 为差动继电器的起动电流，K_r 为该斜线的斜率，当斜线的延长线通过坐标原点时，该斜线的斜率就等于制动系数。制动系数定义为动作电流与制动电流的比值，$K_r = I_d / I_r$。

表 1　故障数据表

本侧

时间	动作元件	跳闸相别	U_a（V）	U_b（V）	U_c（V）	I_a（A）	I_b（A）	I_c（A）
15ms	分相差动	C 相	63.21	65.34	5.97	0.275	0.330	4.594
19ms	分相差动	A、B、C 相	63.73	66.01	6.02	0.410	0.426	5.906

对侧

时间	动作元件	跳闸相别	U_a（V）	U_b（V）	U_c（V）	I_a（A）	I_b（A）	I_c（A）
19ms	分相差动	A、B、C 相	63.75	66.00	6.06	0.227	0.270	0.481

线路发生的单相故障数据，从表 1 中我们可以看出是 C 相首先发生了短路接地的故障导致 C 相电流升高，电压降低，把数据代入纵联电流差动计算公式可以得出：

$$I_d = |\dot{I}_M + \dot{I}_N| = 4.594 + 0.481 = 5.075\text{A}$$

$$I_r = |\dot{I}_M - \dot{I}_N| = 4.594 - 0.481 = 4.113\text{A}$$

由于制动电流小于动作电流，加之动作电流超过了保护装置的定值 0.3A，所以装置出口，C 相跳闸。具体如图 2 所示。

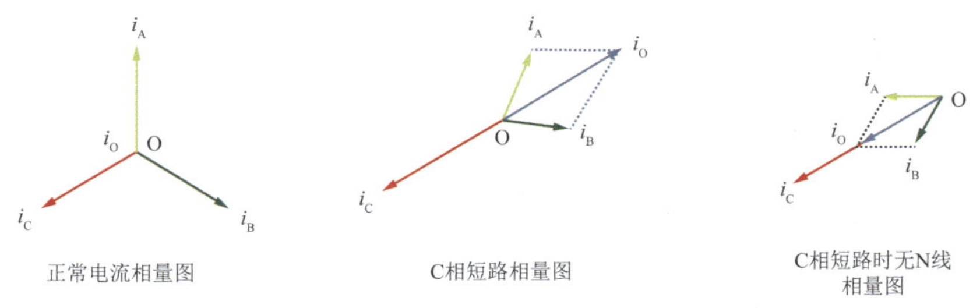

图 2　线路 C 相短路相量图

在 4ms 后电流继续升高，同时其他两相的电流幅值也同样升高，三相电流均达到了保护装置的定值 0.3A，这时装置再次动作，A、B、C 三相跳闸。从后来的检查工作中发现用于差动保护的电流互感器从开关厂 TA 安装处引至保护盘时，先接入了断控装置柜，然后再接入差动保护，通过对比分别引入两套线路保护装置的不同 TA 录波发现，引入高频保护的 TA 三相电流和零序电流均随故障的开始和结束发生正常的变化，引入差动保护的 TA 三相电流在故障后非故障相电流发生异常升高，零序电流在故障前后均为零。由此可见引入差动保护的 TA 接线 N 回路有问题，随后就对断空装置、光差保护、安稳装置的 TA 回路进行了端子紧固。

由于接入光纤差动保护装置的 TA 本应是三相四线制的接线，当系统发生 C 相接地故障时，C 相差动元件动作并出口，但由于 N 线未能良好接通，导致接线变为三相三线接入，发生 C 相短路时，$\dot{I}_A$ 和 $\dot{I}_B$ 变为线电流随 C 相电流升高并导致三相跳闸。

第二十九节　事故油箱油位降低故障分析处理

1　设备运行状态

A 电厂安装三台单机 84MW 的水轮发电机组，每台机组配备一套完善的调速器系统，全厂配有一套事故油压装置。

2　故障现象

运行值班人员巡检发现事故油箱油位从 8 月份开始有逐渐降低的趋势，特别是从 8 月 15 日开始现象明显。检查事故油压装置和三台机油压装置均未发现漏油现象；事故油箱作为备用油源在事故情况下使用，但查询主站运行事件记录，无事故动作信号；检查事故油泵启动记录较 5 月、6 月、7 月期间频繁。

3　故障分析处理

8 月份事故油箱油位变化较大的时间点相关数据见表 1，三台机和事故油箱各选 2 组数据。计算出三台机的油量、事故油箱油量以及它们的总油量之和。所选时间点的平均值见表 2，借此分析各油量的变化。

油量变化趋势如图 1、图 2 所示。

表 1　事故油压装置油量分析计算情况

机组	日期	事故油罐						合计 /m³
		油罐油位 /mm	回油箱油位 /mm	总油量 /m³	油罐油位 /mm	回油箱油位 /mm	总油量 /m³	
1F	8 月 5 日	706	677	3	802	528	0.59	3.59
	8 月 6 日	616	706	3.02	769	527	0.53	3. 55
2F	8 月 5 日	734	648	2.74	802	528	0.59	3.33
	8 月 6 日	715	681	3.09	769	527	0.53	3.62
3F	8 月 5 日	657	689	2.97	802	528	0.59	3.56
	8 月 6 日	753	664	3.02	769	527	0.53	3.55
1F	8 月 15 日	661	694	3.04	840	496	0.51	3.55
	8 月 16 日	719	686	3.16	771	499	0.41	3.57
2F	8 月 15 日	699	659	2.75	840	496	0.51	3.26
	8 月 16 日	691	646	2.56	771	499	0.41	2.97
3F	8 月 15 日	657	693	3.02	840	496	0.51	3.53
	8 月 16 日	651	696	3.03	771	499	0.41	3.44
1F	8 月 24 日	712	689	3.18	810	471	0.35	3.53
	8 月 25 日	667	710	3.27	791	471	0.32	3.59
2F	8 月 24 日	682	654	2.62	810	471	0.35	2.97
	8 月 25 日	648	671	2.71	791	471	0.32	3.03
3F	8 月 24 日	618	703	2.99	810	471	0.35	3.34
	8 月 25 日	657	692	3	791	471	0.32	3.32
1F	9 月 4 日	622	738	3.45	765	445	0. 17	3.62
	9 月 5 日	719	703	3.38	765	445	0.17	3.55
2F	9 月 4 日	621	683	2.75	765	445	0.17	2.92
	9 月 5 日	703	656	2.73	765	445	0.17	2.9
3F	9 月 4 日	703	674	2.95	765	445	0.17	3.12
	9 月 5 日	613	707	3.03	765	445	0.17	3.2

表 2　油量值

机组	日期			
	8.5 ～ 8.6	8.15 ～ 8.16	8.24 ～ 8.25	9.4 ～ 9.5
1F	3.01	3.1	3.225	3.415
2F	2.915	2.655	2.665	2.74
3F	2.995	3.025	2.995	2.99
事故	0.56	0.46	0.335	0.17
总量	9.48	9.24	9.22	9.315
1F+ 事故	3.57	3.56	3.56	3.585
2F+ 事故	3.475	3.115	3	2.91
3F+ 事故	3.555	3.485	3.33	3.16

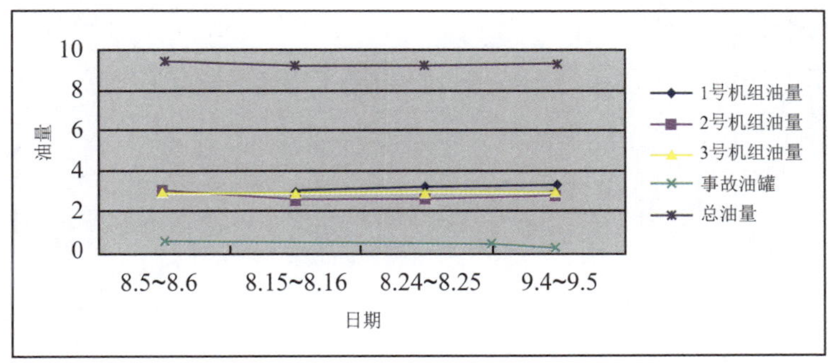

图 1　各机组油量趋势图

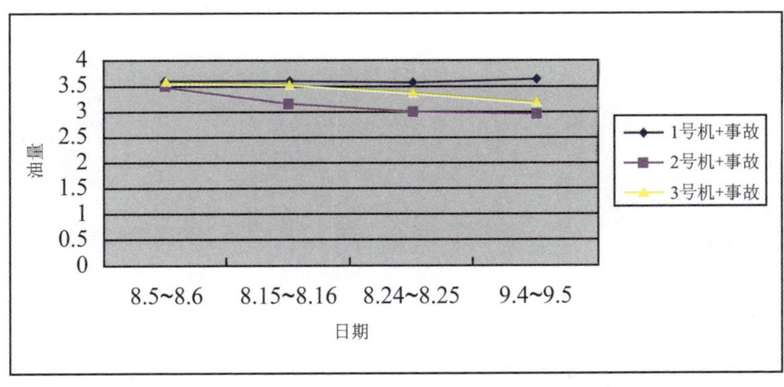

图 2　各机组与事故总油量趋势图

从图 1 可以看出，总油量基本保持平衡，变化较小。1 号机组油量有上升趋势；2 号机组油量变化较小，稍微下降后基本平衡，与总油量趋势变化类似；3 号机组油量基本不变，事故油箱油量有明显的下降趋势。从图 2 可以看出，1 号机组和事故油量之和基本平衡，2 号机组和事故油量之和有下降的趋势，3 号机组和事故油量之和有下降的趋势。说明 2 号机组、3 号机组本身油量基本不变，1 号机组和事故油量基本平衡，从而印证了事故油箱油量有下降的趋势的猜测，而事故油箱油量与 1 号机组保持平衡继而推测出事故油箱油量可能流通到 1 号机组中，它们之间有油量的交换，以维持油量和变化的平衡。

原因分析及处理：现调速器回油箱间联络阀关闭，不存在串油现象；查询历史事件记录，未发现事故配压阀动作记录，且实际不存在动作的条件；可能存在的情况就是通过备用油管出口阀 1110 阀，逐步渗流至 1 号机组油压系统。检查 1110 阀后，再次关闭该阀门，经过一个月时间的运行，发现事故油箱油量不再降低。